相依随机变量的理论与应用

杨善朝　邢国东　李永明　著

科学出版社

北京

内 容 简 介

　　相依混合随机变量是现代概率统计中的重要概念，它具有非常直观的实际应用背景，如时间序列数据、空间数据、网格数据和高频数据等都具有相依性，且呈现渐近独立的特征. 因此，近几十年来一直都吸引了众多学者的关注与研究，获得了丰硕的研究成果. 本书主要介绍混合随机变量的基本理论，内容包括混合随机变量的定义与性质、随机过程的混合性质、混合随机变量的不等式、混合随机变量的中心极限定理和相依随机变量的强大数律. 作为应用，书中介绍了混合高频数据的非参数估计和混合样本下回归模型的小波估计，其中混合高频数据是一个新的应用专题. 另外，书中还介绍了相协随机变量和负相协随机变量这两个相依概念的相关内容. 大部分内容来源于学术原文，并经过提炼和升华，使其体现更先进的研究成果，且更加通俗易懂，适应更多读者.

　　本书适合作为高等院校统计学及相关专业的研究生或本科生教材，也非常适合统计学及相关专业的工作者作为自学参考书.

图书在版编目(CIP)数据

相依随机变量的理论与应用/杨善朝, 邢国东, 李永明著. —北京: 科学出版社, 2023.11

　ISBN 978-7-03-076756-1

Ⅰ.①相… Ⅱ.①杨…②邢…③李… Ⅲ.①随机变量–研究 Ⅳ.①O211.5

中国国家版本馆 CIP 数据核字 (2023) 第 202020 号

责任编辑: 胡庆家　贾晓瑞 / 责任校对: 彭珍珍
责任印制: 张　伟 / 封面设计: 无极书装

科学出版社 出版
北京东黄城根北街 16 号
邮政编码: 100717
http://www.sciencep.com

北京中石油彩色印刷有限责任公司 印刷
科学出版社发行　　各地新华书店经销

*

2023 年 11 月第 一 版　开本: 720×1000　1/16
2023 年 11 月第一次印刷　印张: 16 1/2
字数: 330 000
定价: 98.00 元
(如有印装质量问题, 我社负责调换)

前　言

随机变量的相互独立性是概率统计中的基本概念, 许多经典理论都建立在这种概念之上, 如大数定律、中心极限定理以及经典统计方法. 然而, 在实际中有大量样本数据是不相互独立的, 而存在依赖性. 最常见的不独立样本数据是时间序列数据、空间数据、网格数据和高频数据. 这些数据一般都具有这种特征: 当时空间隔较短时相邻数据通常有较强的依赖性, 但随着时空间隔越来越长数据之间的依赖性越来越弱, 呈现出渐近独立的特征, 人们把这种特征称为弱相依性 (weakly dependence). 为了刻画这种渐近独立性, 人们在 20 世纪 50 年代前后相继提出了多种混合随机变量概念, 如 α-混合、ϕ-混合、β-混合、ρ-混合等.

混合相依随机变量的提出尽管具有很强的实际背景, 但由于其数学定义比较复杂, 所以从理论上不容易验证哪些随机变量具有这种数学刻画的混合相依性. Kolmogorov 和 Rozanov(1960) 首先证明对平稳高斯过程而言 ρ-混合与 α-混合是等价的, 且在适当条件下平稳高斯过程是 ρ-混合过程, 从而也是 α-混合过程. Gorodetskii(1977) 证明在一些条件下线性过程是 α-混合过程, 之后 Withers (1981) 改进了他的结论, 给出了更容易验证的条件, 从而得到具有正态白噪声的平稳可逆 ARMA 过程是 α-混合过程的推论. 学者们还证明了平稳 GARCH 过程和平稳 Markov 链都是 α-混合过程. Chen 等 (2010) 还给出了扩散过程具有 β-混合、ρ-混合和 α-混合等特征的验证条件, 从而容易知道 Vasicek, CIR 和 CKLS 等金融利率过程都是 ρ-混合过程, 也是 α-混合过程. 这些研究成果强化了混合随机变量概念的重要性, 从而得到了理论界和应用界的广泛关注和认可.

概率极限理论和统计渐近理论是概率统计领域中的重要基础理论, 许多统计方法都是以这些理论为基础, 如矩估计法、拟极大似然估计法、置信区间估计法等等. 所以在相依混合随机变量研究领域中, 极限理论和渐近理论就自然成为重要的研究内容. 值得注意的是: 由于相依混合随机变量缺乏独立随机变量所具有的等式关系这种优势, 所以相依混合随机变量的理论研究面临着许多新的挑战. 为了破解这些挑战, 学者们必须建立一些重要不等式作为研究工具, 这些不等式包括协方差不等式、矩不等式、尾部概率不等式、特征函数不等式等. 经过学者们几十年的努力探索, 目前相依混合随机变量研究领域已经取得了非常丰富的研究成果.

本书主要介绍混合相依随机变量的基本理论, 内容有混合随机变量的定义与性质、随机过程的混合性质、混合随机变量的不等式、混合随机变量的中心极限定理和相依随机变量的强大数律. 混合随机变量有广泛应用, 内容比较多, 本书只是选择介绍混合高频数据的非参数估计和混合样本下回归模型的小波估计, 其中混合高频数据是一个新的应用专题. 另外, 我们还介绍了相协随机变量和负相协随机变量这两个相依概念的相关内容.

本书是作者经过长期的科研与教学的实践和体会形成, 在取材上既考虑了内容的基础性和系统性, 也考虑了内容涵盖的广度和深度, 同时还考虑了内容的应用性和学术性. 大部分内容来源于学术原文, 并经过提炼和升华, 使其体现更先进的研究成果, 且更加通俗易懂, 适应更广泛的读者.

本书得到了国家一流本科专业 (统计学、数学) 建设经费 (2023)、国家自然科学基金 (11861017, 12160175)、广西自然科学基金 (2022GXNSFAA035516) 和江西省自然科学基金 (2021ACB201006) 的资助, 作者谨在此表示衷心感谢.

杨善朝

2022 年 12 月

目　　录

第 1 章　混合随机变量的定义与性质

独立随机变量是概率统计经典理论的基本假设, 然而在实际中存在大量不独立的样本数据, 最为常见的是时间序列数据. 当时间间隔较短时相邻的时间序列数据通常存在较强的依赖, 但随着时间间隔越来越长, 数据之间的依赖性就越来越弱, 呈现出渐近独立的特征. 除时间序列数据外, 空间数据、网络结构数据、高频数据等都有相依性, 并且具有渐近独立的特征. 所以渐近独立是相依数据的重要特征, 这个特征提供了研究相依随机变量的思路. 对相依随机变量我们可以假设它们是渐近独立的, 然后利用渐近独立的性质建立相应的数学理论. 为了刻画渐近独立性, 人们提出了混合随机变量 (mixing random variables) 的概念, 这是我们本书的主题. 本章我们首先来介绍混合随机变量的概念和基本性质.

1.1　混合随机变量的定义

假设 $(\Omega, \mathcal{F}, P)$ 为概率空间, $\mathcal{A}$ 和 $\mathcal{B}$ 是两个 σ-代数事件域. 如果两个事件域 $\mathcal{A}$ 和 $\mathcal{B}$ 是相互独立的, 则对任意事件 $A \in \mathcal{A}$ 和 $B \in \mathcal{B}$ 都有

$$P(AB) = P(A)P(B).$$

如果两个事件域 $\mathcal{A}$ 和 $\mathcal{B}$ 不相互独立, 则存在事件 $A \in \mathcal{A}$ 和 $B \in \mathcal{B}$ 使得 $P(AB) \neq P(A)P(B)$. 基于这种事实, 人们可以定义两个事件域之间的相依系数

$$\alpha(\mathcal{A}, \mathcal{B}) = \sup_{A \in \mathcal{A}, B \in \mathcal{B}} |P(AB) - P(A)P(B)|, \tag{1.1.1}$$

并称它为事件域的 α-相依系数. 显然, 当 $\alpha(\mathcal{A}, \mathcal{B}) = 0$ 时, 可以认为事件域 $\mathcal{A}$ 和 $\mathcal{B}$ 相互独立; 当 $\alpha(\mathcal{A}, \mathcal{B}) \neq 0$ 时, 事件域 $\mathcal{A}$ 和 $\mathcal{B}$ 不相互独立; 当 $\alpha(\mathcal{A}, \mathcal{B})$ 的数值越大时, 事件域 $\mathcal{A}$ 和 $\mathcal{B}$ 偏离相互独立的特征越远.

按照这种思路, 人们可以定义如下的 ϕ-相依系数、ψ-相依系数、ρ-相依系数和 β-相依系数:

$$\phi(\mathcal{A}, \mathcal{B}) = \sup_{A \in \mathcal{A}, B \in \mathcal{B}, P(A) > 0} |P(B|A) - P(B)|, \tag{1.1.2}$$

$$\psi(\mathcal{A}, \mathcal{B}) = \sup_{A \in \mathcal{A}, B \in \mathcal{B}, P(A) > 0, P(B) > 0} \left| \frac{P(AB)}{P(A)P(B)} - 1 \right|, \tag{1.1.3}$$

$$\rho(\mathcal{A}, \mathcal{B}) = \sup_{X \in L^2(\mathcal{A}), Y \in L^2(\mathcal{B})} \frac{|\mathrm{Cov}(X, Y)|}{\sqrt{E(X - EX)^2 E(Y - EY)^2}}, \tag{1.1.4}$$

$$\beta(\mathcal{A}, \mathcal{B}) = \sup_{\substack{A_i \in \mathcal{A}, A_s A_t = \varnothing \ (s \neq t), \bigcup_{i=1}^I A_i = \Omega, \\ B_j \in \mathcal{B}, B_s B_t = \varnothing \ (s \neq t), \bigcup_{j=1}^J B_j = \Omega}} \frac{1}{2} \sum_{i=1}^I \sum_{j=1}^J |P(A_i B_j) - P(A_i) P(B_j)|. \tag{1.1.5}$$

在 β-相依系数中, $\{A_1, A_2, \cdots, A_I\}$ 是在事件域 $\mathcal{A}$ 中 Ω 的任意一个有限剖分, $\{B_1, B_2, \cdots, B_J\}$ 是在事件域 $\mathcal{B}$ 中 Ω 的任意一个有限剖分.

由相依系数的定义, 显然有

$$\alpha(\mathcal{A}, \mathcal{B}) = \alpha(\mathcal{B}, \mathcal{A}), \quad \psi(\mathcal{A}, \mathcal{B}) = \psi(\mathcal{B}, \mathcal{A}),$$

$$\beta(\mathcal{A}, \mathcal{B}) = \beta(\mathcal{B}, \mathcal{A}), \quad \rho(\mathcal{A}, \mathcal{B}) = \rho(\mathcal{B}, \mathcal{A}).$$

但是, $\phi(\mathcal{A}, \mathcal{B}) \neq \phi(\mathcal{B}, \mathcal{A})$. 所以 α-相依系数、ψ-相依系数、β-相依系数和 ρ-相依系数关于事件域都具有对称性, 但 ϕ-相依系数关于事件域不具有对称性. 另外, 相依系数的取值范围为

$$0 \leqslant \alpha(\mathcal{A}, \mathcal{B}), \ \phi(\mathcal{A}, \mathcal{B}), \ \beta(\mathcal{A}, \mathcal{B}), \ \rho(\mathcal{A}, \mathcal{B}) \leqslant 1,$$

$$0 \leqslant \psi(\mathcal{A}, \mathcal{B}) < \infty.$$

α-相依系数、ϕ-相依系数、ρ-相依系数和 ψ-相依系数的取值范围是显然的, 关于 β-相依系数的取值范围只要注意如下简单事实即知:

$$0 \leqslant \frac{1}{2} \sum_{i=1}^I \sum_{j=1}^J |P(A_i B_j) - P(A_i) P(B_j)|$$

$$\leqslant \frac{1}{2} \left\{ \sum_{i=1}^I \sum_{j=1}^J P(A_i B_j) + \sum_{i=1}^I \sum_{j=1}^J P(A_i) P(B_j) \right\}$$

$$= 1.$$

利用事件域之间的相依系数可以定义随机变量序列的渐近独立性.

定义 1.1.1　假设 $\{X_i, i \geqslant 1\}$ 是定义在概率空间 $(\Omega, \mathcal{F}, P)$ 上的实值随机变量序列, $\mathcal{F}_m^n$ 表示由 $(X_i : m \leqslant i \leqslant n)$ 生成的 σ-代数域. 令

$$\alpha(n) = \sup_{k \geqslant 1} \alpha(\mathcal{F}_1^k, \mathcal{F}_{k+n}^\infty), \tag{1.1.6}$$

$$\phi(n) = \sup_{k \geqslant 1} \phi(\mathcal{F}_1^k, \mathcal{F}_{k+n}^\infty), \tag{1.1.7}$$

$$\psi(n) = \sup_{k \geqslant 1} \psi(\mathcal{F}_1^k, \mathcal{F}_{k+n}^\infty), \tag{1.1.8}$$

$$\beta(n) = \sup_{k \geqslant 1} \beta(\mathcal{F}_1^k, \mathcal{F}_{k+n}^\infty), \tag{1.1.9}$$

$$\rho(n) = \sup_{k \geqslant 1} \rho(\mathcal{F}_1^k, \mathcal{F}_{k+n}^\infty). \tag{1.1.10}$$

如果当 $n \to \infty$ 时, 有 $\alpha(n) \to 0$, $\phi(n) \to 0$, $\psi(n) \to 0$, $\beta(n) \to 0, \rho(n) \to 0$, 则分别称随机变量序列 $\{X_i, i \geqslant 1\}$ 是 α-混合的 (α-mixing), ϕ-混合的 (ϕ-mixing), ψ-混合的 (ψ-mixing), β-混合的 (β-mixing), ρ-混合的 (ρ-mixing), 并称 $\alpha(n), \phi(n), \psi(n), \beta(n), \rho(n)$ 为混合系数.

在定义中, n 的大小反映了事件域 $\mathcal{F}_1^k$ 与 $\mathcal{F}_{k+n}^\infty$ 之间的间隔大小, $\alpha(n) \to 0(n \to \infty)$ 意味着事件域 $\mathcal{F}_1^k$ 与 $\mathcal{F}_{k+n}^\infty$ 之间具有渐近独立性. 因此, 如果随机变量序列是定义中某种混合序列, 则该序列具有渐近独立性. 另外, α-混合序列也称强混合 (strong mixing) 序列.

α-混合随机变量序列由 Rosenblatt(1956) 首次引入, 后来 Ibragimov (1959) 提出 ϕ-混合的定义, Kolmogorov 和 Rozanov (1960) 提出 ρ-混合的定义, Volkonskii 和 Rozanov (1959) 提出 β-混合的定义.

定义 1.1.1 也可以写成如下形式.

定义 1.1.2 假设 $\{X_i, i \geqslant 1\}$ 是定义在概率空间 $(\Omega, \mathcal{F}, P)$ 上的实值随机变量序列, $\mathcal{F}_m^n$ 表示由 $(X_i : m \leqslant i \leqslant n)$ 生成的 σ-代数域. 令混合系数

$$\alpha(n) = \sup_{k \geqslant 1} \sup_{A \in \mathcal{F}_1^k, B \in \mathcal{F}_{k+n}^\infty} |P(AB) - P(A)P(B)|, \tag{1.1.11}$$

$$\phi(n) = \sup_{k \geqslant 1} \sup_{A \in \mathcal{F}_1^k, B \in \mathcal{F}_{k+n}^\infty, P(A) > 0} |P(B|A) - P(B)|, \tag{1.1.12}$$

$$\psi(n) = \sup_{k \geqslant 1} \sup_{A \in \mathcal{F}_1^k, B \in \mathcal{F}_{k+n}^\infty, P(A) > 0, P(B) > 0} \left| \frac{P(BA)}{P(A)P(B)} - 1 \right|, \tag{1.1.13}$$

$$\beta(n) = \sup_{k \geqslant 1} \sup_{\substack{A_i \in \mathcal{F}_1^k, A_s A_t = \varnothing \ (s \neq t), \cup_{i=1}^I A_i = \Omega, \\ B_j \in \mathcal{F}_{k+n}^\infty, B_s B_t = \varnothing \ (s \neq t), \cup_{j=1}^J B_j = \Omega}} \frac{1}{2} \sum_{i=1}^I \sum_{j=1}^J |P(A_i B_j) - P(A_i)P(B_j)|, \tag{1.1.14}$$

$$\rho(n) = \sup_{k \geqslant 1} \sup_{X \in L^2(\mathcal{F}_1^k), Y \in L^2(\mathcal{F}_{k+n}^\infty)} \frac{|\mathrm{Cov}(X, Y)|}{\sqrt{E(X - EX)^2 E(Y - EY)^2}}. \tag{1.1.15}$$

如果当 $n \to \infty$ 时, 有 $\alpha(n) \to 0$, $\phi(n) \to 0$, $\psi(n) \to 0$, $\beta(n) \to 0, \rho(n) \to 0$, 则分别称随机变量序列 $\{X_i, i \geqslant 1\}$ 是 α-混合的, ϕ-混合的, ψ-混合的, β-混合的, ρ-混

合的.

下面是混合连续随机过程的定义.

定义 1.1.3　假设 $\{X_t, t \geqslant 0\}$ 是连续实值随机过程, $\mathcal{F}_a^b$ 表示由 $(X_t : a \leqslant t \leqslant b)$ 生成的 σ-代数域. 令

$$\alpha(t) = \sup_{a \geqslant 0} \alpha(\mathcal{F}_0^a, \mathcal{F}_{a+t}^\infty), \tag{1.1.16}$$

$$\phi(t) = \sup_{a \geqslant 0} \phi(\mathcal{F}_0^a, \mathcal{F}_{a+t}^\infty), \tag{1.1.17}$$

$$\psi(t) = \sup_{a \geqslant 0} \psi(\mathcal{F}_0^a, \mathcal{F}_{a+t}^\infty), \tag{1.1.18}$$

$$\beta(t) = \sup_{a \geqslant 0} \beta(\mathcal{F}_0^a, \mathcal{F}_{a+t}^\infty), \tag{1.1.19}$$

$$\rho(t) = \sup_{a \geqslant 0} \rho(\mathcal{F}_0^a, \mathcal{F}_{a+t}^\infty). \tag{1.1.20}$$

如果当 $t \to \infty$ 时, 有 $\alpha(t) \to 0$, $\phi(t) \to 0$, $\psi(t) \to 0$, $\beta(t) \to 0, \rho(t) \to 0$, 则分别称随机过程 $\{X_t, t \geqslant 0\}$ 是 α-混合的, ϕ-混合的, ψ-混合的, β-混合的, ρ-混合的.

混合随机变量序列的定义可以推广到复数随机变量序列 (随机过程), 也可以推广到多元随机变量序列 (随机过程), 这里不再罗列这些类似的定义.

1.2　混合随机变量的相互关系

本节讨论混合系数的相互关系, 由 1.1 节的定义知混合系数的相互关系是完全由相依系数的相互关系确定的, 所以我们只需要讨论相依系数的相互关系. 这些内容可以参阅 Roussas 和 Ioannides(1987) 和 Bradley(2005) 关于混合概念和基本性质的综述论文.

定理 1.2.1　$2\alpha(\mathcal{A}, \mathcal{B}) \leqslant \beta(\mathcal{A}, \mathcal{B}) \leqslant \phi(\mathcal{A}, \mathcal{B}) \leqslant \psi(\mathcal{A}, \mathcal{B})/2.$

证明　(1) 首先证明 $2\alpha(\mathcal{A}, \mathcal{B}) \leqslant \beta(\mathcal{A}, \mathcal{B})$. 设 $A \in \mathcal{A}, B \in \mathcal{B}$. 由于 $0 \leqslant P(AB) \leqslant P(A)$ 和 $P(\overline{A}B) = P(B) - P(AB)$, 所以我们有结论: 若 $P(A) = 0, P(B) = 0, P(A) = 1, P(B) = 1$ 这四个条件中之一成立, 则 $P(AB) - P(A)P(B) = 0$. 另外, 容易验证

$$|P(AB) - P(A)P(B)| = |P(\overline{A}B) - P(\overline{A})P(B)|$$

$$= |P(A\overline{B}) - P(A)P(\overline{B})| = |P(\overline{A}\,\overline{B}) - P(\overline{A})P(\overline{B})|.$$

由此有

$$\alpha(\mathcal{A}, \mathcal{B}) = \sup_{A \in \mathcal{A}, B \in \mathcal{B}} |P(AB) - P(A)P(B)|$$

$$= \frac{1}{4} \sup_{A \in \mathcal{A}, B \in \mathcal{B}} \{|P(AB) - P(A)P(B)| + |P(\overline{A}B) - P(\overline{A})P(B)|$$

$$+ |P(A\overline{B}) - P(A)P(\overline{B})| + |P(\overline{A}\,\overline{B}) - P(\overline{A})P(\overline{B})|\}$$

$$\leqslant \frac{1}{2}\beta(\mathcal{A}, \mathcal{B}),$$

从而有 $2\alpha(\mathcal{A}, \mathcal{B}) \leqslant \beta(\mathcal{A}, \mathcal{B})$.

(2) 其次证明 $\beta(\mathcal{A}, \mathcal{B}) \leqslant \phi(\mathcal{A}, \mathcal{B})$. 设 $A_i \in \mathcal{A}, A_s A_t = \varnothing \ (s \neq t), \bigcup_{i=1}^{I} A_i = \Omega, B_j \in \mathcal{B}, B_s B_t = \varnothing \ (s \neq t), \bigcup_{j=1}^{J} B_j = \Omega$. 记

$$J_i^+ = \{j : (P(B_j|A_i) - P(B_j) \geqslant 0), j \in J\}, \quad C_i^+ = \bigcup_{j \in J_i^+} B_j, \qquad (1.2.1)$$

$$J_i^- = \{j : (P(B_j|A_i) - P(B_j) < 0), j \in J\}, \quad C_i^- = \bigcup_{j \in J_i^-} B_j. \qquad (1.2.2)$$

则

$$\sum_{i=1}^{I} \sum_{j=1}^{J} |P(A_i B_j) - P(A_i)P(B_j)|$$

$$= \sum_{i=1}^{I} P(A_i) \sum_{j=1}^{J} |P(B_j|A_i) - P(B_j)|$$

$$= \sum_{i=1}^{I} P(A_i)[|P(C_i^+|A_i) - P(C_i^+)| + |P(C_i^-|A_i) - P(C_i^-)|]$$

$$\leqslant 2\phi(\mathcal{A}, \mathcal{B}) \sum_{i=1}^{I} P(A_i)$$

$$= 2\phi(\mathcal{A}, \mathcal{B}).$$

从而由 β-相依系数的定义有 $\beta(\mathcal{A}, \mathcal{B}) \leqslant \phi(\mathcal{A}, \mathcal{B})$.

(3) 最后证明 $\phi(\mathcal{A}, \mathcal{B}) \leqslant \psi(\mathcal{A}, \mathcal{B})/2$. 由于

$$\sup_{A \in \mathcal{A}, B \in \mathcal{B}, P(A) > 0, P(B) > 0} \frac{|P(AB) - P(A)P(B)|}{P(A)P(B)}$$

$$= \sup_{A \in \mathcal{A}, B \in \mathcal{B}, P(A) > 0, P(B) > 0} \frac{|P(A\overline{B}) - P(A)P(\overline{B})|}{P(A)P(\overline{B})}$$

以及 $P(B)P(\overline{B}) \leqslant 1/4$, 所以

$\psi(\mathcal{A}, \mathcal{B})$

$$= \sup_{A \in \mathcal{A}, B \in \mathcal{B}, P(A)>0, P(B)>0} \frac{|P(AB) - P(A)P(B)|}{P(A)P(B)}$$

$$\geqslant \left\{ \sup_{A \in \mathcal{A}, B \in \mathcal{B}, P(A)>0, P(B)>0} \frac{|P(AB) - P(A)P(B)|}{P(A)P(B)} \frac{|P(A\overline{B}) - P(A)P(\overline{B})|}{P(A)P(\overline{B})} \right\}^{1/2}$$

$$\geqslant 2 \sup_{A \in \mathcal{A}, B \in \mathcal{B}, P(A)>0, P(B)>0} \frac{|P(AB) - P(A)P(B)|}{P(A)}$$

$$= 2 \sup_{A \in \mathcal{A}, B \in \mathcal{B}, P(A)>0} \frac{|P(AB) - P(A)P(B)|}{P(A)}$$

$$= 2\phi(\mathcal{A}, \mathcal{B}),$$

即 $\phi(\mathcal{A}, \mathcal{B}) \leqslant \psi(\mathcal{A}, \mathcal{B})/2$. 证毕.

定理 1.2.2 $4\alpha(\mathcal{A}, \mathcal{B}) \leqslant \rho(\mathcal{A}, \mathcal{B}) \leqslant 2\phi^{1/2}(\mathcal{A}, \mathcal{B})\phi^{1/2}(\mathcal{B}, \mathcal{A}) \leqslant 2\phi^{1/2}(\mathcal{A}, \mathcal{B})$.

关于这个定理的说明: Cogburn(1960) 和 Ibragimov(1962) 证明 $\rho(\mathcal{A}, \mathcal{B}) \leqslant 2\phi^{1/2}(\mathcal{A}, \mathcal{B})$. Peligrad(1983) 将这个结论改进为 $\rho(\mathcal{A}, \mathcal{B}) \leqslant 2\phi^{1/2}(\mathcal{A}, \mathcal{B})\phi^{1/2}(\mathcal{B}, \mathcal{A})$. Denker 和 Keller(1983) 也独立给出 $\rho(\mathcal{A}, \mathcal{B}) \leqslant 2\max\{\phi(\mathcal{A}, \mathcal{B}), \phi(\mathcal{B}, \mathcal{A})\}$.

定理 1.2.2 的证明　(1) 首先证明 $4\alpha(\mathcal{A}, \mathcal{B}) \leqslant \rho(\mathcal{A}, \mathcal{B})$.

设 $A \in \mathcal{A}, B \in \mathcal{B}$. 如果 $0 < P(A) < 1, 0 < P(B) < 1$, 则

$$|\text{Corr}(I_A, I_B)| = \frac{|P(AB) - P(A)P(B)|}{\sqrt{P(A)(1 - P(A))P(B)(1 - P(B))}}$$

$$\geqslant 4|P(AB) - P(A)P(B)|,$$

上式使用 $P(A)(1 - P(A)) \leqslant 1/4$, $P(B)(1 - P(B)) \leqslant 1/4$ 得到. 所以

$$\rho(\mathcal{A}, \mathcal{B}) \geqslant \sup_{A \in \mathcal{A}, B \in \mathcal{B}, 0<P(A)<1, 0<P(B)<1} |\text{Corr}(I_A, I_B)|$$

$$\geqslant 4 \sup_{A \in \mathcal{A}, B \in \mathcal{B}, 0<P(A)<1, 0<P(B)<1} |P(AB) - P(A)P(B)|$$

$$= 4 \sup_{A \in \mathcal{A}, B \in \mathcal{B}} |P(AB) - P(A)P(B)|$$

$$= 4\alpha(\mathcal{A}, \mathcal{B}).$$

从而结论成立.

(2) 其次证明 $\rho(\mathcal{A}, \mathcal{B}) \leqslant 2\phi^{1/2}(\mathcal{A}, \mathcal{B})\phi^{1/2}(\mathcal{B}, \mathcal{A})$.

设 X 是关于 $\mathcal{A}$ 可测的随机变量, Y 是关于 $\mathcal{B}$ 可测的随机变量, $E|X|^2 < \infty$, $E|Y|^2 < \infty$. 利用下一节的 (1.3.28) 式, 有

$$|E(XY) - E(X)E(Y)| \leqslant 2\phi^{1/2}(\mathcal{A}, \mathcal{B})\phi^{1/2}(\mathcal{B}, \mathcal{A})(E|X|^2)^{1/2}(E|Y|^2)^{1/2}. \quad (1.2.3)$$

令 $X = \xi - E(\xi), Y = \eta - E(\eta)$, 有

$$|\text{Cov}(\xi, \eta)| \leqslant 2\phi^{1/2}(\mathcal{A}, \mathcal{B})\phi^{1/2}(\mathcal{B}, \mathcal{A})(E|\xi - E(\xi)|^2)^{1/2}(E|\eta - E(\eta)|^2)^{1/2}.$$

从而

$$\frac{|\text{Cov}(\xi, \eta)|}{\sqrt{\text{Var}(\xi)\text{Var}(\eta)}} \leqslant 2\phi^{1/2}(\mathcal{A}, \mathcal{B})\phi^{1/2}(\mathcal{B}, \mathcal{A}).$$

由此有 $\rho(\mathcal{A}, \mathcal{B}) \leqslant 2\phi^{1/2}(\mathcal{A}, \mathcal{B})\phi^{1/2}(\mathcal{B}, \mathcal{A})$.

(3) 最后证明 $2\phi^{1/2}(\mathcal{A}, \mathcal{B})\phi^{1/2}(\mathcal{B}, \mathcal{A}) \leqslant 2\phi^{1/2}(\mathcal{A}, \mathcal{B})$.

由于 $0 \leqslant \phi(\mathcal{B}, \mathcal{A}) \leqslant 1$, 所以结论显然成立. 证毕.

综合前面两个定理, 我们容易得到如下关于混合随机变量序列的结论.

定理 1.2.3 混合随机变量序列有如下关系:

(1) 独立随机变量序列 $\Rightarrow$ ψ-混合随机变量序列 $\Rightarrow$ ϕ-混合随机变量序列 $\Rightarrow$ β-混合随机变量序列 $\Rightarrow$ α-混合随机变量序列;

(2) ρ-混合随机变量序列 $\Rightarrow$ α-混合随机变量序列;

(3) 二阶矩存在的独立随机变量序列, ψ-混合随机变量序列和 ϕ-混合随机变量序列都是 ρ-混合随机变量序列, 但对二阶矩不存在的情形未必有这种关系.

1.3 混合随机变量的协方差不等式

由于混合随机变量的定义比较复杂, 所以一般不方便直接用于理论推导. 协方差不等式是混合随机变量的最基本性质, 它提供了理论推导的基本工具. Ibragimov (1962) 对有界 ϕ-混合随机变量和有界 α-混合随机变量分别给出协方差不等式, Ibragimov 和 Linnik (1965, Theorem 7.2.3) 对无界 ϕ-混合随机变量给出协方差不等式. Davydov (1968) 则利用有界 α-混合随机变量的协方差不等式, 对无界 α-混合随机变量给出协方差不等式. 更完整的协方差不等式以及一些推广形式可以参见 Roussas 和 Ioannides (1987). 本节我们对混合随机变量给出基本的协方差不等式和相应的证明.

定理 1.3.1 假设 X 是关于 $\mathcal{A}$ 可测的实值随机变量, Y 是关于 $\mathcal{B}$ 可测的实值随机变量. 如果 $|X| \leqslant C_1$ a.s. 和 $|Y| \leqslant C_2$ a.s., 则有

$$|E(XY) - (EX)(EY)| \leqslant C_1 C_2 \psi(\mathcal{A}, \mathcal{B}), \quad (1.3.1)$$

$$|E(XY) - (EX)(EY)| \leqslant 2C_1C_2\phi(\mathcal{A}, \mathcal{B}), \tag{1.3.2}$$

$$|E(XY) - (EX)(EY)| \leqslant 2C_1C_2\beta(\mathcal{A}, \mathcal{B}), \tag{1.3.3}$$

$$|E(XY) - (EX)(EY)| \leqslant 4C_1C_2\alpha(\mathcal{A}, \mathcal{B}). \tag{1.3.4}$$

证明 由于任意随机变量都可以表示为简单随机变量序列的极限, 所以我们只需对简单随机变量 X 和 Y 证明 (1.3.1)—(1.3.4) 式成立, 然后利用简单随机变量序列的极限得到相应结论.

设 X, Y 为简单随机变量, 表示为

$$X = \sum_{i=1}^{m} a_i I(A_i), \quad Y = \sum_{j=1}^{n} b_j I(B_j), \tag{1.3.5}$$

其中, a_i, b_j 为实数, $\{A_i; A_i \in \mathcal{A}, 1 \leqslant i \leqslant m\}$, $\{B_j; B_j \in \mathcal{B}, 1 \leqslant j \leqslant n\}$ 都是 Ω 的分割, 满足 $A_i A_j = \varnothing \ (\forall i \neq j)$, $\bigcup_{i=1}^{m} A_i = \Omega$, $B_i B_j = \varnothing \ (\forall i \neq j)$, $\bigcup_{j=1}^{n} B_j = \Omega$.

由于 $|X| \leqslant C_1$ 和 $|Y| \leqslant C_2$, 所以 $|a_i| \leqslant C_1, |b_j| \leqslant C_2$. 从而

$$|E(XY) - E(X)E(Y)|$$

$$= \left| \sum_{i=1}^{m} \sum_{j=1}^{n} a_i b_j P(A_i B_j) - \sum_{i=1}^{m} a_i P(A_i) \sum_{j=1}^{n} b_j P(B_j) \right|$$

$$= \left| \sum_{i=1}^{m} \sum_{j=1}^{n} a_i b_j [P(A_i B_j) - P(A_i)P(B_j)] \right|$$

$$\leqslant C_1 C_2 \sum_{i=1}^{m} \sum_{j=1}^{n} |P(A_i B_j) - P(A_i)P(B_j)|. \tag{1.3.6}$$

由 β-混合系数的定义知, (1.3.3) 式成立. 由上式和 ψ-混合系数的定义, 有

$$|E(XY) - E(X)E(Y)|$$

$$\leqslant C_1 C_2 \sum_{i=1}^{m} \sum_{j=1}^{n} P(A_i)P(B_j) \left| \frac{P(A_i B_j)}{P(A_i)P(B_j)} - 1 \right|$$

$$\leqslant C_1 C_2 \psi(\mathcal{A}, \mathcal{B}) \sum_{i=1}^{m} \sum_{j=1}^{n} P(A_i)P(B_j)$$

$$= C_1 C_2 \psi(\mathcal{A}, \mathcal{B}),$$

即 (1.3.1) 式成立. 令

$$J_i^+ = \{j : P(B_j|A_i) - P(B_j) \geqslant 0, 1 \leqslant j \leqslant n\}, \quad C_i^+ = \bigcup_{j \in J_i^+} B_j, \qquad (1.3.7)$$

$$J_i^- = \{j : P(B_j|A_i) - P(B_j) < 0, 1 \leqslant j \leqslant n\}, \quad C_i^- = \bigcup_{j \in J_i^-} B_j, \qquad (1.3.8)$$

我们有

$$\sum_{j=1}^n |P(B_j|A_i) - P(B_j)| = |P(C_i^+|A_i) - P(C_i^+)| + |P(C_i^-|A_i) - P(C_i^-)|$$

$$\leqslant 2\phi(\mathcal{A}, \mathcal{B}). \qquad (1.3.9)$$

因此

$$|E(XY) - E(X)E(Y)| \leqslant C_1 C_2 \sum_{i=1}^m P(A_i) \sum_{j=1}^n |P(B_j|A_i) - P(B_j)|$$

$$\leqslant 2C_1 C_2 \phi(\mathcal{A}, \mathcal{B}) \sum_{i=1}^m P(A_i)$$

$$= 2C_1 C_2 \phi(\mathcal{A}, \mathcal{B}),$$

即 (1.3.2) 式成立. 下面证明 (1.3.4). 显然

$$|E(XY) - E(X)E(Y)| \leqslant \sum_{i=1}^m |a_i| P(A_i) \left| \sum_{j=1}^n b_j [P(B_j|A_i) - P(B_j)] \right|$$

$$\leqslant C_1 \left\{ \sum_{i \in I^+} P(A_i) \sum_{j=1}^n b_j [P(B_j|A_i) - P(B_j)] \right.$$

$$\left. - \sum_{i \in I^-} P(A_i) \sum_{j=1}^n b_j [P(B_j|A_i) - P(B_j)] \right\}$$

$$= C_1 \left\{ \sum_{j=1}^n \sum_{i \in I^+} b_j [P(A_i B_j) - P(A_i)P(B_j)] \right.$$

$$\left. - \sum_{j=1}^n \sum_{i \in I^-} b_j [P(A_i B_j) - P(A_i)P(B_j)] \right\}, \qquad (1.3.10)$$

其中

$$I^+ = \left\{ i : \sum_{j=1}^n b_j [P(B_j|A_i) - P(B_j)] \geqslant 0, 1 \leqslant i \leqslant m \right\}, \quad A^+ = \bigcup_{i \in I^+} A_i, \quad (1.3.11)$$

$$I^- = \left\{ i : \sum_{j=1}^n b_j [P(B_j|A_i) - P(B_j)] < 0, 1 \leqslant i \leqslant m \right\}, \quad A^- = \bigcup_{i \in I^-} A_i. \quad (1.3.12)$$

(1.3.10) 式可以写成

$$|E(XY) - E(X)E(Y)| \leqslant C_1 C_2 \left\{ \sum_{j=1}^n |P(A^+ B_j) - P(A^+)P(B_j)| \right.$$

$$\left. + \sum_{j=1}^n |P(A^- B_j) - P(A^-)P(B_j)| \right\}. \quad (1.3.13)$$

令

$$J^+ = \{ j : P(B_j|A^+) - P(B_j) \geqslant 0, 1 \leqslant j \leqslant n \}, \quad B^+ = \bigcup_{j \in J^+} B_j, \quad (1.3.14)$$

$$J^- = \{ j : P(B_j|A^+) - P(B_j) < 0, 1 \leqslant j \leqslant n \}, \quad B^- = \bigcup_{j \in J^-} B_j, \quad (1.3.15)$$

有

$$\sum_{j=1}^n |P(A^+ B_j) - P(A^+)P(B_j)|$$

$$= |P(A^+ B^+) - P(A^+)P(B^+)| + |P(A^+ B^-) - P(A^+)P(B^-)|$$

$$\leqslant 2\alpha(\mathcal{A}, \mathcal{B}). \quad (1.3.16)$$

同理

$$\sum_{j=1}^n |P(A^- B_j) - P(A^-)P(B_j)| \leqslant 2\alpha(\mathcal{A}, \mathcal{B}). \quad (1.3.17)$$

联合 (1.3.13), (1.3.16) 和 (1.3.17) 式得 (1.3.4) 式. 证毕.

定理 1.3.2　假设 X 是关于 $\mathcal{A}$ 可测的随机变量, Y 是关于 $\mathcal{B}$ 可测的随机变量. 如果 $E|X|^p < \infty$, $|Y| \leqslant C < \infty$ a.s. 且 $1/p + 1/q = 1$, 则

$$|E(XY) - (EX)(EY)| \leqslant C\psi(\mathcal{A}, \mathcal{B})(E|X|^p)^{1/p}, \quad (1.3.18)$$

$$|E(XY) - (EX)(EY)| \leqslant 2C\phi(\mathcal{A}, \mathcal{B})(E|X|^p)^{1/p}, \quad (1.3.19)$$

$$|E(XY) - (EX)(EY)| \leqslant 4C\beta^{1/q}(\mathcal{A}, \mathcal{B})(E|X|^p)^{1/p}, \quad (1.3.20)$$

$$|E(XY) - (EX)(EY)| \leqslant 6C\alpha^{1/q}(\mathcal{A}, \mathcal{B})(E|X|^p)^{1/p}. \quad (1.3.21)$$

证明 (1) 首先证明结论 (1.3.18) 和 (1.3.19). 利用定理 1.3.1 的证明方法, 设 X, Y 为简单随机变量, 它们被表示为 (1.3.5) 式.

$$|E(XY) - E(X)E(Y)|$$

$$= \left| \sum_{i=1}^{m} \sum_{j=1}^{n} a_i b_j [P(A_i B_j) - P(A_i)P(B_j)] \right|$$

$$\leqslant \sum_{i=1}^{m} |a_i| P(A_i) \left| \sum_{j=1}^{n} b_j [P(B_j|A_i) - P(B_j)] \right|$$

$$\leqslant \left(\sum_{i=1}^{m} |a_i|^p P(A_i) \right)^{1/p} \left(\sum_{i=1}^{m} P(A_i) \left| \sum_{j=1}^{n} b_j [P(B_j|A_i) - P(B_j)] \right|^q \right)^{1/q}$$

$$\leqslant C(E|X|^p)^{1/p} \left(\sum_{i=1}^{m} P(A_i) \left(\sum_{j=1}^{n} |P(B_j|A_i) - P(B_j)| \right)^q \right)^{1/q}, \qquad (1.3.22)$$

由此及 (1.3.9) 式, 有

$$|E(XY) - E(X)E(Y)| \leqslant C(E|X|^p)^{1/p} \left(\sum_{i=1}^{m} P(A_i) \left(2\phi(\mathcal{A}, \mathcal{B})\right)^q \right)^{1/q}$$

$$= 2C\phi(\mathcal{A}, \mathcal{B})(E|X|^p)^{1/p},$$

从而结论 (1.3.19) 成立. 注意 (1.3.22) 也可以写成

$$|E(XY) - E(X)E(Y)|$$

$$\leqslant C(E|X|^p)^{1/p} \left(\sum_{i=1}^{m} P(A_i) \left(\sum_{j=1}^{n} P(B_j) \left| \frac{P(A_i B_j)}{P(A_i)P(B_j)} - 1 \right| \right)^q \right)^{1/q}$$

$$\leqslant C(E|X|^p)^{1/p} \left(\sum_{i=1}^{m} P(A_i) \left(\sum_{j=1}^{n} P(B_j) \psi(\mathcal{A}, \mathcal{B}) \right)^q \right)^{1/q}$$

$$= C\psi(\mathcal{A}, \mathcal{B})(E|X|^p)^{1/p},$$

即结论 (1.3.18) 成立.

(2) 现在证明结论 (1.3.20) 和 (1.3.21). 这里不需要假设 X, Y 为简单随机变量. 令

$$X_M = XI(|X| \leqslant M), \quad \widehat{X}_M = X - X_M,$$

其中 M 为待定系数. 显然

$$
\begin{aligned}
|E(\widehat{X}_M Y) - (E\widehat{X}_M)(EY)| &\leqslant E(|\widehat{X}_M Y|) + (E|\widehat{X}_M|)(E|Y|) \\
&\leqslant 2CE|\widehat{X}_M| \\
&= 2CE|XI(|X| > M)| \\
&\leqslant 2CE\big(|X|^p I(|X| > M)/M^{p-1}\big) \\
&\leqslant 2CE|X|^p/M^{p-1}.
\end{aligned} \tag{1.3.23}
$$

因此由定理 1.3.1 中的 α-混合随机变量协方差不等式, 有

$$
\begin{aligned}
&|E(XY) - (EX)(EY)| \\
&\leqslant |E(\widehat{X}_M Y) - (E\widehat{X}_M)(EY)| + |E(X_M Y) - (EX_M)(EY)| \\
&\leqslant 2CE|X|^p/M^{p-1} + 4CM\alpha(\mathcal{A}, \mathcal{B}).
\end{aligned}
$$

在上式中取 $M = (E|X|^p)^{1/p}\alpha^{-1/p}(\mathcal{A}, \mathcal{B})$, 得到 (1.3.21) 式的结论.

同理, 由 (1.3.23) 式以及定理 1.3.1 中的 β-混合随机变量协方差不等式, 有

$$
\begin{aligned}
&|E(XY) - (EX)(EY)| \\
&\leqslant |E(\widehat{X}_M Y) - (E\widehat{X}_M)(EY)| + |E(X_M Y) - (EX_M)(EY)| \\
&\leqslant 2CE|X|^p/M^{p-1} + 2CM\beta(\mathcal{A}, \mathcal{B}).
\end{aligned}
$$

在上式中取 $M = (E|X|^p)^{1/p}\beta^{-1/p}(\mathcal{A}, \mathcal{B})$, 得到 (1.3.20) 式的结论. 证毕.

定理 1.3.3　假设 X 是关于 $\mathcal{A}$ 可测的随机变量, Y 是关于 $\mathcal{B}$ 可测的随机变量, $E|X|^p < \infty, E|Y|^q < \infty$, 其中 $p > 1, q > 1$.

(1) 如果 $1/p + 1/q = 1$, 则

$$
|E(XY) - (EX)(EY)| \leqslant \psi(\mathcal{A}, \mathcal{B})(E|X|^p)^{1/p}(E|Y|^q)^{1/q}, \tag{1.3.24}
$$

$$
|E(XY) - (EX)(EY)| \leqslant 2\phi^{1/p}(\mathcal{A}, \mathcal{B})(E|X|^p)^{1/p}(E|Y|^q)^{1/q}. \tag{1.3.25}
$$

(2) 如果 $1/p + 1/q + 1/t = 1$, 其中 $t > 1$, 则

$$
|E(XY) - (EX)(EY)| \leqslant 8\beta^{1/t}(\mathcal{A}, \mathcal{B})(E|X|^p)^{1/p}(E|Y|^q)^{1/q}, \tag{1.3.26}
$$

$$
|E(XY) - (EX)(EY)| \leqslant 10\alpha^{1/t}(\mathcal{A}, \mathcal{B})(E|X|^p)^{1/p}(E|Y|^q)^{1/q}. \tag{1.3.27}
$$

由于事件域的 ϕ-混合系数没有对称性, 所以 (1.3.25) 式关于事件域不具有对称性. 基于这种原因, Peligrad(1983) 给出关于事件域具有对称性的如下形式的协方差不等式:

$$|E(XY) - (EX)(EY)| \leqslant 2\phi^{1/p}(\mathcal{A}, \mathcal{B})\phi^{1/q}(\mathcal{B}, \mathcal{A})(E|X|^p)^{1/p}(E|Y|^q)^{1/q}. \quad (1.3.28)$$

定理 1.3.3 的证明 (1) 首先证明结论 (1.3.24) 和 (1.3.25). 仍然利用定理 1.3.1 的证明方法, 设 X, Y 为简单随机变量, 它们被表示为 (1.3.5) 式.

利用 Hölder 不等式, 有

$$|E(XY) - E(X)E(Y)|$$

$$= \left| \sum_{i=1}^{m} \sum_{j=1}^{n} a_i b_j [P(A_i B_j) - P(A_i)P(B_j)] \right|$$

$$\leqslant \sum_{i=1}^{m} \sum_{j=1}^{n} |a_i b_j||P(A_i B_j) - P(A_i)P(B_j)|$$

$$\leqslant \sum_{i=1}^{m} |a_i|P(A_i) \sum_{j=1}^{n} |b_j||P(B_j|A_i) - P(B_j)|$$

$$\leqslant \left(\sum_{i=1}^{m} |a_i|^p P(A_i) \right)^{1/p} \left[\sum_{i=1}^{m} P(A_i) \left(\sum_{j=1}^{n} |b_j||P(B_j|A_i) - P(B_j)| \right)^q \right]^{1/q}$$

$$\leqslant (E|X|^p)^{1/p} \left[\sum_{i=1}^{m} P(A_i) \left(\sum_{j=1}^{n} |b_j||P(B_j|A_i) - P(B_j)| \right)^q \right]^{1/q}, \quad (1.3.29)$$

而

$$\sum_{j=1}^{n} |b_j||P(B_j|A_i) - P(B_j)| = \sum_{j=1}^{n} |b_j|P(B_j) \left| \frac{P(A_i B_j)}{P(A_i)P(B_j)} - 1 \right|$$

$$\leqslant \psi(\mathcal{A}, \mathcal{B}) \sum_{j=1}^{n} |b_j|P(B_j)$$

$$\leqslant \psi(\mathcal{A}, \mathcal{B}) \left(\sum_{j=1}^{n} |b_j|^q P(B_j) \right)^{1/q} \left(\sum_{j=1}^{n} P(B_j) \right)^{1/p}$$

$$= \psi(\mathcal{A}, \mathcal{B})(E|Y|^q)^{1/q},$$

从而

$$|E(XY) - E(X)E(Y)|$$

$$\leqslant \left(\sum_{i=1}^{m} |a_i|^p P(A_i)\right)^{1/p} \left[\sum_{i=1}^{m} P(A_i)\left(\sum_{j=1}^{n} |b_j||P(B_j|A_i) - P(B_j)|\right)^q\right]^{1/q}$$

$$\leqslant (E|X|^p)^{1/p} \left[\sum_{i=1}^{m} P(A_i)\left(\psi(\mathcal{A}, \mathcal{B})(E|Y|^q)^{1/q}\right)^q\right]^{1/q}$$

$$= \psi(\mathcal{A}, \mathcal{B})(E|X|^p)^{1/p}(E|Y|^q)^{1/q},$$

所以结论 (1.3.24) 成立. 由 (1.3.9) 式和类似方法, 有

$$\sum_{j=1}^{n} |P(B_j|A_i) - P(B_j)| \leqslant 2\phi(\mathcal{A}, \mathcal{B}),$$

$$\sum_{i=1}^{m} |P(A_i|B_j) - P(A_i)| \leqslant 2\phi(\mathcal{B}, \mathcal{A}).$$

从而

$$\sum_{i=1}^{m} P(A_i)\left(\sum_{j=1}^{n} |b_j||P(B_j|A_i) - P(B_j)|\right)^q$$

$$\leqslant \sum_{i=1}^{m} P(A_i)\left(\sum_{j=1}^{n} |b_j|^q |P(B_j|A_i) - P(B_j)|\right)\left(\sum_{j=1}^{n} |P(B_j|A_i) - P(B_j)|\right)^{q/p}$$

$$\leqslant \sum_{i=1}^{m}\left(\sum_{j=1}^{n} |b_j|^q P(B_j)|P(A_i|B_j) - P(A_i)|\right)\left(2\phi(\mathcal{A}, \mathcal{B})\right)^{q/p}$$

$$= \left(2\phi(\mathcal{A}, \mathcal{B})\right)^{q/p} \sum_{j=1}^{n} |b_j|^q P(B_j) \sum_{i=1}^{m} |P(A_i|B_j) - P(A_i)|$$

$$\leqslant \left(2\phi(\mathcal{A}, \mathcal{B})\right)^{q/p} 2\phi(\mathcal{B}, \mathcal{A}) \sum_{j=1}^{n} |b_j|^q P(B_j)$$

$$\leqslant \left(2\phi(\mathcal{A}, \mathcal{B})\right)^{q/p} 2\phi(\mathcal{B}, \mathcal{A})E|Y|^q. \tag{1.3.30}$$

(1.3.29)-(1.3.30) 式意味着 (1.3.28) 式成立. 由于 $0 \leqslant \phi(\mathcal{B}, \mathcal{A}) \leqslant 1$, 所以由 (1.3.28) 式得 (1.3.25) 式.

(2) 现在证明结论 (1.3.27). 令

$$M = (E|X|^p)^{1/p}\alpha^{-1/p}(\mathcal{A}, \mathcal{B}), \quad X_M = XI(|X| \leqslant M), \quad \widehat{X}_M = X - X_M,$$

$$N = (E|Y|^q)^{1/q}\alpha^{-1/q}(\mathcal{A}, \mathcal{B}), \quad Y_N = YI(|Y| \leqslant N), \quad \widehat{Y}_N = Y - Y_N.$$

则 $X = X_M + \widehat{X}_M, Y = Y_N + \widehat{Y}_N$, 且

$$|E(XY) - (EX)(EY)|$$

$$\leqslant |E(X_M Y_N) - (EX_M)(EY_N)| + |E(\widehat{X}_M Y_N) - (E\widehat{X}_M)(EY_N)|$$

$$+ |E(X_M \widehat{Y}_N) - (EX_M)(E\widehat{Y}_N)| + |E(\widehat{X}_M \widehat{Y}_N) - (E\widehat{X}_M)(E\widehat{Y}_N)|. \quad (1.3.31)$$

由定理 1.3.1, 我们有

$$|E(X_M Y_N) - (EX_M)(EY_N)| \leqslant 4MN\alpha(\mathcal{A}, \mathcal{B})$$

$$= 4\alpha^{1/t}(\mathcal{A}, \mathcal{B})(E|X|^p)^{1/p}(E|Y|^q)^{1/q}. \quad (1.3.32)$$

由定理 1.3.2 证明过程中的 (1.3.23) 式, 有

$$|E(\widehat{X}_M Y_N) - (E\widehat{X}_M)(EY_N)| \leqslant 2NE|X|^p/M^{p-1}$$

$$= 2\alpha^{1/t}(\mathcal{A}, \mathcal{B})(E|X|^p)^{1/p}(E|Y|^q)^{1/q} \quad (1.3.33)$$

和

$$|E(X_M \widehat{Y}_N) - (EX_M)(E\widehat{Y}_N)| \leqslant 2ME|Y|^q/N^{q-1}$$

$$= 2\alpha^{1/t}(\mathcal{A}, \mathcal{B})(E|X|^p)^{1/p}(E|Y|^q)^{1/q}. \quad (1.3.34)$$

另一方面, 取 $p_0 > 1$ 和 $q_0 > 1$ 使得 $1/p_0 + 1/q_0 = 1/t$, 则有

$$E|\widehat{X}_M \widehat{Y}_N| = E|XI(|X| > M)YI(|Y| > N)|$$

$$\leqslant (E|X|^p)^{1/p}[P(|X| > M)]^{1/p_0}(E|Y|^q)^{1/q}[P(|Y| > N)]^{1/q_0}$$

$$\leqslant (E|X|^p)^{1/p}[E|X|^p/M^p]^{1/p_0}(E|Y|^q)^{1/q}[E|Y|^q/N^q]^{1/q_0}$$

$$= (E|X|^p)^{1/p}[\alpha(\mathcal{A}, \mathcal{B})]^{1/p_0}(E|Y|^q)^{1/q}[\alpha(\mathcal{A}, \mathcal{B})]^{1/q_0}$$

$$= \alpha^{1/t}(\mathcal{A}, \mathcal{B})(E|X|^p)^{1/p}(E|Y|^q)^{1/q}.$$

注意到

$$E|\widehat{X}_M| = E|XI(|X| > M)| \leqslant E|X|^p/M^{p-1},$$

$$E|\widehat{Y}_N| = E|YI(|Y| > N)| \leqslant E|Y|^q/N^{q-1},$$

有

$$E|\widehat{X}_M|E|\widehat{Y}_N| \leqslant E|X|^p E|Y|^q/(M^{p-1}N^{q-1})$$

$$= (E|X|^p)^{1/p}(E|Y|^q)^{1/q}\alpha^{2-1/p-1/q}(\mathcal{A},\mathcal{B})$$

$$\leqslant \alpha^{1/t}(\mathcal{A},\mathcal{B})(E|X|^p)^{1/p}(E|Y|^q)^{1/q}.$$

从而

$$|E(\widehat{X}_M\widehat{Y}_N) - (E\widehat{X}_M)(E\widehat{Y}_N)| \leqslant E|\widehat{X}_M\widehat{Y}_N| + E|\widehat{X}_M|E|\widehat{Y}_N|$$

$$\leqslant 2\alpha^{1/t}(\mathcal{A},\mathcal{B})(E|X|^p)^{1/p}(E|Y|^q)^{1/q}. \tag{1.3.35}$$

联合 (1.3.31)—(1.3.35) 式得到结论 (1.3.27) 式.

(3) 最后证明结论 (1.3.26). 令

$$M = (E|X|^p)^{1/p}\beta^{-1/p}(\mathcal{A},\mathcal{B}), \quad X_M = XI(|X| \leqslant M), \quad \widehat{X}_M = X - X_M,$$

$$N = (E|Y|^q)^{1/q}\beta^{-1/q}(\mathcal{A},\mathcal{B}), \quad Y_N = YI(|Y| \leqslant N), \quad \widehat{Y}_N = Y - Y_N.$$

类似 α-混合情形的证明过程, 我们有

$$|E(X_M Y_N) - (EX_M)(EY_N)| \leqslant 2\beta^{1/t}(\mathcal{A},\mathcal{B})(E|X|^p)^{1/p}(E|Y|^q)^{1/q},$$

$$|E(\widehat{X}_M Y_N) - (E\widehat{X}_M)(EY_N)| \leqslant 2\beta^{1/t}(\mathcal{A},\mathcal{B})(E|X|^p)^{1/p}(E|Y|^q)^{1/q},$$

$$|E(X_M \widehat{Y}_N) - (EX_M)(E\widehat{Y}_N)| \leqslant 2\beta^{1/t}(\mathcal{A},\mathcal{B})(E|X|^p)^{1/p}(E|Y|^q)^{1/q},$$

$$|E(\widehat{X}_M \widehat{Y}_N) - (E\widehat{X}_M)(E\widehat{Y}_N)| \leqslant 2\beta^{1/t}(\mathcal{A},\mathcal{B})(E|X|^p)^{1/p}(E|Y|^q)^{1/q}.$$

从而得结论 (1.3.26). 证毕.

前面三个定理都是用事件域的混合系数来描述, 其实也可以用混合随机变量序列来描述, 它们分别对应如下三个定理. 在下面定理中, $\{X_i, i \geqslant 1\}$ 是定义在概率空间 $(\Omega, \mathcal{F}, P)$ 上的实值随机变量序列, $\mathcal{F}_m^n$ 表示由 $(X_i : m \leqslant i \leqslant n)$ 生成的 σ-代数域.

定理 1.3.4　假设 X 是关于 $\mathcal{F}_1^k$ 可测的随机变量, Y 是关于 $\mathcal{F}_{k+n}^\infty$ 可测的随机变量. 如果 $|X| \leqslant C_1$ a.s. 和 $|Y| \leqslant C_2$ a.s., 则有

$$|E(XY) - (EX)(EY)| \leqslant C_1 C_2 \psi(n), \tag{1.3.36}$$

$$|E(XY) - (EX)(EY)| \leqslant 2C_1 C_2 \phi(n), \tag{1.3.37}$$

$$|E(XY) - (EX)(EY)| \leqslant 2C_1 C_2 \beta(n), \tag{1.3.38}$$

$$|E(XY) - (EX)(EY)| \leqslant 4C_1 C_2 \alpha(n). \tag{1.3.39}$$

定理 1.3.5 假设 X 是关于 $\mathcal{F}_1^k$ 可测的随机变量, Y 是关于 $\mathcal{F}_{k+n}^\infty$ 可测的随机变量. 如果 $E|X|^p < \infty, |Y| \leqslant C < \infty$ a.s. 且 $1/p + 1/q = 1$, 则

$$|E(XY) - (EX)(EY)| \leqslant C\psi(n)(E|X|^p)^{1/p}, \qquad (1.3.40)$$

$$|E(XY) - (EX)(EY)| \leqslant 2C\phi(n)(E|X|^p)^{1/p}, \qquad (1.3.41)$$

$$|E(XY) - (EX)(EY)| \leqslant 4C\beta^{1/q}(n)(E|X|^p)^{1/p}. \qquad (1.3.42)$$

$$|E(XY) - (EX)(EY)| \leqslant 6C\alpha^{1/q}(n)(E|X|^p)^{1/p}. \qquad (1.3.43)$$

定理 1.3.6 假设 X 是关于 $\mathcal{F}_1^k$ 可测的随机变量, Y 是关于 $\mathcal{F}_{k+n}^\infty$ 可测的随机变量, $E|X|^p < \infty, E|Y|^q < \infty$, 其中 $p > 1, q > 1$.

(1) 如果 $1/p + 1/q = 1$, 则

$$|E(XY) - (EX)(EY)| \leqslant \psi(n)(E|X|^p)^{1/p}(E|Y|^q)^{1/q}, \qquad (1.3.44)$$

$$|E(XY) - (EX)(EY)| \leqslant 2\phi^{1/p}(n)(E|X|^p)^{1/p}(E|Y|^q)^{1/q}. \qquad (1.3.45)$$

(2) 如果 $1/p + 1/q + 1/t = 1$, 其中 $t > 1$, 则

$$|E(XY) - (EX)(EY)| \leqslant 8\beta^{1/t}(n)(E|X|^p)^{1/p}(E|Y|^q)^{1/q}, \qquad (1.3.46)$$

$$|E(XY) - (EX)(EY)| \leqslant 10\alpha^{1/t}(n)(E|X|^p)^{1/p}(E|Y|^q)^{1/q}. \qquad (1.3.47)$$

现在给出如下 ρ-混合随机变量的协方差不等式.

定理 1.3.7 假设 X 是关于 $\mathcal{F}_1^k$ 可测的随机变量, Y 是关于 $\mathcal{F}_{k+n}^\infty$ 可测的随机变量. 如果 $E|X|^p < \infty, E|Y|^q < \infty$, 且 $1/p + 1/q = 1$, 则

$$|E(XY) - (EX)(EY)| \leqslant 4\rho^{2[(1/p) \wedge (1/q)]}(n)(E|X|^p)^{1/p}(E|Y|^q)^{1/q}, \qquad (1.3.48)$$

其中 $a \wedge b$ 表示 a, b 中最小值.

这个 ρ-混合随机变量的协方差不等式和证明方法均来源于邵启满 (1989), 其系数 4 在原文献中是 16, 这种差异并不重要. 其实关于 ρ-混合随机变量的协方差不等式, 最先是 Bradley 和 Bryc (1985) 以 λ-混合系数的形式给出, 有兴趣的读者可以参阅相关文献.

定理 1.3.7 的证明 当 $p = q = 2$ 时, 由 ρ-混合系数的定义知 (1.3.48) 成立. 下面只需就 $p \neq q$ 情形证明, 不妨假设 $p > q$. 由于 $1/p + 1/q = 1$, 所以 $p > 2 > q > 1$. 令

$$Y_M = YI(|Y| \leqslant M), \quad \widehat{Y}_M = YI(|Y| > M),$$

其中 M 为待定系数. 显然

$$|E(XY) - (EX)(EY)|$$
$$\leqslant |E(XY_M) - (EX)(EY_M)| + |E(X\widehat{Y}_M) - (EX)(E\widehat{Y}_M)|$$
$$\leqslant |E(XY_M) - (EX)(EY_M)| + E|X\widehat{Y}_M| + E|X|E|\widehat{Y}_M|.$$

由 ρ-混合系数的定义和 Hölder 不等式, 有

$$|E(XY_M) - (EX)(EY_M)|$$
$$\leqslant \rho(n)(E|X - EX|^2)^{1/2}(E|Y_M - EY_M|^2)^{1/2}$$
$$\leqslant \rho(n)(E|X|^2)^{1/2}(E|Y_M|^2)^{1/2}$$
$$\leqslant \rho(n)(E|X|^p)^{1/p}(E|Y_M|^q|Y_M|^{2-q})^{1/2}$$
$$\leqslant M^{(2-q)/2}\rho(n)(E|X|^p)^{1/p}(E|Y|^q)^{1/2},$$

且

$$E|X|E|\widehat{Y}_M| = E|X|E|YI(|Y| > M)|$$
$$\leqslant (E|X|^p)^{1/p}E|Y|^qI(|Y| > M)/M^{q-1}$$
$$\leqslant M^{1-q}(E|X|^p)^{1/p}E|Y|^q.$$

由于 $1/p + 1/q = 1$, 所以 $pq = p + q$, 从而 $q(p-2)/p = (p-q)/p$, 因此 $0 < q(p-2)/p < 1$. 再次由 Hölder 不等式, 有

$$E|X\widehat{Y}_M|$$
$$\leqslant [E(|X||\widehat{Y}_M|^{1-q(p-2)/p})^{p/2}]^{2/p}[E(|\widehat{Y}_M|^{q(p-2)/p})^{p/(p-2)}]^{(p-2)/p}$$
$$= [E(|X|^{p/2}|\widehat{Y}_M|^{q/2})]^{2/p}(E|\widehat{Y}_M|^q)^{(p-2)/p}$$
$$= \left\{E|X|^{p/2}E|\widehat{Y}_M|^{q/2} + \mathrm{Cov}(|X|^{p/2}, |\widehat{Y}_M|^{q/2})\right\}^{2/p}(E|Y|^q)^{(p-2)/p}$$
$$\leqslant \left\{E|X|^{p/2}E|\widehat{Y}_M|^{q/2} + \rho(n)(E|X|^p)^{1/2}(E|\widehat{Y}_M|^q)^{1/2}\right\}^{2/p}(E|Y|^q)^{(p-2)/p}$$
$$\leqslant \left\{(E|X|^p)^{1/2}E|Y|^qM^{-q/2} + \rho(n)(E|X|^p)^{1/2}(E|Y|^q)^{1/2}\right\}^{2/p}(E|Y|^q)^{(p-2)/p}$$
$$\leqslant \left\{(E|X|^p)^{1/p}(E|Y|^q)^{2/p}M^{-q/p} + \rho^{2/p}(n)(E|X|^p)^{1/p}(E|Y|^q)^{1/p}\right\}(E|Y|^q)^{1-2/p}$$

$$= (E|X|^p)^{1/p} E|Y|^q M^{1-q} + \rho^{2/p}(n)(E|X|^p)^{1/p}(E|Y|^q)^{1/q}.$$

联合上面各式并且取 $M = (E|Y|^q)^{1/q} \rho^{-2/q}(n)$, 得

$$|E(XY) - (EX)(EY)|$$

$$\leqslant 2M^{1-q}(E|X|^p)^{1/p} E|Y|^q + M^{(2-q)/2}\rho(n)(E|X|^p)^{1/p}(E|Y|^q)^{1/2}$$

$$+ \rho^{2/p}(n)(E|X|^p)^{1/p}(E|Y|^q)^{1/q}$$

$$\leqslant \left\{ 2M^{1-q}(E|Y|^q)^{1-1/q} + M^{(2-q)/2}\rho(n)(E|Y|^q)^{1/2-1/q} + \rho^{2/p}(n) \right\}$$

$$\times (E|X|^p)^{1/p}(E|Y|^q)^{1/q}$$

$$= \left\{ 2\rho^{2/p}(n) + \rho^{2/p}(n) + \rho^{2/p}(n) \right\}(E|X|^p)^{1/p}(E|Y|^q)^{1/q}$$

$$= 4\rho^{2/p}(n)(E|X|^p)^{1/p}(E|Y|^q)^{1/q}.$$

证毕.

第 2 章　随机过程的混合性质

混合随机变量序列是根据相依样本数据的渐近独立性引入的概念, 有很强的实际背景, 然而其数学定义比较复杂, 根据定义从理论上验证一些随机变量序列是否是混合随机变量序列是一件不容易的事情, 也正是这种验证难度大才激发了许多学者开展这个问题的研究. Kolmogorov 和 Rozanov(1960) 首先证明对平稳高斯过程而言 ρ-混合与 α-混合是等价的, 且在适当条件下平稳高斯过程是 ρ-混合过程, 从而也是 α-混合过程. Gorodetskii(1977) 证明在一些条件下线性过程是 α-混合过程, 之后 Withers(1981) 改进了他的结论, 给出了更容易验证的条件, 从而得到具有正态白噪声的平稳可逆自回归移动平均 (ARMA) 过程是 α-混合过程的推论. 学者们还证明平稳广义自回归条件异方差 (GARCH) 过程和平稳 Markov 链都是 α-混合过程 (Carrasco and Chen, 2002; Fan and Yao, 2003), 而且向量自回归 (VAR) 过程、多元自回归条件异方差 (ARCH) 过程和多元 GARCH 过程也都是 α-混合过程 (Hafner and Preminger, 2009; Boussama et al., 2011; Wong et al., 2020). Chen 等 (2010) 还给出了扩散过程具有 β-混合、ρ-混合和 α-混合等特征的验证条件, 从而容易知道 Vasicek, CIR (Cox-Ingersoll-Ross) 和 CKLS(Chan, Karolyi, Longstall and Sanders) 等金融利率过程都是 ρ-混合过程, 也是 α-混合过程. 这些研究成果强化了混合随机变量概念的重要性, 从而得到了理论界和应用界的广泛关注和认可.

2.1　高斯过程的混合性质

Kolmogorov 和 Rozanov(1960) 研究了高斯过程的混合性质, 他们证明了平稳高斯过程的 ρ-混合性与 α-混合性是等价的, 并且在适当条件下平稳过程 (不要求是高斯过程) 是 ρ-混合的过程, 从而得到平稳高斯过程既是 ρ-混合过程也是 α-混合过程的结论. 本节我们主要介绍他们的工作.

定理 2.1.1 (Kolmogorov and Rozanov, 1960, Theorem 2)　假设 $\{X_t; t \in \mathbb{R}\}$ 是一个平稳高斯过程. 对给定的 $s \in \mathbb{R}$, 定义两个 σ-代数域 $\mathcal{F}_{-\infty}^s = \sigma(X_t : t \leqslant s)$ 和 $\mathcal{F}_{s+\tau}^\infty = \sigma(X_t : t \geqslant s+\tau)$. 则有

$$\alpha\left(\mathcal{F}_{-\infty}^s, \mathcal{F}_{s+\tau}^\infty\right) \leqslant \rho\left(\mathcal{F}_{-\infty}^s, \mathcal{F}_{s+\tau}^\infty\right) \leqslant 2\pi\alpha\left(\mathcal{F}_{-\infty}^s, \mathcal{F}_{s+\tau}^\infty\right). \tag{2.1.1}$$

定理 2.1.1 表明: 对平稳高斯过程而言, α-混合与 ρ-混合等价.

为了证明定理 2.1.1, 我们需要后面两个引理.

引理 2.1.1 (Lancaster, 1957)   设随机向量 (X, Y) 服从二元正态分布且其相关系数 $\text{Corr}(X, Y) = \rho$, $f(x)$ 和 $g(y)$ 为两个实值函数, 使得 $f(X)$ 和 $g(Y)$ 有有限二阶矩, 则

$$\left|\text{Corr}(f(X), g(Y))\right| \leqslant \left|\text{Corr}(X, Y)\right|. \tag{2.1.2}$$

证明   由于相关系数不受线性变换影响, 所以我们不妨假设 $X \sim N(0, 1)$, $Y \sim N(0, 1)$, $\text{Corr}(X, Y) = \rho$. 在引理的条件下, $f(X)$ 可以表示为 Hermite-Tchebycheff 多项式级数

$$f(X) = a_0 + a_1 \psi_1(X) + a_2 \psi_2(X) + \cdots, \tag{2.1.3}$$

式中的 a_i 是实数, 满足 $\sum_{i=1}^{\infty} a_i^2 < \infty$. $\psi_i(x)$ 是 i 阶 Hermite-Tchebycheff 多项式, 满足 $E[\psi_i(X)] = 0$ 和正交性

$$E[\psi_i(X)\psi_j(X)] = \delta_{ij},$$

其中 $\delta_{ij} = 1$(当 $i = j$ 时), $\delta_{ij} = 0$(当 $i \neq j$ 时). 在 (2.1.3) 式中的等号是指均方收敛, 即当 $n \to \infty$ 时, 有

$$E\left(f(X) - a_0 - \sum_{i=1}^{n} a_i \psi_i(X)\right)^2 \to 0.$$

由于相关系数不受线性变换影响, 所以我们不妨假设 $Ef(X) = 0, \text{Var}(f(X)) = 1, Eg(Y) = 0, \text{Var}(g(Y)) = 1$. 从而有

$$f(X) = \sum_{i=1}^{\infty} a_i \psi_i(X), \quad \sum_{i=1}^{\infty} a_i^2 = 1, \tag{2.1.4}$$

$$g(Y) = \sum_{i=1}^{\infty} b_i \psi_i(Y), \quad \sum_{i=1}^{\infty} b_i^2 = 1. \tag{2.1.5}$$

设二元正态密度函数

$$f(x, y) = \frac{1}{2\pi(1-\rho^2)^{1/2}} \exp\left\{-\frac{1}{2(1-\rho^2)}(x^2 - 2\rho xy + y^2)\right\}.$$

则 $f(x, y)$ 可以用 Hermite-Tchebycheff 多项式表示 (Lancaster, 1957) 为

$$f(x, y) = \frac{1}{2\pi} \exp\left\{-\frac{x^2 + y^2}{2}\right\}\left\{1 + \sum_{i=1}^{\infty} \psi_i(x)\psi_i(y)\rho^i\right\}.$$

由 ψ_i 的正交性, 我们有

$$E[\psi_i(X)\psi_j(Y)] = \int_{-\infty}^{\infty}\int_{-\infty}^{\infty}\psi_i(x)\psi_j(y)f(x,y)dxdy$$

$$= E[\psi_i(X)]E[\psi_j(Y)] + \sum_{k=1}^{\infty}E[\psi_i(X)\psi_k(X)]E[\psi_j(Y)\psi_k(Y)]\rho^k$$

$$= \delta_{ij}\rho^i.$$

结合 (2.1.4) 和 (2.1.5) 式得

$$\operatorname{Corr}\big(f(X),g(Y)\big) = \sum_{i=1}^{\infty}a_ib_i\rho^i.$$

因此

$$\big|\operatorname{Corr}\big(f(X),g(Y)\big)\big| \leqslant \sum_{i=1}^{\infty}|a_ib_i\rho^i|$$

$$\leqslant |\rho|\sum_{i=1}^{\infty}|a_ib_i|$$

$$\leqslant |\rho|\left(\sum_{i=1}^{\infty}a_i^2\right)^{1/2}\left(\sum_{i=1}^{\infty}b_i^2\right)^{1/2}$$

$$= |\rho|,$$

从而 (2.1.2) 式成立. 证毕.

由引理 2.1.1 立即得到如下结论.

定理 2.1.2　假设 (X,Y) 是二元正态向量, $\mathcal{F}_X = \sigma(X)$, $\mathcal{F}_Y = \sigma(Y)$. 则

$$\rho(\mathcal{F}_X, \mathcal{F}_Y) = |\operatorname{Corr}(X,Y)|. \tag{2.1.6}$$

引理 2.1.2 (Kolmogorov and Rozanov, 1960, Theorem 1)　假设 $\xi = \{\xi_i, 1 \leqslant i \leqslant m\}$ 和 $\eta = \{\eta_i, 1 \leqslant i \leqslant n\}$ 是两个随机变量集, 每个 ξ_i 和 η_i 都服从相同的正态分布, $\mathcal{F}_\xi = \sigma(\xi_i, 1 \leqslant i \leqslant m)$ 和 $\mathcal{F}_\eta = \sigma(\eta_i, 1 \leqslant i \leqslant n)$ 是两个 σ-代数, $H_\xi = \mathscr{L}(\xi_i, 1 \leqslant i \leqslant m)$ 是由 ξ 生成的平方可积线性随机变量空间, $H_\eta = \mathscr{L}(\eta_i, 1 \leqslant i \leqslant n)$ 是由 η 生成的平方可积线性随机变量空间. 定义这两个线性随机变量空间 H_ξ 和 H_η 之间的最大相关系数为

$$\rho(H_\xi, H_\eta) = \sup_{X \in H_\xi, Y \in H_\eta}|\operatorname{Corr}(X,Y)|.$$

则

$$\rho(\mathcal{F}_\xi, \mathcal{F}_\eta) = \rho(H_\xi, H_\eta). \tag{2.1.7}$$

证明 显然, $\rho(\mathcal{F}_\xi, \mathcal{F}_\eta) \geqslant \rho(H_\xi, H_\eta)$. 所以我们只需证明

$$\rho(\mathcal{F}_\xi, \mathcal{F}_\eta) \leqslant \rho(H_\xi, H_\eta). \tag{2.1.8}$$

假设线性空间 H_ξ 的维数为 m, 它的标准正交基仍用 $\xi_1, \xi_2, \cdots, \xi_m$ 表示, 它们满足 $E\xi = 0, \mathrm{Var}(\xi_i) = 1, E(\xi_i\xi_j) = 0 \ (i \neq j)$. 同样假设线性空间 H_η 的维数为 n, 它的标准正交基仍用 $\eta_1, \eta_2, \cdots, \eta_n$ 表示, 它们满足 $E\eta = 0, \mathrm{Var}(\eta_i) = 1, E(\eta_i\eta_j) = 0 \ (i \neq j)$. 由于线性空间 H_ξ 和 H_η 中的变量都是正态随机变量, 所以正交性意味着 $\xi_1, \xi_2, \cdots, \xi_m$ 相互独立, $\eta_1, \eta_2, \cdots, \eta_n$ 相互独立.

另外, 不妨假设 $m \leqslant n$, 且当 $i \neq j$ 时 ξ_i 与 η_j 相互独立 (即相关系数为零), 而只有 ξ_i 与 η_i 相关.

为证明 (2.1.8) 式, 就是要证明: 对任意的 $f(\xi_1, \cdots, \xi_m) \in \mathcal{L}^2(\mathcal{F}_\xi)$ 和 $g(\eta_1, \cdots, \eta_n) \in \mathcal{L}^2(\mathcal{F}_\eta)$, 都有

$$|\mathrm{Corr}(f(\xi_1, \cdots, \xi_m), g(\eta_1, \cdots, \eta_n))| \leqslant \rho(H_\xi, H_\eta).$$

我们可以假设 $E(f) = E(g) = 0$ 和 $\mathrm{Var}(f) = \mathrm{Var}(g) = 1$. 此时上式可以等价地写成

$$|E(f(\xi_1, \cdots, \xi_m)g(\eta_1, \cdots, \eta_n))| \leqslant \rho(H_\xi, H_\eta). \tag{2.1.9}$$

现在将 $f = f(\xi_1, \cdots, \xi_m)$ 和 $g = g(\eta_1, \cdots, \eta_n)$ 写成

$$f = \sum_{k=1}^m f_k(\xi_1, \cdots, \xi_k), \quad g = \sum_{j=1}^n g_j(\eta_1, \cdots, \eta_j),$$

其中

$$f_k(\xi_1, \cdots, \xi_k) = E(f|\xi_1, \cdots, \xi_k) - E(f|\xi_1, \cdots, \xi_{k-1}), \quad \xi_0 = 0,$$

$$g_j(\eta_1, \cdots, \eta_j) = E(g|\eta_1, \cdots, \eta_j) - E(g|\eta_1, \cdots, \eta_{j-1}), \quad \eta_0 = 0.$$

当 $k \geqslant j$ 时, 由于 $\eta_1, \cdots, \eta_j$ 与 $\xi_{j+1}, \cdots, \xi_k$ 相互独立, 所以有

$$\begin{aligned}
E[E(f|\xi_1, \cdots, \xi_k)|\eta_1, \cdots, \eta_j] &= E[E(f|\eta_1, \cdots, \eta_j|\xi_1, \cdots, \xi_k)] \\
&= E[E(f|\eta_1, \cdots, \eta_j|\xi_1, \cdots, \xi_j)] \\
&= E[E(f|\xi_1, \cdots, \xi_j)|\eta_1, \cdots, \eta_j], \tag{2.1.10}
\end{aligned}$$

类似地, 当 $j \geqslant k$ 时,

$$E[E(g|\eta_1, \cdots, \eta_j)|\xi_1, \cdots, \xi_k] = E[E(g|\eta_1, \cdots, \eta_k)|\xi_1, \cdots, \xi_k]. \tag{2.1.11}$$

当 $k > j$ 时, 由 (2.1.10) 式有

$$E[E(f|\xi_1, \cdots, \xi_k)E(g|\eta_1, \cdots, \eta_j)]$$

$$= E\{E[E(f|\xi_1, \cdots, \xi_k)E(g|\eta_1, \cdots, \eta_j)|\eta_1, \cdots, \eta_j]\}$$

$$= E\{E[E(f|\xi_1, \cdots, \xi_k)|\eta_1, \cdots, \eta_j]E(g|\eta_1, \cdots, \eta_j)\}$$

$$= E\{E[E(f|\xi_1, \cdots, \xi_j)|\eta_1, \cdots, \eta_j]E(g|\eta_1, \cdots, \eta_j)\}$$

$$= E\{E[E(f|\xi_1, \cdots, \xi_j)E(g|\eta_1, \cdots, \eta_j)|\eta_1, \cdots, \eta_j]\}$$

$$= E[E(f|\xi_1, \cdots, \xi_j)E(g|\eta_1, \cdots, \eta_j)],$$

同理,

$$E[E(f|\xi_1, \cdots, \xi_k)E(g|\eta_1, \cdots, \eta_{j-1})] = E[E(f|\xi_1, \cdots, \xi_{j-1})E(g|\eta_1, \cdots, \eta_{j-1})],$$

$$E[E(f|\xi_1, \cdots, \xi_{k-1})E(g|\eta_1, \cdots, \eta_j)] = E[E(f|\xi_1, \cdots, \xi_j)E(g|\eta_1, \cdots, \eta_j)],$$

$$E[E(f|\xi_1, \cdots, \xi_{k-1})E(g|\eta_1, \cdots, \eta_{j-1})] = E[E(f|\xi_1, \cdots, \xi_{j-1})E(g|\eta_1, \cdots, \eta_{j-1})].$$

所以, 当 $k > j$ 时, 有

$$E(f_k g_j)$$

$$= E\{[E(f|\xi_1, \cdots, \xi_k) - E(f|\xi_1, \cdots, \xi_{k-1})][E(g|\eta_1, \cdots, \eta_j) - E(g|\eta_1, \cdots, \eta_{j-1})]\}$$

$$= E[E(f|\xi_1, \cdots, \xi_k)E(g|\eta_1, \cdots, \eta_j)] - E[E(f|\xi_1, \cdots, \xi_k)E(g|\eta_1, \cdots, \eta_{j-1})]$$

$$\quad - E[E(f|\xi_1, \cdots, \xi_{k-1})E(g|\eta_1, \cdots, \eta_j)] + E[E(f|\xi_1, \cdots, \xi_{k-1})E(g|\eta_1, \cdots, \eta_{j-1})]$$

$$= E[E(f|\xi_1, \cdots, \xi_j)E(g|\eta_1, \cdots, \eta_j)] - E[E(f|\xi_1, \cdots, \xi_{j-1})E(g|\eta_1, \cdots, \eta_{j-1})]$$

$$\quad - E[E(f|\xi_1, \cdots, \xi_j)E(g|\eta_1, \cdots, \eta_j)] + E[E(f|\xi_1, \cdots, \xi_{j-1})E(g|\eta_1, \cdots, \eta_{j-1})]$$

$$= 0.$$

类似地, 当 $k < j$ 时, 我们有 $E(f_k g_j) = 0$. 这意味着 $E(f_k g_j) = 0$ $(k \neq j)$ 以及 $E(fg) = \sum_{k=1}^{m} E(f_k g_k)$. 从而 (2.1.9) 式等价于

$$\left| \sum_{k=1}^{m} E(f_k g_k) \right| \leqslant \rho(H_\xi, H_\eta). \tag{2.1.12}$$

令

$$\overline{f}_k(\xi_k) = f_k(\xi_1, \cdots, \xi_k)|(\xi_1, \cdots, \xi_{k-1}, \eta_1, \cdots, \eta_{k-1})$$

表示在给定 $\xi_1, \cdots, \xi_{k-1}, \eta_1, \cdots, \eta_{k-1}$ 的条件下 $f_k(\xi_1, \cdots, \xi_k)$ 的条件随机变量, 而

$$\overline{g}_k(\eta_k) = g_k(\eta_1, \cdots, \eta_k)|(\xi_1, \cdots, \xi_{k-1}, \eta_1, \cdots, \eta_{k-1})$$

表示在给定 $\xi_1, \cdots, \xi_{k-1}, \eta_1, \cdots, \eta_{k-1}$ 的条件下 $g_k(\eta_1, \cdots, \eta_k)$ 的条件随机变量. 则 $\overline{f}_k(\xi_k)$ 和 $\overline{g}_k(\eta_k)$ 分别是 ξ_k 和 η_k 的函数. 由于 (ξ_k, η_k) 是二维正态向量, 所以由引理 2.1.1 有

$$|\mathrm{Corr}(\overline{f}_k(\xi_k), \overline{g}_k(\eta_k))| \leqslant |\mathrm{Corr}(\xi_k, \eta_k)| \leqslant \rho(H_\xi, H_\eta). \tag{2.1.13}$$

由于

$$E[\overline{f}_k(\xi_k)] = E(f_k|\xi_1, \cdots, \xi_{k-1}, \eta_1, \cdots, \eta_{k-1})$$

$$= E(E(f|\xi_1, \cdots, \xi_k) - E(f|\xi_1, \cdots, \xi_{k-1})|\xi_1, \cdots, \xi_{k-1}, \eta_1, \cdots, \eta_{k-1})$$

$$= 0$$

和 $E[\overline{g}_k(\eta_k)] = 0$, 所以由 (2.1.13) 式有

$$\frac{|E[\overline{f}_k(\xi_k)\overline{g}_k(\eta_k)]|}{\sqrt{E[\overline{f}_k(\xi_k)]^2 E[\overline{g}_k(\eta_k)]^2}} \leqslant \rho(H_\xi, H_\eta).$$

这意味着

$$|E(f_k g_k|\xi_1, \cdots, \xi_{k-1}, \eta_1, \cdots, \eta_{k-1})| \leqslant \rho(H_\xi, H_\eta) a_k b_k,$$

其中

$$a_k^2 = E(f_k^2|\xi_1, \cdots, \xi_{k-1}, \eta_1, \cdots, \eta_{k-1}),$$

$$b_k^2 = E(g_k^2|\xi_1, \cdots, \xi_{k-1}, \eta_1, \cdots, \eta_{k-1}).$$

从而

$$\left|\sum_{k=1}^m E(f_k g_k)\right| \leqslant \rho(H_\xi, H_\eta) \sum_{k=1}^m E(a_k b_k). \tag{2.1.14}$$

由于

$$E[E(f|\xi_1, \cdots, \xi_k)E(f|\xi_1, \cdots, \xi_{k-1})]$$

$$= E\{E[E(f|\xi_1, \cdots, \xi_k)E(f|\xi_1, \cdots, \xi_{k-1})|\xi_1, \cdots, \xi_{k-1}]\}$$

$$= E\{E[E(f|\xi_1,\cdots,\xi_k)|\xi_1,\cdots,\xi_{k-1}]E(f|\xi_1,\cdots,\xi_{k-1})\}$$

$$= E\{E(f|\xi_1,\cdots,\xi_{k-1})E(f|\xi_1,\cdots,\xi_{k-1})\}$$

$$= E\{[E(f|\xi_1,\cdots,\xi_{k-1})]^2\},$$

我们有

$$\sum_{k=1}^{m} E(a_k^2)$$

$$= E\sum_{k=1}^{m} E(f_k^2|\xi_1,\cdots,\xi_{k-1},\eta_1,\cdots,\eta_{k-1})$$

$$= E\sum_{k=1}^{m} E[(E(f|\xi_1,\cdots,\xi_k) - E(f|\xi_1,\cdots,\xi_{k-1}))^2|\xi_1,\cdots,\xi_{k-1},\eta_1,\cdots,\eta_{k-1}]$$

$$= E\sum_{k=1}^{m}\{E[(E(f|\xi_1,\cdots,\xi_k))^2|\xi_1,\cdots,\xi_{k-1},\eta_1,\cdots,\eta_{k-1}]$$

$$- 2E[E(f|\xi_1,\cdots,\xi_k)E(f|\xi_1,\cdots,\xi_{k-1})|\xi_1,\cdots,\xi_{k-1},\eta_1,\cdots,\eta_{k-1}]$$

$$+ E[(E(f|\xi_1,\cdots,\xi_{k-1}))^2|\xi_1,\cdots,\xi_{k-1},\eta_1,\cdots,\eta_{k-1}]\}$$

$$= E\sum_{k=1}^{m}\{E[(E(f|\xi_1,\cdots,\xi_k))^2|\xi_1,\cdots,\xi_{k-1},\eta_1,\cdots,\eta_{k-1}]$$

$$- E[(E(f|\xi_1,\cdots,\xi_{k-1}))^2|\xi_1,\cdots,\xi_{k-1},\eta_1,\cdots,\eta_{k-1}]\}$$

$$= \sum_{k=1}^{m}\{E(E(f|\xi_1,\cdots,\xi_k))^2 - E(E(f|\xi_1,\cdots,\xi_{k-1}))^2\}$$

$$= E(E(f|\xi_1,\cdots,\xi_m))^2 - E(E(f))^2$$

$$= E(f^2) = 1.$$

类似地, 有 $\sum_{k=1}^{m} E(b_k^2) = 1$. 于是

$$\sum_{k=1}^{m} E(a_k b_k) = E\left\{\sum_{k=1}^{m} a_k b_k\right\} \leqslant E\left\{\left(\sum_{k=1}^{m} a_k^2\right)^{1/2}\left(\sum_{k=1}^{m} b_k^2\right)^{1/2}\right\}$$

$$\leqslant \left\{E\left(\sum_{k=1}^{m} a_k^2\right)\right\}^{1/2} E\left\{\left(\sum_{k=1}^{m} b_k^2\right)\right\}^{1/2}$$

$$= \left\{ \sum_{k=1}^{m} E(a_k^2) \right\}^{1/2} \left\{ \sum_{k=1}^{m} E(b_k^2) \right\}^{1/2}$$

$$= 1.$$

因此, 由 (2.1.14) 式我们得

$$\left| \sum_{k=1}^{m} E(f_k g_k) \right| \leqslant \rho(H_\xi, H_\eta) \sum_{k=1}^{m} E(a_k b_k) \leqslant \rho(H_\xi, H_\eta).$$

即 (2.1.12) 式获证. 证毕.

定理 2.1.1 的证明　为了证明定理, 我们只需要证明

$$\alpha(\mathcal{F}_\xi, \mathcal{F}_\eta) \leqslant \rho(\mathcal{F}_\xi, \mathcal{F}_\eta) \leqslant 2\pi \alpha(\mathcal{F}_\xi, \mathcal{F}_\eta), \tag{2.1.15}$$

其中 $\xi = \{X_{t_i} : s \geqslant t_1 \geqslant t_2 \geqslant \cdots \geqslant t_m\}$ 是 $\{X_t : t \leqslant s\}$ 的任意子集, $\eta = \{X_{t_i} : s + \tau \leqslant t_1 \leqslant t_2 \leqslant \cdots \leqslant t_n\}$ 是 $\{X_t : t \geqslant s + \tau\}$ 的任意子集.

由 α-混合和 ρ-混合的定义显然有 $\alpha(\mathcal{F}_\xi, \mathcal{F}_\eta) \leqslant \rho(\mathcal{F}_\xi, \mathcal{F}_\eta)$. 我们仅需要证明 $\rho(\mathcal{F}_\xi, \mathcal{F}_\eta) \leqslant 2\pi \alpha(\mathcal{F}_\xi, \mathcal{F}_\eta)$. 由引理 2.1.2,

$$\rho(\mathcal{F}_\xi, \mathcal{F}_\eta) = \sup_{X \in H_\xi, Y \in H_\eta} |\mathrm{Corr}(X, Y)|. \tag{2.1.16}$$

对任意给定的 $\varepsilon > 0$, 我们可以选择 $\xi_\varepsilon \in H_\xi$ 和 $\eta_\varepsilon \in H_\eta$ 满足 $E(\xi_\varepsilon) = E(\eta_\varepsilon) = 0$, $\mathrm{Var}(\xi_\varepsilon) = \mathrm{Var}(\eta_\varepsilon) = 1$, 且使得

$$r := \mathrm{Corr}(\xi_\varepsilon, \eta_\varepsilon) = E(\xi_\varepsilon \eta_\varepsilon) > \rho(\mathcal{F}_\xi, \mathcal{F}_\eta) - \varepsilon.$$

考虑事件 $A_\varepsilon = \{\xi_\varepsilon > 0\} \in \mathcal{F}_\xi$ 和 $B_\varepsilon = \{\eta_\varepsilon > 0\} \in \mathcal{F}_\eta$. 注意 ξ_ε 和 η_ε 都是服从标准正态分布, 由 Cramer 的结论 (Cramer, 1946, P290), 我们有

$$P(A_\varepsilon B_\varepsilon) = \frac{1}{4} + \frac{1}{2\pi} \arcsin(r), \quad P(A_\varepsilon)P(B_\varepsilon) = \frac{1}{2} \cdot \frac{1}{2} = \frac{1}{4}. \tag{2.1.17}$$

因此

$$\frac{1}{2\pi} \arcsin(r) = P(A_\varepsilon B_\varepsilon) - P(A_\varepsilon)P(B_\varepsilon) \leqslant \alpha(\mathcal{F}_\xi, \mathcal{F}_\eta). \tag{2.1.18}$$

如果 $\alpha(\mathcal{F}_\xi, \mathcal{F}_\eta) \geqslant 1/4$, 则 $2\pi \alpha(\mathcal{F}_\xi, \mathcal{F}_\eta) \geqslant \pi/2 > 1$, 所以此时显然有 $\rho(\mathcal{F}_\xi, \mathcal{F}_\eta) \leqslant 2\pi \alpha(\mathcal{F}_\xi, \mathcal{F}_\eta)$.

如果 $\alpha(\mathcal{F}_\xi, \mathcal{F}_\eta) < 1/4$, 则由 (2.1.18) 式得

$$\rho(\mathcal{F}_\xi, \mathcal{F}_\eta) - \varepsilon < r \leqslant \sin(2\pi\alpha(\mathcal{F}_\xi, \mathcal{F}_\eta)). \tag{2.1.19}$$

利用不等式: $\sin(x) \leqslant x \ (0 \leqslant x \leqslant \pi/2)$, 我们有

$$\rho(\mathcal{F}_\xi, \mathcal{F}_\eta) < \sin(2\pi\alpha(\mathcal{F}_\xi, \mathcal{F}_\eta)) + \varepsilon \leqslant 2\pi\alpha(\mathcal{F}_\xi, \mathcal{F}_\eta) + \varepsilon.$$

令 $\varepsilon \to 0$, 得 $\rho(\mathcal{F}_\xi, \mathcal{F}_\eta) \leqslant 2\pi\alpha(\mathcal{F}_\xi, \mathcal{F}_\eta)$. 完成定理的证明. 证毕.

下面定理不限于高斯平稳过程, 它是关于更宽广的平稳过程的结论.

定理 2.1.3　设 $\xi(t)$ 是一个平稳过程, 其谱密度函数为 $f(\lambda)$, $\rho(\tau)$ 为该过程的 ρ-混合系数. 假设存在一个函数 $\varphi_0(z)$, 该函数在离散时间的情况下在单位圆内解析且具有边界值 $\varphi_\rho(e^{-i\lambda})$, 而在连续时间的情况下在下半平面解析且具有边界值 $\varphi_\rho(\lambda)$. 如果比率 f/φ_0 关于 λ 是一个一致连续函数, 且 $f/\varphi_0 \geqslant \varepsilon > 0$ 关于几乎所有 λ 都成立, 则当 $\tau \to \infty$ 时有

$$\rho(\tau) \to 0.$$

如果存在一个解析函数 $\varphi_0(z)$ 使得 $f/\varphi_0 \geqslant \varepsilon > 0$, 并且 k 阶导数 $(f/\varphi_0)^{(k)}$ 一致有界, 则

$$\rho(\tau) \leqslant C\tau^{-k}.$$

此定理的证明涉及较多分析方面的知识, 这里不给出具体的证明过程. 由定理可以获知, 平稳高斯过程是 ρ-混合过程, 当然也是 α-混合过程.

2.2　线性过程的混合性质

本节讨论线性过程具有 α-混合性质的充分条件, 由此得到 ARCH 过程是 α-混合过程的结论. Gorodetskii(1977) 给出如下定理.

定理 2.2.1 (Gorodetskii, 1977)　假设 $\{Z_i, i = 0, \pm 1, \pm 2, \cdots\}$ 是一个相互独立的随机变量序列, 具有概率密度函数 $p_i(x)$, $\{g_k, k = 0, 1, 2, \cdots\}$ 是一个实数序列, $g_0 \neq 0$. 记 $S_i(\delta) = \sum_{j=i}^{\infty} |g_j|^\delta$,

$$\beta(k) = \sum_{i=k}^{\infty} [S_i(\delta)]^{1/(1+\delta)}, \quad \text{当} 0 < \delta \leqslant 2\text{时}, \tag{2.2.1}$$

$$\beta(k) = \sum_{i=k}^{\infty} \max\left\{ [S_i(\delta)]^{1/(1+\delta)}, \sqrt{S_i(2)|\log(S_i(2))|} \right\}, \quad \text{当} \delta > 2\text{时}. \tag{2.2.2}$$

又假设

(i) $\max_j \int |p_j(x) - p_j(x+y)|dx \leqslant C|y|$, 其中 C 为正常数.

(ii) $E|Z_j|^\delta \leqslant C < \infty$, 其中 $\delta > 0$. 如果 $\delta \geqslant 1$, 则我们假设 $E(Z_j) = 0$. 如果 $\delta \geqslant 2$, 则我们假设 $\mathrm{Var}(Z_j) = 1$.

(iii) $g(z) = \sum_{k=0}^\infty g_k z^k \neq 0$, $\forall |z| \leqslant 1$.

(iv) $\beta(0) < \infty$.

则当 $n \to \infty$ 时, 有

$$X_{nt} = \sum_{j=0}^n g_j Z_{t-j} \xrightarrow{P} X_t, \tag{2.2.3}$$

且 $\{X_t, t \geqslant 0\}$ 是 α-混合的, 其混合系数 $\alpha(k) \leqslant M\beta(k)$, 其中 M 是一个正常数.

这个定理表明: 线性过程 $X_t = \sum_{j=0}^\infty g_j Z_{t-j}$ 是 α-混合的, 只要 Green 系数 g_j 和白噪声 Z_j 满足适当条件; 而且混合系数 $\alpha(k)$ 趋于零的速度由 Green 系数 g_j 趋于零的速度所决定. 定理的证明比较复杂, 这里省略其证明, 有兴趣读者可以参阅原文献. 由定理我们可以证明如下推论.

推论 2.2.1 假设 $\{Z_j\}$ 是相互独立的实值随机变量序列, 满足

$$\max_j E|Z_j|^\delta < \infty, \quad \delta > 0, \tag{2.2.4}$$

且其密度函数 $\{p_j(x)\}$ 满足

$$\max_j \int |p_j(x) - p_j(x+y)|dx \leqslant C|y|, \quad C为正常数. \tag{2.2.5}$$

又假设

$$E(Z_j) = 0, \quad 当 \delta \geqslant 1时; \tag{2.2.6}$$

$$\mathrm{Var}(Z_j) = 1, \quad 当 \delta \geqslant 2时; \tag{2.2.7}$$

$$\sum_{k=0}^\infty g_k z^k \neq 0, \quad \forall |z| \leqslant 1. \tag{2.2.8}$$

(a) 假设 $g_k = O(k^{-v})$, 其中 $v > 1$, 且满足

$$v > \begin{cases} (2+\delta)/\delta, & 0 < \delta \leqslant 2, \\ \max\{(2+\delta)/\delta, (\delta-1)/2, 3/2\}, & \delta > 2. \end{cases} \tag{2.2.9}$$

则 (2.2.3) 式成立, 且 $\{X_t\}$ 是 α-混合的, 其混合系数满足

$$\alpha(k) = O(k^{-\varepsilon}), \quad 其中 \varepsilon = (\delta(v-1) - 2)/(\delta+1). \tag{2.2.10}$$

(b) 假设 $g_k = O(e^{-vk})$, 其中 $v > 0$. 则 (2.2.3) 式成立, 且 $\{X_t\}$ 是 α-混合的, 其混合系数满足

$$\alpha(k) = O(e^{-v\lambda k}), \tag{2.2.11}$$

其中 $\lambda = \delta/(1+\delta)$.

推论 2.2.1 来源于 Withers(1981) 中的推论 4, 但又有所不同. 具体差异是: 在 (a) 中对 v 的要求条件不同. 推论 2.2.1 对 v 的要求条件弱于 Withers(1981) 的推论 4 对 v 的要求条件.

事实上, Withers(1981) 的推论 4 对 v 的条件是

$$v > 3/2, \quad 2/(v-1) < \delta < v + 1/2, \tag{2.2.12}$$

这意味着

$$v > 3/2, \quad v > (2+\delta)/\delta, \quad v > \delta - 1/2. \tag{2.2.13}$$

这些条件强于推论 2.2.1 对 v 的要求条件.

推论 2.2.1 的证明 显然, 除条件 "(iv) $\beta(0) < \infty$" 外, 定理 2.2.1 的条件都在该推论的假设条件中.

(a) 先考虑 $0 < \delta \leqslant 2$ 的情形. 由条件 (2.2.9), 有 $v > (2+\delta)/\delta$. 这意味着 $v\delta > 2 + \delta$, $\delta(v-1) - 2 > 0$, $(v\delta-1)/(1+\delta) > 1$. 注意到条件 $g_k = O(k^{-v})$, 我们有 $S_i(\delta) = O\left(\sum_{j=i}^{\infty} j^{-v\delta}\right) = O(i^{-(v\delta-1)})$. 所以

$$\begin{aligned}
\beta(k) &= \sum_{i=k}^{\infty} [S_i(\delta)]^{1/(1+\delta)} \\
&= O\left(\sum_{i=k}^{\infty} i^{-(v\delta-1)/(1+\delta)}\right) \\
&= O\left(k^{-(v\delta-1)/(1+\delta)+1}\right) \\
&= O\left(k^{-(\delta(v-1)-2)/(1+\delta)}\right) \\
&= O(k^{-\varepsilon}), \tag{2.2.14}
\end{aligned}$$

以及 $\beta(0) < \infty$. 由定理 2.2.1, 我们得 (a) 在 $0 < \delta \leqslant 2$ 情形的结论.

下面考虑 $\delta > 2$ 的情形.

由条件 (2.2.9), 有 $v > (2+\delta)/\delta$, 所以 (2.2.14) 式成立.

再次由条件 (2.2.9) 知, $v > 3/2$ 且 $v > (\delta-1)/2$. 这两式分别导致

$$v - 1/2 > 1, \quad (\delta(v-1)-2)/(1+\delta) < (v-1/2) - 1. \tag{2.2.15}$$

因此我们可以选择充分小的实数 $\tau > 0$ 满足

$$(v - 1/2)(1 - \tau) > 1, \quad (\delta(v-1) - 2)/(1 + \delta) < (v - 1/2)(1 - \tau) - 1. \quad (2.2.16)$$

由于 $S_i(2) = O\left(\sum_{j=i}^{\infty} j^{-2v}\right) = O(i^{-2v+1})$ 且 $\lim_{x \to 0^+} x^\tau \log x = 0$, 所以

$$S_i(2)^\tau \log(S_i(2)) = o(1), \quad \text{当 } i \to \infty \text{ 时.} \quad (2.2.17)$$

于是

$$
\begin{aligned}
\sum_{i=k}^{\infty} \sqrt{S_i(2)|\log(S_i(2))|} &= O\left(\sum_{i=k}^{\infty} \sqrt{S_i(2)^{1-\tau}}\right) \\
&= O\left(\sum_{i=k}^{\infty} \sqrt{i^{-(2v-1)(1-\tau)}}\right) \\
&= O\left(\sum_{i=k}^{\infty} i^{-(v-1/2)(1-\tau)}\right) \\
&= O\left(k^{-(v-1/2)(1-\tau)+1}\right) \\
&= O(k^{-\varepsilon}). \quad (2.2.18)
\end{aligned}
$$

由 (2.2.14) 和 (2.2.18), 得

$$\beta(k) = \sum_{i=k}^{\infty} \max\left\{[S_i(\delta)]^{1/(1+\delta)}, \sqrt{S_i(2)|\log(S_i(2))|}\right\} = O(k^{-\varepsilon}). \quad (2.2.19)$$

以及 $\beta(0) < \infty$. 由定理 2.2.1, 我们得 (a) 在 $\delta > 2$ 情形的结论.

(b) 由 $g_k = O(e^{-vk})$, 有

$$S_i(\delta) = O\left(\sum_{j=i}^{\infty} e^{-v\delta j}\right) = O\left(e^{-v\delta i} \sum_{j=i}^{\infty} e^{-v\delta(j-i)}\right) = O(e^{-v\delta i}) \quad (2.2.20)$$

和

$$S_i(2) = O\left(\sum_{j=i}^{\infty} e^{-2vj}\right) = O\left(e^{-2vi} \sum_{j=i}^{\infty} e^{-2v(j-i)}\right) = O(e^{-2vi}). \quad (2.2.21)$$

因此有

$$\sum_{i=k}^{\infty} [S_i(\delta)]^{1/(1+\delta)} = O\left(\sum_{i=k}^{\infty} e^{-iv\delta/(1+\delta)}\right) = O\left(e^{-kv\delta/(1+\delta)}\right). \quad (2.2.22)$$

由于当 $0 < x < e^{-1}$ 时, $g(x) = x|\log(x)| = -x\log(x)$ 是严格单调递增函数, 所以

$$\sum_{i=k}^{\infty} \sqrt{S_i(2)|\log(S_i(2))|} = O\left(\sum_{i=k}^{\infty} \sqrt{e^{-2vi}|\log(e^{-2vi})|}\right)$$

$$= O\left(\sum_{i=k}^{\infty} \sqrt{i}e^{-vi}\right)$$

$$= O\left(\sum_{i=k}^{\infty} \sqrt{i}e^{-iv/(1+\delta)}e^{-iv\delta/(1+\delta)}\right)$$

$$= O\left(e^{-kv\delta/(1+\delta)}\sum_{i=k}^{\infty} \sqrt{i}e^{-iv/(1+\delta)}\right)$$

$$= O\left(e^{-kv\delta/(1+\delta)}\right). \qquad (2.2.23)$$

因此

$$\beta(k) = \sum_{i=k}^{\infty} \max\left\{[S_i(\delta)]^{1/(1+\delta)}, \sqrt{S_i(2)|\log(S_i(2))|}\right\} = O\left(e^{-kv\delta/(1+\delta)}\right), \quad (2.2.24)$$

以及 $\beta(0) < \infty$. 由定理 2.2.1, 我们得 (b) 的结论. 证毕.

现在我们来证明正态密度函数 $p(x)$ 满足推论 2.2.1 中的条件 (2.2.5).

引理 2.2.1 如果 $Z_j \sim N(0,1)$, $p(x)$ 为其密度函数, 则存在正常数 C 使得

$$\int_{-\infty}^{\infty} |p(x) - p(x+y)|dx \leqslant C|y|, \quad \forall y \in \mathbb{R}. \qquad (2.2.25)$$

证明 密度函数 $p(x)$ 为

$$p(x) = (2\pi)^{-1/2}\exp\{-x^2/2\}. \qquad (2.2.26)$$

当 $|y| > 1$ 时, 显然

$$\int_{-\infty}^{\infty} |p(x) - p(x+y)|dx \leqslant \int_{-\infty}^{\infty} [p(x) + p(x+y)]dx = 2 \leqslant 2|y|. \qquad (2.2.27)$$

因此, 此时引理 2.2.1 成立.

当 $|y| \leqslant 1$ 时, 利用微分中值定理, 存在 $\theta = \theta(x,y)$ 满足 $|\theta| \leqslant 1$, 使得

$$\int_{-\infty}^{\infty} |p(x) - p(x+y)|dx$$

$$= \frac{|y|}{\sqrt{2\pi}} \int_{-\infty}^{\infty} |x + \theta y| \exp\left\{ -\frac{(x + \theta y)^2}{2} \right\} dx$$

$$\leqslant \frac{|y|}{\sqrt{2\pi}} \int_{-\infty}^{\infty} (|x| + 1) \exp\left\{ -\frac{(x + \theta y)^2}{2} \right\} dx. \tag{2.2.28}$$

注意到

$$\int_{|x|\leqslant 1} (|x| + 1) \exp\left\{ -\frac{(x + \theta y)^2}{2} \right\} dx \leqslant 2 \int_{|x|\leqslant 1} dx = 4 \tag{2.2.29}$$

以及

$$\int_{|x|>1} (|x| + 1) \exp\left\{ -\frac{(x + \theta y)^2}{2} \right\} dx$$

$$\leqslant \int_{|x|>1} (|x| + 1) \exp\left\{ -\frac{(|x| - 1)^2}{2} \right\} dx$$

$$< \infty, \tag{2.2.30}$$

我们有

$$\int_{-\infty}^{\infty} (|x| + 1) \exp\left\{ -\frac{(x + \theta y)^2}{2} \right\} dx < \infty. \tag{2.2.31}$$

因此, 联合 (2.2.27)—(2.2.30) 式得结论 (2.2.25). 证毕.

如下引理是关于 ARMA(p,q) 模型的 Green 系数 g_k 的收敛速度.

引理 2.2.2 (Withers, 1981, Lemma 1) 假设随机过程 $\{X_t\}$ 满足 ARMA(p,q) 模型

$$\prod_{j=1}^{p} (1 - \rho_j B) X_t = f_q(B)\varepsilon_t, \tag{2.2.32}$$

其中 B 是延迟算子 (即 $BX_t = X_{t-1}$), $f_q(z) = \sum_{l=0}^{q} b_l z^l$, $\{\varepsilon_t\}$ 为白噪声. 如果 ARMA(p,q) 模型平稳, 即

$$r = \max_{1\leqslant j\leqslant p} |\rho_j| < 1, \tag{2.2.33}$$

则 $X_t = \sum_{j=0}^{\infty} g_j \varepsilon_{t-j}$, 其中 $g_k = O(k^p r^k)$.

证明 令 $a_l = \sum_{i_1+\cdots+i_p=l} \rho_1^{i_1} \cdots \rho_p^{i_p}$. 则

$$\prod_{j=1}^{p} (1 - \rho_j B)^{-1} = \sum_{l=0}^{\infty} a_l B^l. \tag{2.2.34}$$

因此, $X_t = \sum_{j=0}^{\infty} g_j \varepsilon_{t-j}$, 其中

$$g_j = \sum_{m=0}^{\min\{q,j\}} a_{j-m} b_m. \tag{2.2.35}$$

假设 $M = \max_{0 \leqslant m \leqslant q} |b_m|$. 则 $|g_j| \leqslant M(q+1) \max_{j-q \leqslant l \leqslant j} |a_l|$. 由 Stirling 公式, 有

$$|a_l| \leqslant r^l \sum_{i_1 + \cdots + i_p = l} 1 = r^l C_l^{-p} (-1)^l \sim r^l l^p, \quad l \to \infty. \tag{2.2.36}$$

因此, $|g_j| \leqslant M(q+1) \max_{j-q \leqslant l \leqslant j} r^l l^p \leqslant C r^j j^p$. 证毕.

推论 2.2.2 假设随机过程 $\{X_t\}$ 满足 ARMA(p,q) 模型 (2.2.32), 且 $\{\varepsilon_t\}$ 为正态白噪声, 即 $\varepsilon_t \sim N(0,1)$. 如果 ARMA$(p,q)$ 模型 (2.2.32) 是平稳且可逆的, 则 $\{X_t\}$ 是 α-混合的, 其混合系数满足

$$\alpha(k) = O(e^{-vk}), \tag{2.2.37}$$

其中 $v = \ln(1/r) - \gamma, \gamma \in (0, \ln(1/r))$.

证明 由于 $\varepsilon_t \sim N(0,1)$, 所以 $E(\varepsilon_t) = 0, \mathrm{Var}(\varepsilon_t) = 1$, 且对任意的 $\delta > 0$, $E|\varepsilon_t|^\delta < \infty$. 所以推论 2.2.1 中的条件 (2.2.4), (2.2.6) 和 (2.2.7) 满足.

由引理 2.2.1 知, 条件 (2.2.5) 成立. 而 ARMA(p,q) 模型 (2.2.32) 的可逆性意味着条件 (2.2.8) 成立.

由引理 2.2.2 知, $\forall \tau \in (0, \ln(1/r))$, 有

$$g_k = O(k^p r^k) = O(k^p e^{\ln(r^k)}) = O(k^p e^{-k\ln(1/r)}) = o(e^{-k(\ln(1/r)-\tau)}). \tag{2.2.38}$$

利用推论 2.2.1 的结论 (b) 知, $\{X_t\}$ 是 α-混合的, 其混合系数满足

$$\alpha(k) = O(e^{-(\ln(1/r)-\tau)\lambda k}), \tag{2.2.39}$$

其中 $\lambda = \delta/(1+\delta)$.

对给定的 $\gamma \in (0, \ln(1/r))$, 取 τ 充分小而 δ 充分大, 有

$$v = \ln(1/r) - \gamma \leqslant (\ln(1/r) - \tau)\lambda, \tag{2.2.40}$$

因此 (2.2.39) 式意味着 (2.2.37) 式成立. 证毕.

推论 2.2.2 告诉我们: 平稳且可逆的 ARMA(p,q) 模型都是具有几何衰减速度的 α-混合模型. 例如

$$\mathrm{AR}(1): X_t = \phi X_{t-1} + \varepsilon_t, \quad |\phi| < 1;$$

$$\text{MA}(1): X_t = \varepsilon_t - \theta\varepsilon_{t-1}, \ |\theta| < 1;$$

$$\text{ARMA}(1,1): X_t = \phi X_{t-1} + \varepsilon_t - \theta\varepsilon_{t-1}, \ |\phi| < 1, |\theta| < 1;$$

$$\text{AR}(2): X_t = \phi_1 X_{t-1} + \phi_2 X_{t-2} + \varepsilon_t, \ |\phi_2| < 1, \phi_2 \pm \phi_1 < 1;$$

$$\text{MA}(2): X_t = \varepsilon_t - \theta_1\varepsilon_{t-1} - \theta_2\varepsilon_{t-2}, \ |\theta_2| < 1, \theta_2 \pm \theta_1 < 1;$$

$$\text{ARMA}(2,2): X_t = \phi_1 X_{t-1} + \phi_2 X_{t-2} + \varepsilon_t - \theta_1\varepsilon_{t-1} - \theta_2\varepsilon_{t-2},$$

$$|\phi_2| < 1, \phi_2 \pm \phi_1 < 1, |\theta_2| < 1, \theta_2 \pm \theta_1 < 1.$$

2.3　扩散过程的混合性质

设 X_t 满足时间齐次扩散过程 (time-homogeneous diffusion process)

$$dX_t = \mu(X_t)dt + \sigma(X_t)dB_t, \tag{2.3.1}$$

其中 $\mu(x)$ 是漂移函数, $\sigma(x)$ 是扩散函数, B_t 是布朗运动.

假设 (l, r) 是 X_t 的状态空间, l, r 可以是有限值或无穷. 尺度密度函数

$$s(z) = \exp\left\{ -\int_{z_0}^z \frac{2\mu(x)}{\sigma^2(x)}dx \right\},$$

其中 $z_0 \in (l, r)$, 而尺度函数

$$S(u) = \int_{z_0}^u s(z)dz.$$

关于时间齐次扩散过程通常使用如下条件:

(A1) 漂移函数 $\mu(x)$ 和扩散函数 $\sigma(x)$ 在 (l, r) 上连续, 且在 (l, r) 中恒有 $\sigma(x) > 0$;

(A2) 尺度函数 $S(u)$ 满足 $\lim_{u \to l} S(u) = -\infty$ 和 $\lim_{u \to r} S(u) = +\infty$;

(A3) $\int_l^r \frac{1}{s(x)\sigma^2(x)}dx < \infty$.

定理 2.3.1 (Chen et al., 2010, Remark 3.4)　如果条件 (A1)—(A3) 满足, 则扩散过程 $\{X_t\}$ 是 β-混合的, 从而也是 α-混合的.

这个定理只是说扩散过程 $\{X_t\}$ 既是 β-混合过程也是 α-混合过程, 但没有给出混合系数是以什么速度收敛于零. 下面定理给出了混合系数的收敛速度.

定理 2.3.2 (Chen et al., 2010, Corollary 4.2)　如果条件 (A1) 和 (A2) 满足, 并且

$$\liminf_{x \uparrow r} \frac{s(x)\sigma(x)}{S(x)} > 0, \tag{2.3.2}$$

$$\limsup_{x\downarrow l} \frac{s(x)\sigma(x)}{S(x)} < 0, \tag{2.3.3}$$

则扩散过程 $\{X_t\}$ 满足条件 (A3), 并且是 ρ-混合的、β-混合的和 α-混合的, 它们的混合系数都是以几何速度衰减, 即存在 $\delta > 0$ 使得

$$\rho(t) = O\left(e^{-\delta t}\right), \quad \beta(t) = O\left(e^{-\delta t}\right), \quad \alpha(t) = O\left(e^{-\delta t}\right). \tag{2.3.4}$$

定理 2.3.3   (1) 如果

$$\liminf_{x\uparrow r} \left(\frac{\mu(x)}{\sigma(x)} - \frac{\sigma'(x)}{2} \right) < 0, \tag{2.3.5}$$

$$\limsup_{x\downarrow l} \left(\frac{\mu(x)}{\sigma(x)} - \frac{\sigma'(x)}{2} \right) > 0, \tag{2.3.6}$$

则条件 (2.3.2) 和 (2.3.3) 成立.

(2) 如果存在可微函数 $g(x)$ 使得 $0 < g(x) \leqslant \sigma(x)$ 且

$$\liminf_{x\uparrow r} \left(\frac{\mu(x)}{\sigma^2(x)} g(x) - \frac{g'(x)}{2} \right) < 0, \tag{2.3.7}$$

$$\limsup_{x\downarrow l} \left(\frac{\mu(x)}{\sigma^2(x)} g(x) - \frac{g'(x)}{2} \right) > 0, \tag{2.3.8}$$

则条件 (2.3.2) 和 (2.3.3) 成立.

证明   (1) 由条件 (A2) 和 (2.3.2) 知, $\liminf_{x\uparrow r} s(x)\sigma(x) = +\infty$, 由洛必达法则有

$$
\begin{aligned}
\liminf_{x\uparrow r} \left(\frac{\mu(x)}{\sigma(x)} - \frac{\sigma'(x)}{2} \right) &= \frac{1}{2} \liminf_{x\uparrow r} \frac{s(x)\dfrac{2\mu(x)}{\sigma^2(x)}\sigma(x) - s(x)\sigma'(x)}{s(x)} \\
&= -\frac{1}{2} \liminf_{x\uparrow r} \frac{(s(x)\sigma(x))'}{S'(x)} \\
&= -\frac{1}{2} \liminf_{x\uparrow r} \frac{s(x)\sigma(x)}{S(x)},
\end{aligned}
$$

这意味着由 (2.3.5) 式可以导出 (2.3.2) 式. 同理, 由 (2.3.6) 式可以导出 (2.3.3) 式.

(2) 由洛必达法则和 $0 < g(x) \leqslant \sigma(x)$ 有

$$\liminf_{x\uparrow r} \left(\frac{\mu(x)}{\sigma^2(x)} g(x) - \frac{g'(x)}{2} \right) = \frac{1}{2} \liminf_{x\uparrow r} \frac{s(x)\dfrac{2\mu(x)}{\sigma^2(x)}g(x) - s(x)g'(x)}{s(x)}$$

$$= -\frac{1}{2} \liminf_{x \uparrow r} \frac{(s(x)g(x))'}{S'(x)}$$

$$= -\frac{1}{2} \liminf_{x \uparrow r} \frac{s(x)g(x)}{S(x)}$$

$$\geqslant -\frac{1}{2} \liminf_{x \uparrow r} \frac{s(x)\sigma(x)}{S(x)},$$

这意味着由 (2.3.7) 式可以导出 (2.3.2) 式. 同理, 由 (2.3.8) 式可以导出 (2.3.3) 式. 证毕.

定理 2.3.3 是来源于 Chen 等 (2010) 中的 Remark 4.3 和 Remark 4.4. 目的是验证条件 (2.3.2)-(2.3.3) 可以转换为验证条件 (2.3.5)-(2.3.6), 这两个条件是直接利用扩散过得的漂移函数和扩散函数, 给验证工作带来方便. 但是条件 (2.3.5)-(2.3.6) 要求扩散函数 $\sigma(x)$ 可微, 为了减弱这个要求, 可以转换为验证条件 (2.3.7)-(2.3.8).

例 2.3.1 设过程 $\{X_t\}$ 满足如下随机微分方程

$$dX_t = (\alpha - \beta X_t)dt + \sigma dW_t, \tag{2.3.9}$$

其中 $\alpha \in \mathbb{R}, \beta > 0, \sigma > 0$. 这模型是 Vasicek(1977) 提出的短期利率模型, 通常称为 Vasicek 模型. 由于要求 $\beta > 0$, 所以模型具有均值回复特征, 故也称为均值回复模型, α 是长期利率均值, β 是均值回复强度系数. 现在我们来验证 Vasicek 模型满足定理 2.3.2 的条件.

对 Vasicek 模型, $\mu(x) = \alpha - \beta x, \sigma(x) = \sigma, (l, r) = (-\infty, \infty)$. 显然, $\mu(x)$ 和 $\sigma(x)$ 满足条件 (A1). 其尺度密度函数

$$s(z) = \exp\left\{-\frac{2}{\sigma^2} \int_{z_0}^z (\alpha - \beta x)dx\right\}$$

$$= \exp\left\{-\frac{2}{\sigma^2}\left[\alpha(z - z_0) - \frac{\beta}{2}(z^2 - z_0^2)\right]\right\}$$

$$= \exp\left\{\frac{\beta}{\sigma^2}\left[z^2 - \frac{2\alpha}{\beta}z\right] + \frac{2}{\sigma^2}\left(\frac{\beta z_0^2}{2} - \alpha z_0\right)\right\}$$

$$= \exp\left\{\frac{\beta}{\sigma^2}\left[\left(z - \frac{\alpha}{\beta}\right)^2 - \frac{\alpha^2}{\beta^2}\right] + \frac{2}{\sigma^2}\left(\frac{\beta z_0^2}{2} - \alpha z_0\right)\right\}$$

$$= \exp\left\{\frac{\beta}{\sigma^2}\left(z - \frac{\alpha}{\beta}\right)^2\right\}\exp\left\{-\frac{\alpha^2}{\sigma^2 \beta} + \frac{2}{\sigma^2}\left(\frac{\beta z_0^2}{2} - \alpha z_0\right)\right\},$$

尺度函数

$$S(u) = \exp\left\{-\frac{\alpha^2}{\sigma^2\beta} + \frac{2}{\sigma^2}\left(\frac{\beta z_0^2}{2} - \alpha z_0\right)\right\} \int_{z_0}^u \exp\left\{\frac{\beta}{\sigma^2}\left(z - \frac{\alpha}{\beta}\right)^2\right\} dz.$$

由此知, $\lim_{u\to-\infty} S(u) = -\infty$ 和 $\lim_{u\to\infty} S(u) = \infty$, 即条件 (A2) 成立.

由于

$$\frac{\mu(x)}{\sigma(x)} - \frac{\sigma'(x)}{2} = \frac{\alpha - \beta x}{\sigma},$$

所以 $\liminf_{x\to\infty}\left(\frac{\mu(x)}{\sigma(x)} - \frac{\sigma'(x)}{2}\right) < 0.$ $\limsup_{x\to-\infty}\left(\frac{\mu(x)}{\sigma(x)} - \frac{\sigma'(x)}{2}\right) > 0$, 即条件 (2.3.4) 成立.

因此, Vasicek 模型是 ρ-混合过程和 β-混合过程, 从而也是 α-混合过程, 它们的混合系数均是以几何衰减速度趋于 0.

例 2.3.2　考虑一般的短期利率模型

$$dX_t = (\alpha + \beta X_t)dt + \sigma X_t^\gamma dB_t, \tag{2.3.10}$$

其中 $\sigma > 0, \gamma \geqslant 0, -\infty < \alpha, \beta < +\infty$. 这模型是 Chan, Karolyi, Longstaff 和 Sanders(1992) 提出的, 称为 CKLS 利率模型. 它包含许多利率模型, 例如

$$\text{GBM}: \quad dX_t = \beta X_t dt + \sigma X_t dB_t;$$

$$\text{Merton}: \quad dX_t = \alpha dt + \sigma dB_t;$$

$$\text{Vasicek}: \quad dX_t = (\alpha + \beta X_t)dt + \sigma dB_t;$$

$$\text{CIR VR}: \quad dX_t = \sigma X_t^{3/2} dB_t;$$

$$\text{CIR SR}: \quad dX_t = (\alpha + \beta X_t)dt + \sigma\sqrt{X_t} dB_t;$$

$$\text{CKLS}: \quad dX_t = (\alpha + \beta X_t)dt + \sigma X_t^\gamma dB_t.$$

GBM 是几何布朗运动 (geometric Brownian motion), 它是股票价格模型, 其余几个模型都是利率模型. 为了更深入了解这些模型, 可以参见 Merton (1973), Vasicek (VAS) (1977), Cox, Ingersoll 和 Ross (CIR VR) (1980), Cox, Ingersoll 和 Ross (CIR SR) (1985), Chan, Karolyi, Longstaff 和 Sanders (CKLS) (1992) 等文献.

当参数 α, β, γ 满足适当条件时, 可以验证 CKLS 模型满足定理 2.3.2 的条件. 例如, 当 $\beta < 0$ 时 (即具有均值回复性), 如果参数 α, γ, σ 满足如下条件, 则 CKLS 模型满足定理 2.3.2 的条件.

(1) $0 \leqslant \gamma < 1/2, \sigma > 0$;

(2) $\gamma = 1/2, \sigma > 0, 4\alpha - \sigma^2 > 0$;

(3) $\gamma > 1/2, \sigma > 0, \alpha > 0$.

定理 2.3.4 (Chen et al., 2010, Theorem 5.2) 记 $Z_t = S(X_t), \theta^2(Z) = s^2(S^{-1}(Z))\sigma^2(S^{-1}(Z))$. 假设条件 (A1) 和 (A2) 成立, 并且存在某个常数 $\eta \in (1/2, 1)$ 使得

$$\liminf_{|Z| \to \infty} \frac{\theta(Z)}{|Z|} = 0, \quad \liminf_{|Z| \to \infty} \frac{\theta(Z)}{|Z|^\eta} > 0. \tag{2.3.11}$$

令 $\eta^* = \sup\{\eta : 1/2 < \eta < 1, \eta \text{满足}(2.3.11)\text{的不等式}\}$. 则有:

(1) 条件 (A3) 成立;

(2) 过程 $\{Z_t\}$ 是 β-混合的 (从而是 α-混合的), 其混合系数满足

$$\lim_{t \to \infty} t^\delta \beta(t) = 0, \quad \forall \delta < \delta^* = \frac{2\eta^* - 1}{2 - 2\eta^*};$$

(3) 过程 $\{Z_t\}$ 不是以几何速度衰减的 β-混合过程.

注 2.3.1 由于过程 $\{X_t\}$ 和过程 $\{Z_t\}$ 具相同的混合系数, 所以定理 2.3.4 的结论对过程 $\{X_t\}$ 同样成立.

第 3 章 混合随机变量的不等式

设 $\{X_i, i \geqslant 1\}$ 是定义在概率空间 $(\Omega, \mathcal{F}, P)$ 上的实值随机变量序列, 令

$$S_n = \sum_{i=1}^{n} X_i. \tag{3.0.1}$$

随机变量和 S_n 的矩不等式和尾部概率指数不等式在概率极限理论和统计大样本理论中起到重要作用, 尤其是对相依混合随机变量序列其作用更为突出, 所以许多学者对相依混合随机变量序列的矩不等式和尾部概率指数不等式做了大量的研究, 获得了许多重要的结论. 例如, 对 ϕ-混合随机变量序列和 ρ-混合随机变量序列的文献有: Billingsley(1968), Peligrad(1982, 1985, 1987), Roussas 和 Ioannides(1987), Shao(1988, 1989, 1995), Yang(1997) 以及 Zhang(1998, 2000); 对相协随机变量序列的文献有: Birkel(1988), Shao 和 Yu(1996); 对负相协随机变量序列的文献有: Su 等 (1997), Shao 和 Su(1999), Shao(2000), Zhang 和 Wen(2001), Yang(2001).

本章我们使用记号 $\|X\|_r := (E|X|^r)^{1/r}, a \wedge b := \min\{a, b\}, a \vee b := \max\{a, b\}$.

3.1 ϕ-混合随机变量的矩不等式

定理 3.1.1 设 $\{X_i; i \geqslant 1\}$ 为 ϕ-混合的实值随机变量序列, r, η 为正实数且满足 $r > 1, 0 < \eta < 1/(1 + 4^r)$. 若存在 $A_n > 0$ 和整数 $p \geqslant 1$ 使得

$$\phi(p) + \max_{p \leqslant m \leqslant n} P(|S_n - S_m| > A_n) < \eta, \quad \forall n \geqslant p, \tag{3.1.1}$$

则对任意的 $n \geqslant p$ 有

$$E \max_{1 \leqslant i \leqslant n} |S_i|^r \leqslant (1 - \eta - 4^r \eta)^{-1} \left\{ (8A_n)^r + 2(4p)^r E \max_{1 \leqslant i \leqslant n} |X_i|^r \right\}. \tag{3.1.2}$$

定理 3.1.1 是来自邵启满 (1988, 定理 2.1), 叙述上有所差异, 但没有本质区别.

引理 3.1.1 如果定理 3.1.1 的条件成立, 则对任意 $a > 0, c > 0, n \geqslant p$ 有

$$P \left(\max_{1 \leqslant i \leqslant n} |S_i| > a + A_n + c \right)$$

$$\leqslant (1-\eta)^{-1}\left\{P\left(|S_n|>a\right)+P\left(\max_{1\leqslant i\leqslant n}|X_i|>c/p\right)\right\} \qquad (3.1.3)$$

以及

$$P\left(|S_n|>a+A_n+c\right)\leqslant \eta P\left(\max_{1\leqslant i\leqslant n}|S_i|>a\right)+P\left(\max_{1\leqslant i\leqslant n}|X_i|>c/p\right). \qquad (3.1.4)$$

引理 3.1.1 是来自 Peligrad(1985, Lemma 3.1) 和邵启满 (1988, 引理 2.1), 叙述上也有所差异, 但都没有本质区别.

证明 (1) 先证明 (3.1.3) 式. 令事件

$$E_k=\left\{\max_{1\leqslant i<k}|S_i|\leqslant a+A_n+c<|S_k|\right\}.$$

$E_1,E_2,\cdots,E_n$ 为两两互不相容, $\bigcup_{k=1}^m E_k=\{\max_{1\leqslant i\leqslant m}|S_i|>a+A_n+c\}$. 另外, 引入记号

$$\widetilde{S}_{k+p}=\begin{cases} S_{k+p}, & 1\leqslant k<n-p, \\ S_n, & k\geqslant n-p. \end{cases}$$

则

$$P\left(\max_{1\leqslant i\leqslant n}|S_i|>a+A_n+c\right)$$

$$\leqslant P\left(\max_{1\leqslant i\leqslant n}|S_i|>a+A_n+c, \max_{1\leqslant i\leqslant n}|X_i|\leqslant c/p\right)+P\left(\max_{1\leqslant i\leqslant n}|X_i|>c/p\right)$$

$$=\sum_{k=1}^n P\left(E_k\cap(\max_{1\leqslant i\leqslant n}|X_i|\leqslant c/p)\right)+P\left(\max_{1\leqslant i\leqslant n}|X_i|>c/p\right)$$

$$=\sum_{k=1}^n P\left(E_k\cap(|S_n-\widetilde{S}_{k+p}|\leqslant A_n, \max_{1\leqslant i\leqslant n}|X_i|\leqslant c/p)\right)$$

$$+\sum_{k=1}^{n-p} P\left(E_k\cap(|S_n-S_{k+p}|>A_n, \max_{1\leqslant i\leqslant n}|X_i|\leqslant c/p)\right)+P\left(\max_{1\leqslant i\leqslant n}|X_i|>c/p\right)$$

$$\leqslant J_1+J_2+P\left(\max_{1\leqslant i\leqslant n}|X_i|>c/p\right),$$

其中

$$J_1=\sum_{k=1}^n P\left(E_k\cap(|S_n-\widetilde{S}_{k+p}|\leqslant A_n, \max_{1\leqslant i\leqslant n}|X_i|\leqslant c/p)\right),$$

$$J_2 = \sum_{k=1}^{n-p} P\left(E_k \cap \left(|S_n - S_{k+p}| > A_n\right)\right).$$

由于在事件 $E_k \cap \left(|S_n - \widetilde{S}_{k+p}| \leqslant A_n, \max_{1 \leqslant i \leqslant n} |X_i| \leqslant c/p\right)$ 发生的条件下, 有

$$|S_n| = |(S_n - \widetilde{S}_{k+p}) + (\widetilde{S}_{k+p} - S_k) + S_k|$$

$$\geqslant |S_k| - |S_n - \widetilde{S}_{k+p}| - |\widetilde{S}_{k+p} - S_k| > a.$$

所以

$$J_1 \leqslant \sum_{k=1}^{n} P\left(E_k \cap (|S_n| > a)\right) = P\left(\left(\bigcup_{k=1}^{n} E_k\right) \cap (|S_n| > a)\right) \leqslant P(|S_n| > a).$$

由 ϕ-混合的混合系数的定义和条件 (3.1.1), 有

$$J_2 \leqslant \sum_{k=1}^{n-p} \left|P\left(E_k \cap \left(|S_n - S_{k+p}| > A_n\right)\right) - P(E_k)P(|S_n - S_{k+p}| > A_n)\right|$$

$$+ \sum_{k=1}^{n-p} P(E_k)P(|S_n - S_{k+p}| > A_n)$$

$$\leqslant \sum_{k=1}^{n-p} \phi(p)P(E_k) + \sum_{k=1}^{n-p} P(E_k)P(|S_n - S_{k+p}| > A_n)$$

$$\leqslant \left[\phi(p) + \max_{1 \leqslant k \leqslant n-p} P(|S_n - S_{k+p}| > A_n)\right] \sum_{k=1}^{n-p} P(E_k)$$

$$\leqslant \eta P\left(\max_{1 \leqslant i \leqslant n-p} |S_i| > a + A_n + c\right).$$

联合上面各式得

$$P\left(\max_{1 \leqslant i \leqslant n} |S_i| > a + A_n + c\right)$$

$$\leqslant \eta P\left(\max_{1 \leqslant i \leqslant n} |S_i| > a + A_n + c\right) + P(|S_n| > a) + P\left(\max_{1 \leqslant i \leqslant n} |X_i| > c/p\right).$$

移项整理得 (3.1.3) 式.

(2) 现证明 (3.1.4) 式. 显然

$$P\left(|S_n| > a + A_n + c\right)$$

$$\leqslant P\left(|S_n| > a + A_n + c, \max_{1\leqslant i\leqslant n}|X_i| \leqslant c/p\right) + P\left(\max_{1\leqslant i\leqslant n}|X_i| > c/p\right).$$

令事件

$$D_k = \left\{\max_{1\leqslant i<k}|S_i| \leqslant a < |S_k|\right\}.$$

$D_1, D_2, \cdots, D_n$ 为两两互不相容, $\bigcup_{k=1}^{n} D_k = \{\max_{1\leqslant i\leqslant n}|S_i| > a\}$, 且

$$\left(|S_n| > a + A_n + c, \max_{1\leqslant i\leqslant n}|X_i| \leqslant c/p\right)$$

$$\subseteq \left(|S_{n-p}| > a + A_n, \max_{1\leqslant i\leqslant n}|X_i| \leqslant c/p\right) \subseteq \bigcup_{k=1}^{n-p} D_k$$

及

$$D_k \cap \left(|S_n| > a + A_n + c, \max_{1\leqslant i\leqslant n}|X_i| \leqslant c/p\right)$$

$$= D_k \cap \left(|(S_n - S_{k+p-1}) + (S_{k+p-1} - S_{k-1})\right.$$

$$\left. + S_{k-1}| > a + A_n + c, \max_{1\leqslant i\leqslant n}|X_i| \leqslant c/p\right)$$

$$\subseteq D_k \cap (|S_n - S_{k+p-1}| > A_n),$$

我们有

$$P\left(|S_n| > a + A_n + c, \max_{1\leqslant i\leqslant n}|X_i| \leqslant c/p\right)$$

$$= \sum_{k=1}^{n-p} P\left(D_k \cap \left(|S_n| > a + A_n + c, \max_{1\leqslant i\leqslant n}|X_i| \leqslant c/p\right)\right)$$

$$\leqslant \sum_{k=1}^{n-p} P\left(D_k \cap (|S_n - S_{k+p-1}| > A_n)\right)$$

$$\leqslant \sum_{k=1}^{n-p} |P\left(D_k \cap (|S_n - S_{k+p-1}| > A_n)\right) - P(D_k)P(|S_n - S_{k+p-1}| > A_n)|$$

$$+ \sum_{k=1}^{n-p} P(D_k)P\left(|S_n - S_{k+p-1}| > A_n\right)$$

$$\leqslant \sum_{k=1}^{n-p} \phi(p)P(D_k) + \max_{1\leqslant k\leqslant n-p} P\left(|S_n - S_{k+p-1}| > A_n\right) \sum_{k=1}^{n-p} P(D_k)$$

$$\leqslant \left[\phi(p) + \max_{1 \leqslant k \leqslant n-p} P\left(|S_n - S_{k+p-1}| > A_n\right) \right] \sum_{k=1}^{n-p} P(D_k)$$

$$\leqslant \eta P\left(\max_{1 \leqslant k \leqslant n-p} |S_i| > a \right).$$

这意味着 (3.1.4) 式成立. 证毕.

引理 3.1.2 如果定理 3.1.1 的条件成立, 则对任意 $x \geqslant 8A_n$ 和 $n \geqslant p$ 有

$$P\left(\max_{1 \leqslant i \leqslant n} |S_i| > x \right)$$

$$\leqslant \frac{\eta}{1-\eta} P\left(\max_{1 \leqslant i \leqslant n} |S_i| > x/4 \right) + \frac{2}{1-\eta} P\left(\max_{1 \leqslant i \leqslant n} |X_i| > x/(4p) \right). \tag{3.1.5}$$

证明 由引理 3.1.1 有

$$P\left(\max_{1 \leqslant i \leqslant n} |S_i| > a + 2A_n + 2c \right)$$

$$\leqslant (1-\eta)^{-1} \left\{ P\left(|S_n| > a + A_n + c\right) + P\left(\max_{1 \leqslant i \leqslant n} |X_i| > c/p \right) \right\} \tag{3.1.6}$$

$$\leqslant \frac{\eta}{1-\eta} P\left(\max_{1 \leqslant i \leqslant n} |S_i| > a \right) + \frac{2}{1-\eta} P\left(\max_{1 \leqslant i \leqslant n} |X_i| > c/p \right). \tag{3.1.7}$$

取 $a = x/2 - 2A_n, c = x/4$. 由于 $x \geqslant 8A_n$, 所以 $a \geqslant x/2 - x/4 = x/4$, 从而

$$P\left(\max_{1 \leqslant i \leqslant n} |S_i| > x \right)$$

$$\leqslant \frac{\eta}{1-\eta} P\left(\max_{1 \leqslant i \leqslant n} |S_i| > x/2 - 2A_n \right) + \frac{2}{1-\eta} P\left(\max_{1 \leqslant i \leqslant n} |X_i| > x/(4p) \right) \tag{3.1.8}$$

$$\leqslant \frac{\eta}{1-\eta} P\left(\max_{1 \leqslant i \leqslant n} |S_i| > x/4 \right) + \frac{2}{1-\eta} P\left(\max_{1 \leqslant i \leqslant n} |X_i| > x/(4p) \right). \tag{3.1.9}$$

证毕.

定理 3.1.1 的证明 记 $X = \max_{1 \leqslant i \leqslant n} |S_i|, Y = \max_{1 \leqslant i \leqslant n} |X_i|$. 当 $E|Y|^r = \infty$ 时, (3.1.2) 式显然成立. 当 $E|Y|^r < \infty$ 时, 对 $B > 8A_n$, 由引理 3.1.2 有

$$r \int_0^B x^{r-1} P(|X| > x) dx$$

$$= r \int_0^{8A_n} x^{r-1} P(|X| > x) dx + r \int_{8A_n}^B x^{r-1} P(|X| > x) dx$$

$$\leqslant r \int_0^{8A_n} x^{r-1} dx + \frac{\eta r}{1-\eta} \int_{8A_n}^B x^{r-1} P(|X| > x/4) dx$$

$$+ \frac{2r}{1-\eta} \int_{8A_n}^B x^{r-1} P(|Y| > x/(4p)) dx$$

$$= (8A_n)^r + \frac{4^r \eta r}{1-\eta} \int_{2A_n}^{B/4} y^{r-1} P(|X| > y) dy + \frac{2(4p)^r r}{1-\eta} \int_{4A_n/p}^{B/(2p)} y^{r-1} P(|Y| > y) dy$$

$$\leqslant (8A_n)^r + \frac{4^r \eta r}{1-\eta} \int_0^B y^{r-1} P(|X| > y) dy + \frac{2(4p)^r E|Y|^r}{1-\eta},$$

上式中用到事实 $E|\xi|^r = r \int_0^\infty y^{r-1} P(|\xi| > y) dy$. 在上式移项整理得

$$r \int_0^B x^{r-1} P(|X| > x) dx \leqslant \frac{(8A_n)^r + 2(4p)^r E|Y|^r}{1 - \eta - 4^r \eta}.$$

令 $B \to \infty$ 得 (3.1.2) 式. 证毕.

定理 3.1.2 设 $\{X_i; i \geqslant 1\}$ 为 ϕ-混合的实值随机变量序列, $r \geqslant 2, E|X_i|^r < \infty$. 如果存在实数序列 $C_n > 0$ 使得

$$E \left(\sum_{i=a+1}^{a+m} X_i \right)^2 \leqslant C_n, \quad \forall 1 \leqslant m \leqslant n, a \geqslant 0, \tag{3.1.10}$$

则存在与 n 无关的正常数 $C = C(r, \phi)$ 使得

$$E \max_{1 \leqslant i \leqslant n} |S_i|^r \leqslant C \left\{ E \max_{1 \leqslant i \leqslant n} |X_i|^r + C_n^{r/2} \right\}. \tag{3.1.11}$$

证明 令 $A_n^2 = 4(1 + 4^r) C_n$, 从而对任意 $n \geqslant m \geqslant p \geqslant 1$ 有

$$P(|S_n - S_m| > A_n) \leqslant A_n^{-2} E|S_n - S_m|^2 \leqslant A_n^{-2} C_n = \frac{1}{4(1 + 4^r)}.$$

由于 $\phi(p) \to 0 \ (p \to \infty)$, 所以存在 $p > 1$ 使得 $\phi(p) < \frac{1}{4(1 + 4^r)}$. 于是有

$$\phi(p) + \max_{p \leqslant m \leqslant n} P(|S_n - S_m| > A_n) < \frac{1}{2(1 + 4^r)} =: \eta, \quad \forall n \geqslant p.$$

注意 $\eta < 1/(1 + 4^r)$. 由定理 3.1.1 知, 对任意 $n \geqslant p$ 有

$$E \max_{1 \leqslant i \leqslant n} |S_i|^r \leqslant (1 - \eta - 4^r \eta)^{-1} \left\{ \left(16\sqrt{(1 + 4^r)} \right)^r C_n^{r/2} + 2(4p)^r E \max_{1 \leqslant i \leqslant n} |X_i|^r \right\}$$

$$\leqslant C\left\{C_n^{r/2} + E\max_{1\leqslant i\leqslant n}|X_i|^r\right\}.$$

当 $n < p$ 时, 显然

$$E\max_{1\leqslant i\leqslant n}|S_i|^r \leqslant p^r E\max_{1\leqslant i\leqslant n}|X_i|^r.$$

联合上面两式得结论. 证毕.

推论 3.1.1　设 $\{X_i; i\geqslant 1\}$ 为 ϕ-混合的实值随机变量序列, $EX_i=0, E|X_i|^r < \infty$, 其中 $r\geqslant 2$. 如果

$$\sum_{k=0}^{\infty}\phi^{1/2}(2^k) < \infty, \tag{3.1.12}$$

则存在与 n 无关的正常数 $C = C(r,\phi)$ 使得

$$E\max_{1\leqslant i\leqslant n}|S_i|^r \leqslant C\left\{E\max_{1\leqslant i\leqslant n}|X_i|^r + \left(n\max_{1\leqslant i\leqslant n}E|X_i|^2\right)^{r/2}\right\}. \tag{3.1.13}$$

证明　记 $\|X\|_r = (E|X|^r)^{1/r}$, $[x]$ 表示不超过 x 的最大整数, 以及

$$S_a(m) = \sum_{i=a+1}^{a+m} X_i, \quad \sigma_m = \sup_{a\geqslant 1}\|S_a(m)\|_2, \quad \sigma_1 = \sup_{i\geqslant 1}\|X_i\|_2.$$

显然

$$S_a(2m) = S_a(m) + S_{a+m}([m^{1/3}]) + S_{a+m+[m^{1/3}]}(m) - S_{a+2m}([m^{1/3}]).$$

由 Minkowski 不等式, 有

$$\|S_a(2m)\|_2$$

$$\leqslant \|S_a(m) + S_{a+m+[m^{1/3}]}(m)\|_2 + \|S_{a+m}([m^{1/3}])\|_2 + \|S_{a+2m}([m^{1/3}])\|_2$$

$$\leqslant \|S_a(m) + S_{a+m+[m^{1/3}]}(m)\|_2 + 2[m^{1/3}]\sigma_1.$$

由 ϕ-混合的协方差不等式 (定理 1.3.6), 有

$$E\Big(S_a(m) + S_{a+m+[m^{1/3}]}(m)\Big)^2$$

$$= ES_a^2(m) + ES_{a+m+[m^{1/3}]}^2(m) + 2E\Big(S_a(m)S_{a+m+[m^{1/3}]}(m)\Big)$$

$$= 2\sigma_m^2 + 2\phi^{1/2}([m^{1/3}])\|S_a(m)\|_2\|S_{a+m+[m^{1/3}]}(m)\|_2$$

$$\leqslant 2\Big(1 + \phi^{1/2}([m^{1/3}])\Big)\sigma_m^2.$$

因此

$$\sigma_{2m} \leqslant 2^{1/2}\Big(1 + \phi^{1/2}([m^{1/3}])\Big)^{1/2}\sigma_m + 2[m^{1/3}]\sigma_1.$$

对任意整数 $k \geqslant 1$, 令 $m = 2^{k-1}$, 有

$$\sigma_{2^k} \leqslant 2^{1/2}\Big(1 + \phi^{1/2}([2^{(k-1)/3}])\Big)^{1/2}\sigma_{2^{k-1}} + 2[2^{(k-1)/3}]\sigma_1.$$

利用上式反复迭代, 得

$$\begin{aligned}
\sigma_{2^k} &\leqslant 2^{1/2}\Big(1 + \phi^{1/2}([2^{(k-1)/3}])\Big)^{1/2}\sigma_{2^{k-1}} + 2[2^{(k-1)/3}]\sigma_1 \\
&\leqslant 2^{2/2}\Big(1 + \phi^{1/2}([2^{(k-2)/3}])\Big)^{1/2}\Big(1 + \phi^{1/2}([2^{(k-1)/3}])\Big)^{1/2}\sigma_{2^{k-2}} \\
&\quad + 2 \times 2^{1/2}\Big(1 + \phi^{1/2}([2^{(k-1)/3}])\Big)^{1/2}[2^{(k-2)/3}]\sigma_1 + 2[2^{(k-1)/3}]\sigma_1 \\
&\leqslant \cdots \\
&\leqslant 2\sigma_1\sum_{j=1}^{k}2^{(j-1)/2}[2^{(k-j)/3}]\prod_{i=1}^{j-1}\Big(1 + \phi^{1/2}([2^{(k-i)/3}])\Big)^{1/2} \\
&\leqslant 2^{k/3+1/2}\sigma_1\sum_{j=1}^{k}2^{j/6}\prod_{i=1}^{k-1}\Big(1 + \phi^{1/2}([2^{(k-i)/3}])\Big)^{1/2} \\
&\leqslant C2^{k/2}\sigma_1\left\{\prod_{i=1}^{k-1}\Big(1 + \phi^{1/2}([2^{(k-i)/3}])\Big)\right\}^{1/2}.
\end{aligned}$$

由于 $\log(1 + x) < x \ (\forall x > 0)$, 所以

$$\begin{aligned}
\log\left(\prod_{i=1}^{k-1}\Big(1 + \phi^{1/2}([2^{(k-i)/3}])\Big)\right) &= \sum_{i=1}^{k-1}\log\Big(1 + \phi^{1/2}([2^{(k-i)/3}])\Big) \\
&\leqslant \sum_{i=1}^{k-1}\phi^{1/2}([2^{(k-i)/3}]) \\
&\leqslant \sum_{j=1}^{k}\phi^{1/2}([2^{j/3}]).
\end{aligned}$$

对整数 $[2^{j/3}]$, 存在整数 $s \geqslant 1$ 使得 $2^{s-1} \leqslant [2^{j/3}] < 2^s$. 显然也有 $2^{s-1} \leqslant 2^{j/3} < 2^s$. 从而 $s-1 \leqslant j/3 < s$, 即 $3s-3 \leqslant j < 3s$. 因此, 落在 $2^{s-1} \leqslant [2^{j/3}] < 2^s$ 中的 j 只有 3 个. 由 $\phi(n)$ 的单调性, 有

$$\sum_{j=1}^{k} \phi^{1/2}([2^{j/3}]) \leqslant 3 \sum_{i=0}^{\infty} \phi^{1/2}(2^i) < \infty.$$

从而, $\prod_{i=1}^{k-1} \left(1 + \phi^{1/2}([2^{(k-i)/3}])\right) \leqslant C < \infty$. 因此, $\sigma_{2^k} \leqslant C2^{k/2}\sigma_1$, 即

$$ES_{2^k}^2 \leqslant C2^k \sup_{i \geqslant 1} EX_i^2.$$

对任意的 $n \geqslant 1$, 存在整数 $k > 0$ 使得 $2^{k-1} \leqslant n < 2^k$. 对 $i > n$, 令 $X_i = 0$. 则有

$$ES_n^2 = ES_{2^k}^2 \leqslant C2^k \max_{1 \leqslant i \leqslant n} EX_i^2 \leqslant 2Cn \max_{1 \leqslant i \leqslant n} EX_i^2.$$

由定理 3.1.2 得结论. 证毕.

推论 3.1.2　设 $\{X_i; i \geqslant 1\}$ 为 ϕ-混合的实值随机变量序列, $EX_i = 0$, $E|X_i|^r < \infty$, 其中 $r \geqslant 2$. 如果

$$\sum_{k=1}^{\infty} \phi^{1/2}(k) < \infty, \tag{3.1.14}$$

则存在与 n 无关的正常数 $C = C(r, \phi)$ 使得

$$E \max_{1 \leqslant i \leqslant n} |S_i|^r \leqslant C \left\{ E \max_{1 \leqslant i \leqslant n} |X_i|^r + \left(\sum_{i=1}^{n} EX_i^2\right)^{r/2} \right\} \tag{3.1.15}$$

$$\leqslant C \left\{ \sum_{i=1}^{n} E|X_i|^r + \left(\sum_{i=1}^{n} EX_i^2\right)^{r/2} \right\}. \tag{3.1.16}$$

证明　由 ϕ-混合的协方差不等式 (定理 1.3.6), 有

$$E \left(\sum_{i=1}^{n} X_i\right)^2 = \sum_{i=1}^{n} EX_i^2 + 2\sum_{i=1}^{n-1} \sum_{j=i+1}^{n} E(X_i X_j)$$

$$\leqslant \sum_{i=1}^{n} EX_i^2 + C\sum_{i=1}^{n-1} \sum_{j=i+1}^{n} \phi^{1/2}(j-i)(EX_i^2)^{1/2}(EX_j^2)^{1/2}$$

$$= \sum_{i=1}^{n} EX_i^2 + C\sum_{i=1}^{n-1} \sum_{k=1}^{n-i} \phi^{1/2}(k)(EX_i^2)^{1/2}(EX_{i+k}^2)^{1/2}$$

$$\leqslant \sum_{i=1}^{n} EX_i^2 + C \sum_{i=1}^{n-1} \sum_{k=1}^{n-i} \phi^{1/2}(k)(EX_i^2 + EX_{i+k}^2)$$

$$\leqslant \sum_{i=1}^{n} EX_i^2 + C \sum_{k=1}^{n} \phi^{1/2}(k) \sum_{i=1}^{n} EX_i^2 + C \sum_{k=1}^{n-1} \sum_{i=1}^{n-k} \phi^{1/2}(k) EX_{i+k}^2$$

$$\leqslant \left(1 + C \sum_{k=1}^{\infty} \phi^{1/2}(k)\right) \sum_{i=1}^{n} EX_i^2,$$

这意味定理 3.1.2 中的条件 (3.1.10) 成立, 从而得结论. 证毕.

推论 3.1.2 的不等式是以矩的和为上界, 而不是以矩的极值为上界. 由于

$$\sum_{i=1}^{n} EX_i^2 \leqslant n \max_{1 \leqslant i \leqslant n} E|X_i|^2,$$

所以推论 3.1.2 的不等式的上界优于推论 3.1.1 的不等式的上界. 但我们也注意到: 推论 3.1.1 对 ϕ-混合系数的要求 (3.1.12) 要弱于推论 3.1.2 对 ϕ-混合系数的要求 (3.1.14).

推论 3.1.3 (杨善朝, 1997, 定理 2) 设 $\{X_i; i \geqslant 1\}$ 为 ϕ-混合的实值随机变量序列, $EX_i = 0, E|X_i|^r < \infty$, 其中 $r > 1$. 如果存在 $\theta > 0$ 使得

$$\phi(k) = O(k^{-\theta}), \tag{3.1.17}$$

则对任意给定的实数 $\varepsilon > 0$, 存在与 n 无关的正常数 $C = C(r, \theta, \varepsilon)$ 使得

$$E|S_n|^r \leqslant Cn^\varepsilon \sum_{i=1}^{n} E|X_i|^r, \quad 1 < r \leqslant 2 \tag{3.1.18}$$

以及

$$E \max_{1 \leqslant i \leqslant n} |S_i|^r \leqslant C \left\{ E \max_{1 \leqslant i \leqslant n} |X_i|^r + n^\varepsilon \left(\sum_{i=1}^{n} EX_i^2\right)^{r/2} \right\} \tag{3.1.19}$$

$$\leqslant C \left\{ \sum_{i=1}^{n} E|X_i|^r + n^\varepsilon \left(\sum_{i=1}^{n} EX_i^2\right)^{r/2} \right\}. \tag{3.1.20}$$

证明 如果 (3.1.18) 式成立, 则有 $ES_n^2 \leqslant Cn^\varepsilon \sum_{i=1}^{n} EX_i^2$. 由此和定理 3.1.2 立即得到 (3.1.19) 式. 因此我们只需要证明 (3.1.18) 式, 此式的证明方法完全类似于下一节的定理 3.2.3 中 (3.2.7) 式的证明方法, 在那有详细的证明过程. 证毕.

推论 3.1.3 对 ϕ-混合系数的要求低于推论 3.1.2 的要求, 但 (3.1.19) 式的上界多了一个因子 n^ε. 由于 ε 可以是一个任意小的正数, 且在许多应用场合中这个因子 n^ε 可以忽略不计, 所以这个推论也有它的优势.

3.2　ρ-混合随机变量的矩不等式

定理 3.2.1 (邵启满, 1989)　设 $\{X_i; i \geqslant 1\}$ 为 ρ-混合的实值随机变量序列, $EX_i = 0, E|X_i|^r < \infty$, 其中 $r \geqslant 2$. 如果

$$\sum_{i=0}^{\infty} \rho^{2/r}(2^i) < \infty, \tag{3.2.1}$$

则存在与 n 无关的正常数 $C = C(r, \rho(\cdot))$ 使得 $\forall n \geqslant 1$, 有

$$E|S_n|^r \leqslant C \left\{ n \max_{1 \leqslant i \leqslant n} E|X_i|^r + \left(n \max_{1 \leqslant i \leqslant n} E|X_i|^2 \right)^{r/2} \right\}. \tag{3.2.2}$$

证明　原文的证明过程比较复杂, 这里我们给出一种有较好改进的证明方法. 记 $\|X\|_r = (E|X|^r)^{1/r}$, $[x]$ 表示不超过 x 的最大整数, 以及

$$S_a(m) = \sum_{i=a+1}^{a+m} X_i, \quad \sigma_r(m) = \sup_{a \geqslant 1} \|S_a(m)\|_r, \quad \sigma_r(1) = \sup_{i \geqslant 1} \|X_i\|_r.$$

令 $m_r = [m^{\frac{1}{2r}}]$, 显然

$$S_0(2m) = S_0(m) + S_m(m_r) + S_{m+m_r}(m) - S_{2m}(m_r).$$

由 Minkowski 不等式, 有

$$\|S_0(2m)\|_r \leqslant \|S_0(m) + S_{m+m_r}(m)\|_r + \|S_m(m_r)\|_r + \|S_{2m}(m_r)\|_r$$

$$\leqslant \|S_0(m) + S_{m+m_r}(m)\|_r + 2m_r \sigma_r(1).$$

由不等式 $(1+t)^r \leqslant 1 + 4^r t + 4^r t^{r-1} + t^r$ $(t \geqslant 0, r \geqslant 2)$, 有 $(x+y)^r \leqslant x^r + 4^r xy^{r-1} + 4^r x^{r-1}y + y^r$ $(x, y \geqslant 0, r \geqslant 2)$. 由此有

$$E\left| S_0(m) + S_{m+m_r}(m) \right|^r$$

$$\leqslant E|S_0(m)|^r + E|S_{m+m_r}(m)|^r$$

$$+ 4^r E|S_0(m)||S_{m+m_r}(m)|^{r-1} + 4^r E|S_0(m)|^{r-1}|S_{m+m_r}(m)|$$

$$\leqslant 2\sigma_r^r(m) + 4^r E|S_0(m)||S_{m+m_r}(m)|^{r-1} + 4^r E|S_0(m)|^{r-1}|S_{m+m_r}(m)|.$$

由 ρ-混合的协方差不等式 (定理 1.3.7), 有

$$E|S_0(m)||S_{m+m_r}(m)|^{r-1}$$

$$\leqslant 10\rho^{2/r}(m_r)\|S_0(m)\|_r\|S_{m+m_r}(m)\|_r^{r-1} + E|S_0(m)|E|S_{m+m_r}(m)|^{r-1}$$

$$\leqslant 10\rho^{2/r}(m_r)\sigma_r^r(m) + E|S_0(m)|E|S_{m+m_r}(m)|^{r-1}.$$

同理, 有

$$E|S_0(m)|^{r-1}|S_{m+m_r}(m)| \leqslant 10\rho^{2/r}(m_r)\sigma_r^r(m) + E|S_0(m)|^{r-1}E|S_{m+m_r}(m)|.$$

因此

$$\sigma_r(2m) \leqslant 2^{1/r}\left(1 + 4^r \cdot 10\rho^{2/r}(m_r)\right)^{1/r}\sigma_r(m) + 2m_r\sigma_r(1)$$

$$+ 4\left(E|S_0(m)|E|S_{m+m_r}(m)|^{r-1} + E|S_0(m)|^{r-1}E|S_{m+m_r}(m)|\right)^{1/r}.$$

$$\tag{3.2.3}$$

当 $2 \leqslant r \leqslant 3$ 时,

$$E|S_0(m)|E|S_{m+m_r}(m)|^{r-1} + E|S_0(m)|^{r-1}E|S_{m+m_r}(m)|$$

$$\leqslant (E|S_0(m)|^2)^{1/2}(E|S_{m+m_r}(m)|^2)^{(r-1)/2} + (E|S_0(m)|^2)^{(r-1)/2}(E|S_{m+m_r}(m)|^2)^{1/2}$$

$$\leqslant Cm^{r/2}\sigma_2^r(1).$$

所以

$$\sigma_r(2m) \leqslant 2^{1/r}\left(1 + 4^r \cdot 10\rho^{2/r}(m_r)\right)^{1/r}\sigma_r(m) + Cm^{1/2}\sigma_2(1) + 2m_r\sigma_r(1).$$

令 $m = 2^{k-1}$, 得到递推式

$$\sigma_r(2^k) \leqslant 2^{1/r}\left(1 + 4^r \cdot 10\rho^{2/r}([2^{\frac{k-1}{2r}}])\right)^{1/r}\sigma_r(2^{k-1}) + C2^{\frac{k-1}{2}}\sigma_2(1) + 2[2^{\frac{k-1}{2r}}]\sigma_r(1).$$

记 $J_0 = 1, J_i = \left(1 + 4^r \cdot 10\rho^{2/r}([2^{\frac{k-i}{2r}}])\right)^{1/r}, i \geqslant 1$. 利用递推式反复迭代, 得

$$\sigma_r(2^k) \leqslant 2^{1/r}J_1\sigma_r(2^{k-1}) + C2^{\frac{k-1}{2}}\sigma_2(1) + 2[2^{\frac{k-1}{2r}}]\sigma_r(1)$$

$$\leqslant 2^{2/r}J_1J_2\sigma_r(2^{k-2}) + C2^{1/r}J_12^{\frac{k-2}{2}}\sigma_2(1) + 2^{1/r}J_12[2^{\frac{k-2}{2r}}]\sigma_r(1)$$

$$+ C2^{\frac{k-1}{2}}\sigma_2(1) + 2[2^{\frac{k-1}{2r}}]\sigma_r(1)$$

$$\leqslant \cdots$$

$$\leqslant 2\sigma_r(1)\sum_{j=1}^{k}2^{(j-1)/r}[2^{\frac{k-j}{2r}}]\prod_{i=0}^{j-1}J_i + C\sigma_2(1)\sum_{j=1}^{k}2^{(j-1)/r}2^{\frac{k-j}{2}}\prod_{i=0}^{j-1}J_i$$

$$\leqslant \left(2\sigma_r(1)\sum_{j=1}^{k}2^{(j-1)/r}[2^{\frac{k-j}{2r}}]+C\sigma_2(1)\sum_{j=1}^{k}2^{\frac{k-j}{2}+\frac{i-1}{r}}\right)\prod_{i=1}^{k-1}J_i.$$

显然,

$$\sum_{j=1}^{k}2^{(j-1)/r}[2^{\frac{k-j}{2r}}]\leqslant 2^{\frac{k-2}{2r}}\sum_{j=1}^{k}2^{\frac{j}{2r}}\leqslant C2^{\frac{k-2}{2r}}2^{\frac{k}{2r}}\leqslant C2^{k/r},$$

$$\sum_{j=1}^{k}2^{(j-1)/r}2^{(k-j)/2}=2^{k/2-1/r}\sum_{j=1}^{k}2^{-j(1/2-1/r)}\leqslant C2^{k/2}.$$

由于 $\log(1+x)<x\ (\forall x>0)$, 所以

$$\log\left(\prod_{i=1}^{k-1}J_i\right)^r=\log\left(\prod_{i=1}^{k-1}\left(1+4^r\cdot 10\rho^{2/r}([2^{\frac{k-i}{2r}}])\right)\right)$$

$$=\sum_{i=1}^{k-1}\log\left(1+4^r\cdot 10\rho^{2/r}([2^{\frac{k-i}{2r}}])\right)$$

$$\leqslant 4^r\cdot 10\sum_{i=1}^{k-1}\rho^{2/r}([2^{\frac{k-i}{2r}}])$$

$$\leqslant 4^r\cdot 10\sum_{i=1}^{k-1}\rho^{2/r}([2^{\frac{i}{2r}}]),$$

对整数 $[2^{i/2r}]$, 存在整数 $s\geqslant 1$ 使得 $2^{s-1}\leqslant [2^{i/2r}]<2^s$. 显然也有 $2^{s-1}\leqslant 2^{i/2r}<2^s$. 从而 $s-1\leqslant i/2r<s$, 即 $2rs-2r\leqslant i<2rs$. 因此, 落在 $2^{s-1}\leqslant [2^{i/2r}]<2^s$ 中的 i 最多有 $2r$ 个. 由 $\rho(n)$ 的单调性, 有

$$\sum_{i=1}^{r}\rho^{2/r}([2^{\frac{i}{2r}}])\leqslant 2r\sum_{i=0}^{\infty}\rho^{2/r}(2^i)<\infty.$$

从而, $\prod_{i=1}^{k-1}J_i\leqslant C<\infty$. 因此,

$$\sigma_r(2^k)\leqslant C\{2^{k/r}\sigma_r(1)+2^{k/2}\sigma_2(1)\},$$

即

$$E|S_0(2^k)|^r\leqslant C\left\{2^{k/r}\sup_{i\geqslant 1}(E|X_i|^r)^{1/r}+2^{k/2}\sup_{i\geqslant 1}(EX_i^2)^{1/2}\right\}^r$$

$$\leqslant C\left\{2^k\sup_{i\geqslant 1}E|X_i|^r+2^{kr/2}\sup_{i\geqslant 1}(EX_i^2)^{r/2}\right\}.$$

对任意的 $n \geqslant 1$, 存在整数 $k > 0$ 使得 $2^{k-1} \leqslant n < 2^k$. 对 $i > n$, 令 $X_i = 0$. 则有

$$E|S_0(n)|^r = E|S_0(2^k)|^r$$

$$\leqslant C \left\{ 2^k \sup_{i \geqslant 1} E|X_i|^r + 2^{kr/2} \sup_{i \geqslant 1} (EX_i^2)^{r/2} \right\}$$

$$\leqslant C \left\{ n \max_{1 \leqslant i \leqslant n} E|X_i|^r + n^{r/2} \max_{1 \leqslant i \leqslant n} (EX_i^2)^{r/2} \right\}.$$

所以当 $2 \leqslant r \leqslant 3$ 时 (3.2.2) 式成立.

当 $r > 3$ 时, 我们采用数学归纳法证明. 假设 $r \in [2, l]$ 时 (3.2.2) 式成立, 其中 $l \geqslant 3$ 为整数, 下面证明当 $l < r \leqslant l + 1$ 时 (3.2.2) 式也成立. 由归纳假设, 我们有

$$E|S_0(m)| E|S_{m+m_r}(m)|^{r-1}$$

$$\leqslant (E|S_0(m)|^2)^{1/2} E|S_{m+m_r}(m)|^{r-1}$$

$$\leqslant C \left(m \max_{1 \leqslant i \leqslant n} EX_i^2 \right)^{1/2} \left\{ \left(m \max_{1 \leqslant i \leqslant n} EX_i^2 \right)^{(r-1)/2} + m \max_{1 \leqslant i \leqslant n} E|X_i|^{r-1} \right\},$$

而

$$E|X_i|^{r-1} = E|X_i|^{2/(r-2)} |X_i|^{r(r-3)/(r-2)} \leqslant (E|X_i|^2)^{1/(r-2)} (E|X_i|^r)^{(r-3)/(r-2)},$$

从而

$$E|S_0(m)| E|S_{m+m_r}(m)|^{r-1}$$

$$\leqslant C \left(m \max_{1 \leqslant i \leqslant n} EX_i^2 \right)^{r/2} + C m^{3/2} \max_{1 \leqslant i \leqslant n} (EX_i^2)^{1/2+1/(r-2)} \max_{1 \leqslant i \leqslant n} (E|X_i|^r)^{(r-3)/(r-2)}$$

$$\leqslant C m^{r/2} (\sigma_2(1))^r + C m^{3/2} (\sigma_2(1))^{r/(r-2)} (\sigma_r(1))^{r(r-3)/(r-2)}.$$

同理, 有

$$E|S_0(m)|^{r-1} E|S_{m+m_r}(m)|$$

$$\leqslant C m^{r/2} (\sigma_2(1))^r + C m^{3/2} (\sigma_2(1))^{r/(r-2)} (\sigma_r(1))^{r(r-3)/(r-2)}.$$

代入 (3.2.3) 式, 得

$$\sigma_r(2m) \leqslant 2^{1/r} (1 + 4^r \cdot 10 \rho^{2/r}(m_r))^{1/r} \sigma_r(m) + 2 m_r \sigma_r(1)$$

$$+ Cm^{1/2}\sigma_2(1) + Cm^{3/2r}(\sigma_2(1))^{1/(r-2)}(\sigma_r(1))^{(r-3)/(r-2)}.$$

令 $m = 2^{k-1}$, 得到递推式

$$\sigma_r(2^k) \leqslant 2^{1/r}(1 + 4^r \cdot 10\rho^{2/r}([2^{\frac{k-1}{2r}}]))^{1/r}\sigma_r(2^{k-1}) + 2[2^{\frac{k-1}{2r}}]\sigma_r(1)$$
$$+ C2^{(k-1)/2}\sigma_2(1) + C2^{3(k-1)/2r}(\sigma_2(1))^{1/(r-2)}(\sigma_r(1))^{(r-3)/(r-2)}.$$

由此有

$$\sigma_r(2^k) \leqslant 2^{1/r}J_1\sigma_r(2^{k-1}) + 2[2^{\frac{k-1}{2r}}]\sigma_r(1) + C2^{(k-1)/2}\sigma_2(1)$$
$$+ C2^{3(k-1)/2r}(\sigma_2(1))^{1/(r-2)}(\sigma_r(1))^{(r-3)/(r-2)}$$
$$\leqslant 2^{2/r}J_1J_2\sigma_r(2^{k-2}) + 2^{1/r}J_12[2^{\frac{k-2}{2r}}]\sigma_r(1) + C2^{1/r}J_12^{(k-2)/2}\sigma_2(1)$$
$$+ C2^{1/r}J_12^{3(k-2)/2r}(\sigma_2(1))^{1/(r-2)}(\sigma_r(1))^{(r-3)/(r-2)}$$
$$+ 2[2^{\frac{k-1}{2r}}]\sigma_r(1) + C2^{(k-1)/2}\sigma_2(1)$$
$$+ C2^{3(k-1)/2r}(\sigma_2(1))^{1/(r-2)}(\sigma_r(1))^{(r-3)/(r-2)}$$
$$\leqslant \cdots$$
$$\leqslant 2\sigma_r(1)\sum_{j=1}^{k}2^{(j-1)/r}[2^{\frac{k-j}{2r}}]\prod_{i=0}^{j-1}J_i + C\sigma_2(1)\sum_{j=1}^{k}2^{(j-1)/r}2^{(k-j)/2}\prod_{i=0}^{j-1}J_i$$
$$+ C(\sigma_2(1))^{1/(r-2)}(\sigma_r(1))^{(r-3)/(r-2)}\sum_{j=1}^{k}2^{(j-1)/r}2^{3(k-j)/2r}\prod_{i=0}^{j-1}J_i.$$

由于

$$\sum_{j=1}^{k}2^{(j-1)/r}2^{3(k-j)/2r} = 2^{3k/2r-1/r}\sum_{j=1}^{k}2^{-j/2r} \leqslant C2^{3k/2r},$$

所以

$$\sigma_r(2^k) \leqslant C\left\{2^{k/r}\sigma_r(1) + 2^{k/2}\sigma_2(1) + 2^{3k/2r}(\sigma_2(1))^{1/(r-2)}(\sigma_r(1))^{(r-3)/(r-2)}\right\}$$
$$\leqslant C\left\{2^{k/r}\sigma_r(1) + 2^{k/2}\sigma_2(1) + (2^{k/2}\sigma_2(1))^{1/(r-2)}(2^{k/r}\sigma_r(1))^{(r-3)/(r-2)}\right\}$$
$$\leqslant C\left\{2^{k/r}\sigma_r(1) + 2^{k/2}\sigma_2(1)\right\}.$$

这意味着 (3.2.2) 式成立. 证毕.

定理 3.2.2 (Shao, 1995, Corollary 1.1) 设 $\{X_i; i \geqslant 1\}$ 为 ρ-混合的实值随机变量序列, $EX_i = 0, E|X_i|^r < \infty$, 其中 $r \geqslant 2$. 如果

$$\sum_{k=0}^{\infty} \rho^{2/r}(2^k) < \infty, \tag{3.2.4}$$

则存在与 n 无关的正常数 $C = C(r, \rho(\cdot))$ 使得 $\forall n \geqslant 1$, 有

$$E \max_{1 \leqslant i \leqslant n} |S_i|^r \leqslant C \left\{ n \max_{1 \leqslant i \leqslant n} E|X_i|^r + \left(n \max_{1 \leqslant i \leqslant n} E|X_i|^2 \right)^{r/2} \right\}. \tag{3.2.5}$$

证明 证明方法是关于 $r \geqslant 2$ 使用数学归纳法, 其证明过程比较复杂, 这里不给出具体证明, 有兴趣读者可以阅读原文. 证毕.

定理 3.2.1 和定理 3.2.2 的不等式都是以矩的极值为上界, 下面的定理是以矩的和为上界.

定理 3.2.3 (杨善朝, 1997) 设 $\{X_i; i \geqslant 1\}$ 为 ρ-混合的实值随机变量序列, $EX_i = 0, E|X_i|^r < \infty$, 其中 $r > 1$. 如果

$$\rho(k) = O(k^{-\theta}), \quad \theta > 0, \tag{3.2.6}$$

则对任意给定的 $\varepsilon > 0$, 存在与 n 无关的正常数 $C = C(r, \rho(\cdot), \theta, \varepsilon)$ 使得 $\forall n \geqslant 1$, 有

$$E|S_n|^r \leqslant Cn^{\varepsilon} \sum_{i=1}^{n} E|X_i|^r, \quad 1 < r \leqslant 2, \tag{3.2.7}$$

以及

$$E|S_n|^r \leqslant Cn^{\varepsilon} \left\{ \sum_{i=1}^{n} E|X_i|^r + \left(\sum_{i=1}^{n} EX_i^2 \right)^{r/2} \right\}, \quad r > 2. \tag{3.2.8}$$

为了证明这个定理, 我们需要如下初等不等式.

引理 3.2.1 (1) 当 $1 < r \leqslant 2$ 时, 有

$$|x + y|^r \leqslant |y|^r + rx|y|^{r-1} \mathrm{sgn}(y) + 3|x|^r, \quad x, y \in \mathbb{R}, \tag{3.2.9}$$

其中 $\mathrm{sgn}(x) = I(x \geqslant 0) - I(x < 0)$ 为符号函数;

(2) 当 $r > 2$ 时, 有

$$|x + y|^r \leqslant |y|^r + rx|y|^{r-1} \mathrm{sgn}(y) + 2^r r^2 x^2 |y|^{r-2} + 2^r |x|^r, \quad x, y \in \mathbb{R}. \tag{3.2.10}$$

证明　(1) 当 $y = 0$ 时, (3.2.9) 式是显然成立. 当 $y \neq 0$ 时, 令 $t = x/y$, (3.2.9) 式等价于下面不等式

$$|1 + t|^r \leqslant 1 + rt + 3|t|^r, \quad t \in \mathbb{R}, \quad 1 < r \leqslant 2. \tag{3.2.11}$$

当 $t \geqslant 0$ 时, 上式等价于

$$(1 + t)^r \leqslant 1 + rt + 3t^r, \quad t \geqslant 0, \quad 1 < r \leqslant 2. \tag{3.2.12}$$

令 $f(t) = 1 + rt + 3t^r - (1 + t)^r$, 则

$$f'(t) = r + 3rt^{r-1} - r(1 + t)^{r-1} \geqslant r + 3rt^{r-1} - r - rt^{r-1} \geqslant 0.$$

从而 $f(t)$ 在 $[0, +\infty)$ 上单调递增, 于是 $f(t) \geqslant f(0) = 0$, 这意味着 (3.2.12) 式成立.

当 $t < 0$ 时, 令 $s = -t$, 此时 (3.2.11) 上式等价于

$$|1 - s|^r \leqslant 1 - rs + 3s^r, \quad s > 0, \quad 1 < r \leqslant 2. \tag{3.2.13}$$

如果 $s \geqslant 1$, 则 $1 - rs + 3s^r \geqslant 1 - 2s + 3s^r \geqslant 1 + s^r > (s - 1)^r$, 所以上式成立. 如果 $0 < s < 1$, 则上式等价于

$$(1 - s)^r \leqslant 1 - rs + 3s^r, \quad 0 < s < 1, \quad 1 < r \leqslant 2. \tag{3.2.14}$$

令 $g(s) = 1 - rs + 3s^r - (1 - s)^r$, 则

$$g'(s) = -r + 3rs^{r-1} + r(1 - s)^{r-1} \geqslant -r + 3rs + r(1 - s) = 2rs > 0.$$

从而 $g(s)$ 在 $(0, 1)$ 上单调递增, 于是 $g(s) > g(0) = 0$, 这意味着 (3.2.14) 式成立.

(2) 当 $y = 0$ 时, (3.2.10) 式显然成立. 当 $y \neq 0$ 时, 令 $t = x/y$, 则 (3.2.10) 式等价于

$$|1 + t|^r \leqslant 1 + 2^r|t|^r + rt + 2^r r^2 t^2, \quad t \in \mathbb{R}, \quad r > 2. \tag{3.2.15}$$

下面我们来证明这个不等式.

(i) 当 $t \geqslant 0$ 时, (3.2.15) 等价于

$$(1 + t)^r \leqslant 1 + 2^r t^r + rt + 2^r r^2 t^2, \quad t > 0, \quad r > 2. \tag{3.2.16}$$

令 $f(t) = 1 + 2^r t^r + rt + 2^r r^2 t^2 - (1 + t)^r$, 则

$$f'(t) = 2^r rt^{r-1} + r + 2^{r+1} r^2 t - r(1 + t)^{r-1},$$

$$f''(t) = 2^r r(r - 1)t^{r-2} + 2^{r+1} r^2 - r(r - 1)(1 + t)^{r-2}$$

$$\geqslant 2^r r(r-1)t^{r-2} + 2^{r+1}r^2 - 2^{r-2}r(r-1)(1+t^{r-2})$$

$$> 0.$$

这意味着 $f'(t)$ 在 $[0,+\infty)$ 上单调递增, 从而 $f'(t) > f'(0) = 0$. 因此 $f(t)$ 在 $[0,+\infty)$ 上单调递增, 于是 $f(t) \geqslant f(0) = 0$, 所以 (3.2.16) 式成立.

(ii) 当 $t < 0$ 时, 令 $s = -t$, 则 (3.2.15) 等价于

$$|1-s|^r \leqslant 1 + 2^r s^r - rs + 2^r r^2 s^2, \quad s > 0, \quad r > 2. \tag{3.2.17}$$

如果 $s \geqslant 1$, 则 $(s-1)^r < s^r, 1 - rs + 2^r r^2 s^2 > 0$, 所以上式显然成立. 因此余下我们只需证明当 $0 < s < 1$ 时 (3.2.17) 式成立, 此时 (3.2.17) 等价于

$$(1-s)^r \leqslant 1 + 2^r s^r - rs + 2^r r^2 s^2, \quad 0 < s \leqslant 1, \quad r > 2. \tag{3.2.18}$$

令 $g(s) = 1 + 2^r s^r - rs + 2^r r^2 s^2 - (1-s)^r$, 则

$$g'(s) = 2^r r s^{r-1} - r + 2^{r+1}r^2 s + r(1-s)^{r-1},$$

$$g''(s) = 2^r r(r-1)s^{r-2} + 2^{r+1}r^2 - r(r-1)(1-s)^{r-2}$$

$$\geqslant 2^r r(r-1)s^{r-2} + 2^{r+1}r^2 - r(r-1)2^{r-2}(1+s^{r-2})$$

$$> 0.$$

这意味着 $g'(s)$ 在 $(0,1)$ 上单调递增, 从而 $g'(s) > g'(0) = 0$. 因此 $g(s)$ 在 $(0,1)$ 上单调递增, 于是 $g(s) > g(0) = 0$, 故 (3.2.18) 式成立. 证毕.

定理 3.2.3 的证明 令

$$k_n = [(n/2)^\tau] + 1, \quad l_n = [(n/2)^{1-\tau}], \tag{3.2.19}$$

其中 $0 < \tau < 1$ 为待定系数, $[x]$ 表示 x 的整数部分. 显然, $2(l_n+1)k_n > n$. 记

$$Y_j = \sum_{i=2(j-1)k_n+1}^{n \wedge (2j-1)k_n} X_i, \quad Z_j = \sum_{i=(2j-1)k_n+1}^{n \wedge 2jk_n} X_i,$$

$j = 1, 2, \cdots, l_n + 1$. 显然, $S_n = \sum_{j=1}^{l_n+1} Y_j + \sum_{j=1}^{l_n+1} Z_j$.

(1) 先来证明 (3.2.7) 式. 利用引理 3.2.1(1), 有

$$\left| \sum_{j=1}^{l_n+1} Y_j \right|^r \leqslant 3|Y_1|^r + rY_1 \left| \sum_{j=2}^{l_n+1} Y_j \right|^{r-1} \operatorname{sgn}\left(\sum_{j=2}^{l_n+1} Y_j \right) + \left| \sum_{j=2}^{l_n+1} Y_j \right|^r$$

$$\leqslant \cdots$$

$$\leqslant 3 \sum_{k=1}^{l_n+1} |Y_k|^r + r \sum_{k=1}^{l_n} Y_k \left| \sum_{j=k+1}^{l_n+1} Y_j \right|^{r-1} \operatorname{sgn}\left(\sum_{j=k+1}^{l_n+1} Y_j \right).$$

在 (3.2.19) 式中, 取 τ 满足

$$\frac{1}{2\theta/r+1} \leqslant \tau < 1,$$

则有

$$\rho^{2(r-1)/r}(k_n)l_n^{r-1} \leqslant Ck_n^{-2(r-1)\theta/r}l_n^{r-1} \leqslant Cn^{-2\tau(r-1)\theta/r+(r-1)(1-\tau)}$$
$$= Cn^{-\tau\left(2(r-1)\theta/r+(r-1)\right)+r-1} \leqslant C.$$

利用 ρ-混合序列的协方差性质, 我们有

$$\left| \sum_{k=1}^{l_n} E\left(Y_k \left| \sum_{j=k+1}^{l_n+1} Y_j \right|^{r-1} \operatorname{sgn}\left(\sum_{j=k+1}^{l_n+1} Y_j \right) \right) \right|$$

$$\leqslant C \sum_{k=1}^{l_n} \rho^{2(r-1)/r}(k_n)\|Y_k\|_r \left\| \sum_{j=k+1}^{l_n+1} Y_j \right\|_r^{r-1}$$

$$\leqslant C \sum_{k=1}^{l_n} \rho^{2(r-1)/r}(k_n)\|Y_k\|_r \left(l_n^{r-1} \sum_{j=k+1}^{l_n+1} E|Y_j|^r \right)^{(r-1)/r}$$

$$\leqslant C\rho^{2(r-1)/r}(k_n) \left(l_n^{r-1} \sum_{k=1}^{l_n} E|Y_k|^r \right)^{1/r} \left(l_n^{r-1} \sum_{j=1}^{l_n+1} E|Y_j|^r \right)^{(r-1)/r}$$

$$\leqslant C\rho^{2(r-1)/r}(k_n)l_n^{r-1} \sum_{k=1}^{l_n+1} E|Y_k|^r$$

$$\leqslant C \sum_{k=1}^{l_n+1} E|Y_k|^r,$$

因此

$$E\left| \sum_{j=1}^{l_n+1} Y_j \right|^r \leqslant C \sum_{j=1}^{l_n+1} E|Y_j|^r.$$

同理有

$$E\left|\sum_{j=1}^{l_n+1} Z_j\right|^r \leqslant C \sum_{j=1}^{l_n+1} E|Z_j|^r.$$

从而

$$E|S_n|^r \leqslant C \sum_{j=1}^{l_n+1} (E|Y_j|^r + E|Z_j|^r). \tag{3.2.20}$$

使用 C_r 不等式, 有

$$E|S_n|^r \leqslant C \sum_{j=1}^{l_n+1} k_n^{r-1} \left(\sum_{i=2(j-1)k_n+1}^{n\wedge(2j-1)k_n} E|X_i|^r + \sum_{i=(2j-1)k_n+1}^{n\wedge 2jk_n} E|X_i|^r \right)$$

$$\leqslant Cn^{(r-1)\tau} \sum_{i=1}^{n} E|X_i|^r.$$

将此结论应用于 (3.2.20) 式中的 $E|Y_j|^r$ 和 $E|Z_j|^r$, 得

$$E|S_n|^r \leqslant C \sum_{j=1}^{l_n+1} k_n^{(r-1)\tau} \left(\sum_{i=2(j-1)k_n+1}^{n\wedge(2j-1)k_n} E|X_i|^r + \sum_{i=(2j-1)k_n+1}^{n\wedge 2jk_n} E|X_i|^r \right)$$

$$\leqslant Cn^{(r-1)\tau^2} \sum_{i=1}^{n} E|X_i|^r.$$

再将此结论应用于 (3.2.20) 式中的 $E|Y_j|^r$ 和 $E|Z_j|^r$, 如此反复进行 m 次, 得

$$E|S_n|^r \leqslant Cn^{(r-1)\tau^m} \sum_{i=1}^{n} E|X_i|^r.$$

由于 $0 < \tau < 1$, 所以对任意给定的 $\varepsilon > 0$, 当 m 适当大时有 $(r-1)\tau^m < \varepsilon$, 从而 (3.2.7) 式成立.

(2) 现在来证明 (3.2.8) 式. 利用引理 3.2.1(2), 有

$$\left|\sum_{j=1}^{l_n+1} Y_j\right|^r$$

$$\leqslant 2^r |Y_1|^r + rY_1 \left|\sum_{j=2}^{l_n+1} Y_j\right|^{r-1} \operatorname{sgn}\left(\sum_{j=2}^{l_n+1} Y_j\right) + 2^r r^2 Y_1^2 \left|\sum_{j=2}^{l_n+1} Y_j\right|^{r-2} + \left|\sum_{j=2}^{l_n+1} Y_j\right|^r$$

$$\leqslant \cdots$$

$$\leqslant 2^r \sum_{k=1}^{l_n+1} |Y_k|^r + r \sum_{k=1}^{l_n} Y_k \left| \sum_{j=k+1}^{l_n+1} Y_j \right|^{r-1} \operatorname{sgn}\left(\sum_{j=k+1}^{l_n+1} Y_j \right) + 2^r r^2 \sum_{k=1}^{l_n} Y_k^2 \left| \sum_{j=k+1}^{l_n+1} Y_j \right|^{r-2}.$$

在 (3.2.19) 式中, 取 τ 满足

$$\max\left\{ \frac{r-1}{2\theta/r+r-1}, \quad \frac{r}{2\theta(2\wedge(r-2))/r+r} \right\} \leqslant \tau < 1,$$

则有

$$\rho^{2/r}(k_n) l_n^{r-1} \leqslant C k_n^{-2\theta/r} l_n^{r-1} \leqslant C n^{-2\tau\theta/r+(r-1)(1-\tau)}$$

$$= C n^{-\tau(2\theta/r+r-1)+(r-1)} \leqslant C,$$

$$\rho^{2(2\wedge(r-2))/r}(k_n) l_n^r \leqslant C k_n^{-2\theta(2\wedge(r-2))/r} l_n^r \leqslant C k_n^{-2\tau\theta(2\wedge(r-2))/r+r(1-\tau)}$$

$$\leqslant C k_n^{-\tau\left(2\theta(2\wedge(r-2))/r+r\right)+r} \leqslant C.$$

利用 ρ-混合序列的协方差性质, 我们有

$$\left| \sum_{k=1}^{l_n} E\left(Y_k \left| \sum_{j=k+1}^{l_n+1} Y_j \right|^{r-1} \operatorname{sgn}\left(\sum_{j=k+1}^{l_n+1} Y_j \right) \right) \right|$$

$$\leqslant C \sum_{k=1}^{l_n} \rho^{2/r}(k_n) \|Y_k\|_r \left\| \sum_{j=k+1}^{l_n+1} Y_j \right\|_r^{r-1}$$

$$\leqslant C \sum_{k=1}^{l_n} \rho^{2/r}(k_n) \|Y_k\|_r \left(l_n^{r-1} \sum_{j=k+1}^{l_n+1} E|Y_j|^r \right)^{(r-1)/r}$$

$$\leqslant C \rho^{2/r}(k_n) \left(l_n^{r-1} \sum_{k=1}^{l_n} E|Y_k|^r \right)^{1/r} \left(l_n^{r-1} \sum_{j=1}^{l_n+1} E|Y_j|^r \right)^{(r-1)/r}$$

$$\leqslant C \rho^{2/r}(k_n) l_n^{r-1} \sum_{k=1}^{l_n+1} E|Y_k|^r$$

$$\leqslant C \sum_{k=1}^{l_n+1} E|Y_k|^r$$

和

$$\sum_{k=1}^{l_n} E\left(Y_k^2 \left| \sum_{j=k+1}^{l_n+1} Y_j \right|^{r-2} \right)$$

$$\leqslant C\sum_{k=1}^{l_n}\rho^{2(2\wedge(r-2))/r}(k_n)\|Y_k\|_r^2\left\|\sum_{j=k+1}^{l_n+1}Y_j\right\|_r^{r-2}+\sum_{k=1}^{l_n}EY_k^2E\left|\sum_{j=k+1}^{l_n+1}Y_j\right|^{r-2}$$

$$\leqslant C\rho^{2(2\wedge(r-2))/r}(k_n)\left(l_n^{r/2-1}\sum_{k=1}^{l_n}E|Y_k|^r\right)^{2/r}\left(l_n^{r-1}\sum_{j=1}^{l_n+1}E|Y_j|^r\right)^{(r-2)/r}$$

$$+\sum_{k=1}^{l_n}EY_k^2\left(E\left|\sum_{j=1}^{l_n+1}Y_j\right|^r\right)^{(r-2)/r}$$

$$\leqslant C\rho^{2(2\wedge(r-2))/r}(k_n)l_n^r\sum_{k=1}^{l_n}E|Y_k|^r+C\left(\sum_{k=1}^{l_n}EY_k^2\right)^{r/2}+\frac{1}{2^rr^2}\cdot\frac{r-2}{r}E\left|\sum_{j=1}^{l_n+1}Y_j\right|^r$$

$$\leqslant C\sum_{k=1}^{l_n}E|Y_k|^r+C\left(\sum_{k=1}^{l_n}EY_k^2\right)^{r/2}+\frac{1}{2^rr^2}\cdot\frac{r-2}{r}E\left|\sum_{j=1}^{l_n+1}Y_j\right|^r.$$

因此

$$E\left|\sum_{j=1}^{l_n+1}Y_j\right|^r\leqslant C\left\{\sum_{j=1}^{l_n+1}E|Y_j|^r+\left(\sum_{j=1}^{l_n}EY_j^2\right)^{r/2}\right\}+\frac{r-2}{r}E\left|\sum_{j=1}^{l_n+1}Y_j\right|^r.$$

移项得

$$E\left|\sum_{j=1}^{l_n+1}Y_j\right|^r\leqslant C\left\{\sum_{j=1}^{l_n+1}E|Y_j|^r+\left(\sum_{j=1}^{l_n}EY_j^2\right)^{r/2}\right\}$$

$$\leqslant C\left\{\sum_{j=1}^{l_n+1}E|Y_j|^r+n^\varepsilon\left(\sum_{i=1}^{n}EX_i^2\right)^{r/2}\right\},$$

同理, 我们有

$$E\left|\sum_{j=1}^{l_n+1}Z_j\right|^r\leqslant C\left\{\sum_{j=1}^{l_n+1}E|Z_j|^r+n^\varepsilon\left(\sum_{i=1}^{n}EX_i^2\right)^{r/2}\right\}.$$

因此

$$E|S_n|^r\leqslant C\left\{\sum_{j=1}^{l_n+1}(E|Y_j|^r+E|Z_j|^r)+n^\varepsilon\left(\sum_{i=1}^{n}EX_i^2\right)^{r/2}\right\}.\tag{3.2.21}$$

由 C_r 不等式, 有

$$E|S_n|^r \leqslant C\Bigg\{ \sum_{j=1}^{l_n+1} k_n^{r-1} \Bigg(\sum_{i=2(j-1)k_n+1}^{n\wedge(2j-1)k_n} E|X_i|^r + \sum_{i=(2j-1)k_n+1}^{n\wedge 2jk_n} E|X_i|^r \Bigg)$$

$$+ n^\varepsilon \Bigg(\sum_{i=1}^n EX_i^2 \Bigg)^{r/2} \Bigg\}$$

$$\leqslant C\Bigg\{ n^{(r-1)\tau} \sum_{i=1}^n E|X_i|^r + n^\varepsilon \Bigg(\sum_{i=1}^n EX_i^2 \Bigg)^{r/2} \Bigg\}.$$

将此结论应用于 (3.2.21) 式中的 $E|Y_j|^r$ 和 $E|Z_j|^r$, 得

$$E|S_n|^r \leqslant C\Bigg\{ \sum_{j=1}^{l_n+1} k_n^{(r-1)\tau} \Bigg(\sum_{i=2(j-1)k_n+1}^{n\wedge(2j-1)k_n} E|X_i|^r + \sum_{i=(2j-1)k_n+1}^{n\wedge 2jk_n} E|X_i|^r \Bigg)$$

$$+ n^\varepsilon \Bigg(\sum_{i=1}^n EX_i^2 \Bigg)^{r/2} \Bigg\}$$

$$\leqslant C\Bigg\{ n^{(r-1)\tau^2} \sum_{i=1}^n E|X_i|^r + n^\varepsilon \Bigg(\sum_{i=1}^n EX_i^2 \Bigg)^{r/2} \Bigg\}.$$

如此反复进行 m 次, 得

$$E|S_n|^r \leqslant C\Bigg\{ n^{(r-1)\tau^m} \sum_{i=1}^n E|X_i|^r + n^\varepsilon \Bigg(\sum_{i=1}^n EX_i^2 \Bigg)^{r/2} \Bigg\}.$$

这意味着 (3.2.8) 式成立. 证毕.

定理 3.2.3 可以推广为如下两个定理.

定理 3.2.4　设 $\{X_i; i \geqslant 1\}$ 为 ρ-混合的实值随机变量序列, $EX_i = 0, E|X_i|^r < \infty$, 其中 $r > 1$. 如果

$$\rho(k) = O(k^{-\theta}), \quad \theta > 0, \tag{3.2.22}$$

则对任意给定的 $\varepsilon > 0$, 存在与 n 无关的正常数 $C = C(r, \rho(\cdot), \theta, \varepsilon)$ 使得 $\forall n \geqslant 1$, 有

$$E \max_{1\leqslant i\leqslant n} |S_i|^r \leqslant Cn^\varepsilon \sum_{i=1}^n E|X_i|^r, \quad 1 < r \leqslant 2, \tag{3.2.23}$$

以及

$$E \max_{1 \leqslant i \leqslant n} |S_i|^r \leqslant Cn^{\varepsilon} \left\{ \sum_{i=1}^{n} E|X_i|^r + \left(\sum_{i=1}^{n} EX_i^2 \right)^{r/2} \right\}, \quad r > 2. \tag{3.2.24}$$

证明 证明过程与下一节的 α-混合序列的矩不等式 (定理 3.3.2) 的证明过程完全类似, 这里不做重复描述. 证毕.

定理 3.2.5 (Xing et al., 2021, Theorem 1.1) 在定理 3.2.4 的条件下, 如果条件 (3.2.22) 中的 $\theta > 1$ 或者 $\sum_{k=1}^{\infty} \rho(k) < \infty$, 则

$$E \max_{1 \leqslant i \leqslant n} |S_i|^r \leqslant C \left\{ n^{\varepsilon} \sum_{i=1}^{n} E|X_i|^r + \left(\sum_{i=1}^{n} EX_i^2 \right)^{r/2} \right\}, \quad r > 2. \tag{3.2.25}$$

证明 证明过程与下一节的 α-混合序列的矩不等式 (定理 3.3.2) 的证明过程完全类似, 这里不做重复描述. 证毕.

3.3 α-混合随机变量的矩不等式

关于 α-混合随机变量序列的矩不等式, Yokoyama(1980) 首先在严平稳条件下给出

$$E|S_n|^r \leqslant Cn^{r/2}, \quad r > 2.$$

而 Shao 和 Yu(1996) 在不要求平稳条件下给出如下结论.

定理 3.3.1 (Shao and Yu, 1996) 假设 $\{X_i, i \geqslant 1\}$ 是 α-混合随机变量序列, $EX_i = 0, E|X_i|^{r+\delta} < \infty$, 其中 $r > 2, \delta > 0, 2 < v \leqslant r + \delta$. 如果

$$\alpha(n) = O\left(n^{-\theta}\right), \quad \theta > 0, \tag{3.3.1}$$

则对任意给定的 $\varepsilon > 0$, 存在正常数 $K = K(\varepsilon, r, \delta, v, \theta, C) < \infty$ 使得

$$E|S_n|^r \leqslant K \left\{ (nC_n)^{r/2} \max_{1 \leqslant i \leqslant n} ||X_i||_v^r + n^{(r-\delta\theta/(r+\delta)) \vee (1+\varepsilon)} \max_{1 \leqslant i \leqslant n} ||X_i||_{r+\delta}^r \right\} \tag{3.3.2}$$

其中 $C_n = \left(\sum_{i=0}^{n} (i+1)^{2/(v-2)} \alpha(i) \right)^{(v-2)/v}$.

特别地, 如果 $\theta > v/(v-2)$ 和 $\theta \geqslant (r-1)(r+\delta)/\delta$, 则对任意给定的 $\varepsilon > 0$, 有

$$E|S_n|^r \leqslant K \left\{ n^{r/2} \max_{1 \leqslant i \leqslant n} ||X_i||_v^r + n^{1+\varepsilon} \max_{1 \leqslant i \leqslant n} ||X_i||_{r+\delta}^r \right\}; \tag{3.3.3}$$

如果 $\theta \geqslant r(r+\delta)/(2\delta)$, 则有

$$E\left|S_n\right|^r \leqslant K n^{r/2} \max_{1 \leqslant i \leqslant n} ||X_i||_{r+\delta}^r. \tag{3.3.4}$$

这种矩不等式使用矩的极大值 $\max_{1 \leqslant i \leqslant n} ||X_i||_v^r$ 和 $\max_{1 \leqslant i \leqslant n} ||X_i||_{r+\delta}^r$ 作为上界, 而不是使用矩的和 $\sum_{i=1}^n ||X_i||_v^r$ 和 $\sum_{i=1}^n ||X_i||_{r+\delta}^r$ 作为上界. 由于

$$\sum_{i=1}^n ||X_i||_v^r \leqslant n \max_{1 \leqslant i \leqslant n} ||X_i||_v^r, \quad \sum_{i=1}^n ||X_i||_{r+\delta}^r \leqslant n \max_{1 \leqslant i \leqslant n} ||X_i||_{r+\delta}^r, \tag{3.3.5}$$

所以定理 3.3.1 的上界显然大于独立随机变量序列的 Rosenthal 矩不等式的上界. 另外, 大部分的统计估计都具有加权和的形式, 使用矩的极大值作为上界会丢失加权和的信息, 所以使用矩的和作为上界更有利于研究统计估计的大样本性质. 为了改进定理 3.3.1 的上界, Yang(2000, 2007) 做了研究, 且给出了如下两个定理.

定理 3.3.2 (Yang, 2007)　假设 $\{X_i, i \geqslant 1\}$ 是 α-混合随机变量序列, $EX_i = 0$, $E|X_i|^{r+\delta} < \infty$, 其中 $r > 2, \delta > 0, 2 < v \leqslant r+\delta$. 如果

$$\alpha(n) = O\left(n^{-\theta}\right), \quad \theta > 0, \tag{3.3.6}$$

且 θ 满足

$$\theta > \max \{v/(v-2), (r-1)(r+\delta)/\delta\}, \tag{3.3.7}$$

则对任意给定的 $\varepsilon > 0$, 存在与 n 无关的正常数 $K = K(\varepsilon, r, \delta, v, \theta, C) < \infty$ 使得

$$E \max_{1 \leqslant j \leqslant n} |S_j|^r \leqslant K \left\{ n^\varepsilon \sum_{i=1}^n E|X_i|^r + \sum_{i=1}^n ||X_i||_{r+\delta}^r + \left(\sum_{i=1}^n ||X_i||_v^2\right)^{r/2} \right\}. \tag{3.3.8}$$

定理 3.3.3 (Yang, 2007)　假设 $\{X_i, i \geqslant 1\}$ 是 α-混合随机变量序列, $EX_i = 0$, $E|X_i|^{r+\delta} < \infty$, 其中 $r > 2, \delta > 0$. 如果

$$\alpha(n) = O\left(n^{-\theta}\right), \quad \theta > 0, \tag{3.3.9}$$

且 θ 满足

$$\theta > r(r+\delta)/(2\delta), \tag{3.3.10}$$

则对任意给定的 $\varepsilon > 0$, 存在与 n 无关的正常数 $K = K(\varepsilon, r, \delta, \theta, C) < \infty$ 使得

$$E \max_{1 \leqslant j \leqslant n} |S_j|^r \leqslant K \left\{ n^\varepsilon \sum_{i=1}^n E|X_i|^r + \left(\sum_{i=1}^n ||X_i||_{r+\delta}^2\right)^{r/2} \right\}. \tag{3.3.11}$$

由于当 $r > 2$ 时, 有

$$r(r + \delta)/(2\delta) < (r - 1)(r + \delta)/\delta,$$

所以条件 (3.3.10) 是比条件 (3.3.7) 弱.

由于条件 $\theta > (r - 1)(r + \delta)/\delta$ 与条件 $\theta \geqslant (r - 1)(r + \delta)/\delta$, 以及条件 $\theta > r(r + \delta)/(2\delta)$ 与条件 $\theta \geqslant r(r + \delta)/(2\delta)$, 它们几乎相同, 所以定理 3.3.2, 定理 3.3.3 与定理 3.3.1 对混合系数 $\alpha(n)$ 的要求几乎相同.

推论 3.3.1 假设 $\{X_i, i \geqslant 1\}$ 是几何 α-混合随机变量序列, 即存在常数 $\theta > 0$ 使得

$$\alpha(n) = O\left(e^{-\theta n}\right), \tag{3.3.12}$$

且满足 $EX_i = 0$, $E|X_i|^{r+\delta_0} < \infty$, 其中 $r > 2, \delta_0 > 0$. 则对任意给定的 $\varepsilon > 0$ 和 $\delta \in (0, \delta_0]$, 存在与 n 无关的正常数 $K = K(\varepsilon, r, \delta, \theta, C) < \infty$ 使得

$$E \max_{1 \leqslant j \leqslant n} |S_j|^r \leqslant K \left\{ n^\varepsilon \sum_{i=1}^n E|X_i|^r + \sum_{i=1}^n ||X_i||_{r+\delta}^r + \left(\sum_{i=1}^n ||X_i||_{2+\delta}^2 \right)^{r/2} \right\}, \tag{3.3.13}$$

$$E \max_{1 \leqslant j \leqslant n} |S_j|^r \leqslant K \left\{ n^\varepsilon \sum_{i=1}^n E|X_i|^r + \left(\sum_{i=1}^n ||X_i||_{r+\delta}^2 \right)^{r/2} \right\}. \tag{3.3.14}$$

推论 3.3.1 直接由定理 3.3.2 和定理 3.3.3 得到. 在推论 3.3.1 中, ε 和 δ 都是可以任意给定的很小的实数, 所以 (3.3.13) 式的上界几乎接近独立情形的 Rosenthal 型矩不等式的上界.

这些不等式有重要的应用价值, 已被广泛引用, 例如: Liang 和 de Uña-Álvarez (2009), Liang 和 Peng (2010), Wieczorek 和 Ziegler (2010), Asghari 和 Fakoor (2017), Ding 和 Chen (2021), 等等.

为了证明定理 3.3.2 和定理 3.3.3, 我们首先给出一些引理.

引理 3.3.1 假设 $\{X_i, i \geqslant 1\}$ 是 α-混合随机变量序列, 满足 $EX_i = 0$, $E|X_i|^{2+\delta} < \infty$, 其中 $\delta > 2$. 如果 $\sum_{i=1}^{\infty} \alpha^{\delta/(2+\delta)}(i) < \infty$, 则

$$E \left(\sum_{i=1}^n X_i \right)^2 \leqslant C \sum_{i=1}^n ||X_i||_{2+\delta}^2. \tag{3.3.15}$$

证明 显然

$$E \left(\sum_{i=1}^n X_i \right)^2 = \sum_{i=1}^n E(X_i^2) + \sum_{1 \leqslant i, j \leqslant n, i \neq j} E(X_i X_j). \tag{3.3.16}$$

利用 α-混合协方差不等式 (定理 1.3.6), 我们有

$$
\sum_{1\leqslant i,j\leqslant n,i\neq j} E(X_i X_j)
$$

$$
= 2\sum_{i=1}^{n-1}\sum_{j=i+1}^{n} E(X_i X_j)
$$

$$
\leqslant C\sum_{i=1}^{n-1}\sum_{j=i+1}^{n} \alpha^{\delta/(2+\delta)}(|j-i|)\|X_i\|_{2+\delta}\|X_j\|_{2+\delta}
$$

$$
= C\sum_{i=1}^{n-1}\sum_{k=1}^{n-i} \alpha^{\delta/(2+\delta)}(k)\|X_i\|_{2+\delta}\|X_{i+k}\|_{2+\delta}
$$

$$
\leqslant C\sum_{i=1}^{n-1}\sum_{k=1}^{n-i} \alpha^{\delta/(2+\delta)}(k)(\|X_i\|_{2+\delta}^2 + \|X_{i+k}\|_{2+\delta}^2).
$$

注意到

$$
\sum_{i=1}^{n-1}\sum_{k=1}^{n-i} \alpha^{\delta/(2+\delta)}(k)\|X_i\|_{2+\delta}^2 \leqslant \sum_{i=1}^{n-1}\sum_{k=1}^{n} \alpha^{\delta/(2+\delta)}(k)\|X_i\|_{2+\delta}^2
$$

$$
\leqslant \sum_{k=1}^{n} \alpha^{\delta/(2+\delta)}(k) \sum_{i=1}^{n} \|X_i\|_{2+\delta}^2
$$

和

$$
\sum_{i=1}^{n-1}\sum_{k=1}^{n-i} \alpha^{\delta/(2+\delta)}(k)\|X_{i+k}\|_{2+\delta}^2 = \sum_{k=1}^{n-1}\sum_{i=1}^{n-k} \alpha^{\delta/(2+\delta)}(k)\|X_{i+k}\|_{2+\delta}^2
$$

$$
= \sum_{k=1}^{n-1} \alpha^{\delta/(2+\delta)}(k) \sum_{i=1}^{n-k} \|X_{i+k}\|_{2+\delta}^2
$$

$$
\leqslant \sum_{k=1}^{n-1} \alpha^{\delta/(2+\delta)}(k) \sum_{i=1}^{n} \|X_i\|_{2+\delta}^2,
$$

我们有

$$
\sum_{1\leqslant i,j\leqslant n,i\neq j} E(X_i X_j) \leqslant C\sum_{k=1}^{n} \alpha^{\delta/(2+\delta)}(k) \sum_{i=1}^{n} \|X_i\|_{2+\delta}^2 \leqslant C\sum_{i=1}^{n} \|X_i\|_{2+\delta}^2. \tag{3.3.17}
$$

由 (3.3.16) 式和 (3.3.17) 式得

$$E\left(\sum_{i=1}^n X_i\right)^2 \leqslant \sum_{i=1}^n E(X_i^2) + C\sum_{i=1}^n \|X_i\|_{2+\delta}^2 \leqslant C\sum_{i=1}^n \|X_i\|_{2+\delta}^2.$$

从而得结论. 证毕.

令 $k_n = [(n/2)^\lambda] + 1$ 和 $l_n = [(n/2)^{1-\lambda}]$, 其中 $\lambda \in (0,1)$ 是一个后面待定的常数, $[x]$ 表示取整函数. 显然

$$n < 2(l_n + 1)k_n, \quad \frac{1}{4}n^\lambda < k_n < 2n^\lambda, \quad l_n < n^{1-\lambda}. \tag{3.3.18}$$

对给定的 n, 重新定义

$$X_i = \begin{cases} X_i, & 1 \leqslant i \leqslant n, \\ 0, & i > n. \end{cases}$$

对 $j = 1, 2, \cdots, l_n + 1$, 令

$$Y_j = \sum_{i=2(j-1)k_n+1}^{n \wedge (2j-1)k_n} X_i, \quad Z_j = \sum_{i=(2j-1)k_n+1}^{n \wedge 2jk_n} X_i, \tag{3.3.19}$$

且 $S_{1,j} = \sum_{i=1}^j Y_i$, $S_{2,j} = \sum_{i=1}^j Z_i$.

引理 3.3.2

$$\max_{1 \leqslant j \leqslant n} |S_j|^r \leqslant C\left\{\max_{1 \leqslant j \leqslant l_n+1} |S_{1,j}|^r + \max_{1 \leqslant j \leqslant l_n+1} |S_{2,j}|^r + \sum_{j=1}^{2(l_n+1)} \max_{1 \leqslant s \leqslant k_n} |S_{(j-1)k_n}(s)|^r\right\},$$

其中 $S_a(b) = \sum_{i=a+1}^{a+b} X_i$.

证明 注意到 $S_j = \sum_{i=1}^{[j/k_n]k_n} X_i + S_{[j/k_n]k_n}(j - [j/k_n]k_n)$, 我们有

$$\max_{1 \leqslant j \leqslant n} |S_j|^r \leqslant 2^{r-1} \max_{1 \leqslant j \leqslant n} \left|\sum_{i=1}^{[j/k_n]k_n} X_i\right|^r + 2^{r-1} \max_{1 \leqslant j \leqslant n} |S_{[j/k_n]k_n}(j - [j/k_n]k_n)|^r$$

$$:= I_1 + I_2,$$

且

$$I_1 \leqslant 2^{2(r-1)} \max_{1 \leqslant j \leqslant l_n+1} |S_{1,j}|^r + 2^{2(r-1)} \max_{1 \leqslant j \leqslant l_n+1} |S_{2,j}|^r$$

和

$$I_2 \leqslant 2^{r-1} \max_{1 \leqslant j \leqslant 2(l_n+1)} \max_{1 \leqslant s < k_n} \left| S_{(j-1)k_n}(s) \right|^r \leqslant 2^{r-1} \sum_{j=1}^{2(l_n+1)} \max_{1 \leqslant s \leqslant k_n} \left| S_{(j-1)k_n}(s) \right|^r.$$

联合这些式子得到渴望的结论. 证毕.

显然

$$\max_{1 \leqslant j \leqslant l_n+1} |S_{1,j}|^r \leqslant \left| \max_{1 \leqslant j \leqslant l_n+1} S_{1,j} \right|^r + \left| \max_{1 \leqslant j \leqslant l_n+1} (-S_{1,j}) \right|^r. \tag{3.3.20}$$

引进记号

$$M_j = \max\{0, Y_{j+1}, Y_{j+1} + Y_{j+2}, \cdots, Y_{j+1} + Y_{j+2} + \cdots + Y_{l_n+1}\},$$

$$N_j = \max\{Y_{j+1}, Y_{j+1} + Y_{j+2}, \cdots, Y_{j+1} + Y_{j+2} + \cdots + Y_{l_n+1}\},$$

$$\widetilde{M}_j = \max\{0, -Y_{j+1}, -Y_{j+1} - Y_{j+2}, \cdots, -Y_{j+1} - Y_{j+2} - \cdots - Y_{l_n+1}\},$$

$$\widetilde{N}_j = \max\{-Y_{j+1}, -Y_{j+1} - Y_{j+2}, \cdots, -Y_{j+1} - Y_{j+2} - \cdots - Y_{l_n+1}\}.$$

我们有

$$\max_{1 \leqslant j \leqslant l_n+1} S_{1,j} = N_0, \quad N_j = Y_{j+1} + M_{j+1}, \quad 0 \leqslant M_j \leqslant |N_j|, \tag{3.3.21}$$

$$\max_{1 \leqslant j \leqslant l_n+1} (-S_{1,j}) = \widetilde{N}_0, \quad \widetilde{N}_j = -Y_{j+1} + \widetilde{M}_{j+1}, \quad 0 \leqslant \widetilde{M}_j \leqslant |\widetilde{N}_j|, \tag{3.3.22}$$

且

$$\begin{aligned}
M_j &= \max\{S_{1,j}, S_{1,j+1}, \cdots, S_{1,l_n+1}\} - S_{1,j} \\
&\leqslant \max_{j \leqslant i \leqslant l_n+1} |S_{1,i}| + |S_{1,j}| \\
&\leqslant 2 \max_{1 \leqslant j \leqslant l_n+1} |S_{1,j}|
\end{aligned} \tag{3.3.23}$$

和

$$\begin{aligned}
\widetilde{M}_j &= \max\{-S_{1,j}, -S_{1,j+1}, \cdots, -S_{1,l_n+1}\} + S_{1,j} \\
&\leqslant \max_{j \leqslant i \leqslant l_n+1} |S_{1,i}| + |S_{1,j}| \\
&\leqslant 2 \max_{1 \leqslant j \leqslant l_n+1} |S_{1,j}|.
\end{aligned} \tag{3.3.24}$$

引理 3.3.3 假设 $\{X_i, i \geqslant 1\}$ 是 α-混合随机变量序列, 满足 $EX_i = 0$, $E|X_i|^{r+\delta} < \infty$, $\alpha(n) = O(n^{-\theta})$, 其中 $r > 2, \delta > 0, \theta > 0$.

如果 $\theta > (r-1)(r+\delta)/\delta$, 则对任意的 $\tau > 0$, 存在与 n 无关的正常数 $C_\tau = C(\tau, r, \delta, \theta) < \infty$ 使得

$$\sum_{j=1}^{l_n} E\left(Y_j M_j^{r-1}\right) \leqslant C_\tau \sum_{i=1}^{n} ||X_i||_{r+\delta}^{r} + \tau E \max_{1 \leqslant j \leqslant l_n+1} |S_{1,j}|^r \qquad (3.3.25)$$

和

$$\sum_{j=1}^{l_n} E\left(Y_j \widetilde{M}_j^{r-1}\right) \leqslant C_\tau \sum_{i=1}^{n} ||X_i||_{r+\delta}^{r} + \tau E \max_{1 \leqslant j \leqslant l_n+1} |S_{1,j}|^r. \qquad (3.3.26)$$

如果 $\theta > r(r+\delta)/(2\delta)$, 则对任意的 $\tau > 0$, 存在与 n 无关的正常数 $C_\tau = C(\tau, r, \delta, \theta) < \infty$ 使得

$$\sum_{j=1}^{l_n} E\left(Y_j M_j^{r-1}\right) \leqslant C_\tau \left(\sum_{i=1}^{n} ||X_i||_{r+\delta}^{2}\right)^{r/2} + \tau E \max_{1 \leqslant j \leqslant l_n+1} |S_{1,j}|^r \qquad (3.3.27)$$

和

$$\sum_{j=1}^{l_n} E\left(Y_j \widetilde{M}_j^{r-1}\right) \leqslant C_\tau \left(\sum_{i=1}^{n} ||X_i||_{r+\delta}^{2}\right)^{r/2} + \tau E \max_{1 \leqslant j \leqslant l_n+1} |S_{1,j}|^r. \qquad (3.3.28)$$

证明 令 $\beta = \delta/[r(r+\delta)]$, $p = r/(r-1)$, $q = r+\delta$, 则 $\beta + 1/p + 1/q = 1$. 由 α-混合协方差不等式 (定理 1.3.6) 和 (3.3.23) 式, 我们有

$$\sum_{j=1}^{l_n} E\left(Y_j M_j^{r-1}\right) \leqslant 10\alpha^\beta(k_n) \sum_{j=1}^{l_n} ||Y_j||_{r+\delta} \cdot ||M_j||_r^{r-1}$$

$$\leqslant 10 \cdot 2^{r-1} \alpha^\beta(k_n) \sum_{j=1}^{l_n} ||Y_j||_{r+\delta} \cdot \left(E \max_{1 \leqslant j \leqslant l_n+1} |S_{1,j}|^r\right)^{(r-1)/r}$$

$$\leqslant 5 \cdot 2^r \tau^{-(r-1)/r} \alpha^\beta(k_n) \sum_{i=1}^{n} ||X_i||_{r+\delta} \cdot \left(\tau E \max_{1 \leqslant j \leqslant l_n+1} |S_{1,j}|^r\right)^{(r-1)/r}$$

$$\leqslant \frac{5^r \cdot 2^{r^2} \alpha^{\beta r}(k_n)}{r\tau^{(r-1)}} \left(\sum_{i=1}^{n} || X_i ||_{r+\delta}\right)^r + \frac{\tau(r-1)}{r} E \max_{1 \leqslant j \leqslant l_n+1} |S_{1,j}|^r, \qquad (3.3.29)$$

在上式的最后一个不等式中使用了 Hölder 不等式: $a^{1/r} b^{(r-1)/r} \leqslant \dfrac{1}{r} a + \dfrac{r-1}{r} b$.

记 $B = \alpha^{\beta r}(k_n) \left(\sum_{i=1}^{n} \parallel X_i \parallel_{r+\delta} \right)^r$. 如果 $\theta > (r-1)(r+\delta)/\delta$, 则

$$B \leqslant n^{r-1} \alpha^{\beta r}(k_n) \sum_{i=1}^{n} \parallel X_i \parallel_{r+\delta}^{r}. \tag{3.3.30}$$

取 $\lambda = (r-1)(r+\delta)/(\theta\delta)$, 我们有 $0 < \lambda < 1$ 且

$$n^{r-1} \alpha^{\beta r}(k_n) \leqslant C n^{r-1} k_n^{-\theta\beta r} \leqslant C n^{r-1-\lambda\theta\beta r} \leqslant C n^{r-1-\lambda\theta\delta/(r+\delta)} = C. \tag{3.3.31}$$

联合 (3.3.29)—(3.3.31) 式得到结论 (3.3.25) 式.

如果 $\theta > r(r+\delta)/(2\delta)$, 则

$$B \leqslant n^{r/2} \alpha^{\beta r}(k_n) \left(\sum_{i=1}^{n} \parallel X_i \parallel_{r+\delta}^{2} \right)^{r/2}. \tag{3.3.32}$$

取 $\lambda = r(r+\delta)/(2\theta\delta)$, 我们有 $0 < \lambda < 1$ 且

$$n^{r/2} \alpha^{\beta r}(k_n) \leqslant C n^{r/2} k_n^{-\theta\beta r} \leqslant C n^{r/2-\lambda\theta\beta r} \leqslant C n^{r/2-\lambda\theta\delta/(r+\delta)} = C. \tag{3.3.33}$$

由 (3.3.29),(3.3.32) 和 (3.3.33) 式得到结论 (3.3.27) 式.

类似地, 我们可以证明结论 (3.3.26) 式和 (3.3.28) 式. 证毕.

引理 3.3.4 假设 $\{X_i, i \geqslant 1\}$ 是 α-混合随机变量序列, 满足 $EX_i = 0$, $E|X_i|^{r+\delta} < \infty$, $\alpha(n) = O\left(n^{-\theta}\right)$, 其中 $r > 2, \delta > 0$. 又设 $2 < v \leqslant r+\delta$.

如果 $\theta > \max\{v/(v-2), (r-1)(r+\delta)/\delta\}$, 则对任意的 $\tau > 0$, 存在与 n 无关的正常数 $C_\tau = C(\tau, r, v, \delta, \theta) < \infty$ 使得

$$\sum_{j=1}^{l_n} E\left(Y_j^2 M_j^{r-2}\right)$$

$$\leqslant C_\tau \left(\sum_{i=1}^{n} \|X_i\|_v^2 \right)^{r/2} + C_\tau \sum_{i=1}^{n} \|X_i\|_{r+\delta}^{r} + \tau E \max_{1 \leqslant j \leqslant l_n+1} |S_{1,j}|^r \tag{3.3.34}$$

和

$$\sum_{j=1}^{l_n} E\left(Y_j^2 \widetilde{M}_j^{r-2}\right)$$

$$\leqslant C_\tau \left(\sum_{i=1}^{n} \|X_i\|_v^2 \right)^{r/2} + C_\tau \sum_{i=1}^{n} \|X_i\|_{r+\delta}^{r} + \tau E \max_{1 \leqslant j \leqslant l_n+1} |S_{1,j}|^r. \tag{3.3.35}$$

如果 $\theta > r(r+\delta)/(2\delta)$, 则对任意的 $\tau > 0$, 存在与 n 无关的正常数 $C_\tau = C(\tau, r, v, \delta, \theta) < \infty$ 使得

$$\sum_{j=1}^{l_n} E\left(Y_j^2 M_j^{r-2}\right) \leqslant C_\tau \left(\sum_{i=1}^{n} ||X_i||_{r+\delta}^2\right)^{r/2} + \tau E \max_{1 \leqslant j \leqslant l_n+1} |S_{1,j}|^r \qquad (3.3.36)$$

和

$$\sum_{j=1}^{l_n} E\left(Y_j^2 \widetilde{M}_j^{r-2}\right) \leqslant C_\tau \left(\sum_{i=1}^{n} ||X_i||_{r+\delta}^2\right)^{r/2} + \tau E \max_{1 \leqslant j \leqslant l_n+1} |S_{1,j}|^r. \qquad (3.3.37)$$

证明 令 $\beta = 2\delta/[r(r+\delta)]$, $p = r/(r-2)$, $q = (r+\delta)/2$, 则 $\beta + 1/p + 1/q = 1$. 由 α-混合协方差不等式 (定理 1.3.6) 和 (3.3.23) 式, 我们有

$$\sum_{j=1}^{l_n} E(Y_j^2 M_j^{r-2})$$

$$= \sum_{j=1}^{l_n} E(Y_j^2) E(M_j^{r-2}) + \sum_{j=1}^{l_n} \text{Cov}\left(Y_j^2, M_j^{r-2}\right)$$

$$\leqslant \sum_{j=1}^{l_n} E(Y_j^2) E(M_j^{r-2}) + 10\alpha^\beta(k_n) \sum_{j=1}^{l_n} ||Y_j||_{r+\delta}^2 ||M_j||_r^{r-2}$$

$$\leqslant 2^{r-2} \sum_{j=1}^{l_n} E(Y_j^2) E \max_{1 \leqslant j \leqslant l_n+1} |S_{1,j}|^{r-2}$$

$$+ C\alpha^\beta(k_n) \sum_{j=1}^{l_n} ||Y_j||_{r+\delta}^2 \left(E \max_{1 \leqslant j \leqslant l_n+1} |S_{1,j}|^r\right)^{(r-2)/r}$$

$$\leqslant 2^{r-2} \left(\sum_{j=1}^{l_n} EY_j^2\right) \left(E \max_{1 \leqslant j \leqslant l_n+1} |S_{1,j}|^r\right)^{(r-2)/r}$$

$$+ Ck_n \alpha^\beta(k_n) \left(\sum_{i=1}^{n} ||X_i||_{r+\delta}^2\right) \left(E \max_{1 \leqslant j \leqslant l_n+1} |S_{1,j}|^r\right)^{(r-2)/r}$$

$$\leqslant C_1 \left(\sum_{j=1}^{l_n} EY_j^2\right)^{r/2} + C_2 k_n^{r/2} \alpha^{\beta r/2}(k_n) \left(\sum_{i=1}^{n} ||X_i||_{r+\delta}^2\right)^{r/2}$$

$$+ \frac{(r-2)\tau}{r} E \max_{1 \leqslant j \leqslant l_n+1} |S_{1,j}|^r \qquad (3.3.38)$$

在上式的最后一个不等式中使用了 Hölder 不等式: $a^{2/r}b^{(r-2)/r} \leqslant \dfrac{2}{r}a + \dfrac{r-2}{r}b$.

如果 $\theta > \max\{v/(v-2), (r-1)(r+\delta)/\delta\}$, 则

$$\sum_{i=1}^{\infty} \alpha^{(v-2)/v}(i) \leqslant C \sum_{i=1}^{\infty} i^{-\theta(v-2)/v} < \infty.$$

由引理 3.3.1, 有

$$\left(\sum_{j=1}^{l_n} EY_j^2\right)^{r/2} \leqslant C \left(\sum_{i=1}^{n} \|X_i\|_v^2\right)^{r/2}. \tag{3.3.39}$$

取 $\lambda = (r-1)(r+\delta)/(\theta\delta)$, 有 $0 < \lambda < 1$ 且

$$n^{r/2-1}k_n^{r/2}\alpha^{\beta r/2}(k_n) \leqslant Cn^{r/2-1}k_n^{r/2-\theta\beta r/2}$$

$$\leqslant Cn^{r/2-1+\lambda(r/2-\theta\beta r/2)}$$

$$= Cn^{r(\lambda-1)/2}$$

$$\leqslant C.$$

因此

$$k_n^{r/2}\alpha^{\beta r/2}(k_n)\left(\sum_{i=1}^{n} \| X_i \|_{r+\delta}^2\right)^{r/2} \leqslant n^{r/2-1}k_n^{r/2}\alpha^{\beta r/2}(k_n)\sum_{i=1}^{n} \| X_i \|_{r+\delta}^r$$

$$\leqslant C \sum_{i=1}^{n} \| X_i \|_{r+\delta}^r. \tag{3.3.40}$$

联合 (3.3.38)—(3.3.40) 得结论 (3.3.34) 式.

如果 $\theta > r(r+\delta)/(2\delta)$, 则

$$\sum_{i=1}^{\infty} \alpha^{(r+\delta-2)/(r+\delta)}(i) \leqslant C \sum_{i=1}^{\infty} i^{-\theta(r+\delta-2)/(r+\delta)}$$

$$\leqslant C \sum_{i=1}^{\infty} i^{-r(r+\delta-2)/(2\delta)}$$

$$= C \sum_{i=1}^{\infty} i^{-\frac{r}{2}\frac{\delta+r-2}{\delta}} < \infty.$$

由引理 3.3.1,

$$\left(\sum_{j=1}^{l_n} EY_j^2\right)^{r/2} \leqslant C\left(\sum_{i=1}^{n} \|X_i\|_{r+\delta}^2\right)^{r/2}, \tag{3.3.41}$$

取 $\lambda = r(r+\delta)/(2\theta\delta)$, 则 $0 < \lambda < 1$ 且

$$k_n^{r/2}\alpha^{\beta r/2}(k_n) \leqslant Ck_n^{r/2-\theta\beta r/2} \leqslant Cn^{\lambda(r/2-\theta\beta r/2)} = Cn^{r(\lambda-1)/2} \leqslant C. \tag{3.3.42}$$

由 (3.3.38), (3.3.41) 和 (3.3.42) 式, 得结论 (3.3.36) 式.

类似地, 我们可以证明结论 (3.3.35) 式和 (3.3.37) 式. 证毕.

引理 3.3.5 假设 $\{X_i, i \geqslant 1\}$ 是 α-混合随机变量序列, 满足 $EX_i = 0$, $E|X_i|^{r+\delta} < \infty$, $\alpha(n) = O\left(n^{-\theta}\right)$, 其中 $r > 2, \delta > 0$. 又设 $2 < v \leqslant r+\delta$.

如果 $\theta > \max\{v/(v-2), (r-1)(r+\delta)/\delta\}$, 则

$$E \max_{1 \leqslant j \leqslant l_n+1} |S_{1,j}|^r$$

$$\leqslant C\left\{\sum_{j=1}^{l_n+1} E|Y_j|^r + \sum_{i=1}^{n} \| X_i \|_{r+\delta}^r + \left(\sum_{i=1}^{n} \|X_i\|_v^2\right)^{r/2}\right\} \tag{3.3.43}$$

和

$$E \max_{1 \leqslant j \leqslant l_n+1} |S_{2,j}|^r$$

$$\leqslant C\left\{\sum_{j=1}^{l_n+1} E|Z_j|^r + \sum_{i=1}^{n} \| X_i \|_{r+\delta}^r + \left(\sum_{i=1}^{n} \|X_i\|_v^2\right)^{r/2}\right\}. \tag{3.3.44}$$

如果 $\theta > r(r+\delta)/(2\delta)$, 则

$$E \max_{1 \leqslant j \leqslant l_n+1} |S_{1,j}|^r \leqslant C\left\{\sum_{j=1}^{l_n+1} E|Y_j|^r + \left(\sum_{i=1}^{n} \| X_i \|_{r+\delta}^2\right)^{r/2}\right\} \tag{3.3.45}$$

和

$$E \max_{1 \leqslant j \leqslant l_n+1} |S_{2,j}|^r \leqslant C\left\{\sum_{j=1}^{l_n+1} E|Z_j|^r + \left(\sum_{i=1}^{n} \| X_i \|_{r+\delta}^2\right)^{r/2}\right\}. \tag{3.3.46}$$

证明 由 (3.3.21) 式和引理 3.2.1, 有

$$\left|\max_{1 \leqslant j \leqslant l_n+1} S_{1,j}\right|^r = |N_0|^r = |Y_1 + M_1|^r$$

$$\leqslant 2^r |Y_1|^r + r Y_1 M_1^{r-1} + 2^r r^2 Y_1^2 M_1^{r-2} + M_1^r$$

$$\leqslant 2^r |Y_1|^r + r Y_1 M_1^{r-1} + 2^r r^2 Y_1^2 M_1^{r-2} + |N_1|^r$$

$$\leqslant \cdots$$

$$\leqslant 2^r \sum_{j=1}^{l_n+1} |Y_j|^r + r \sum_{j=1}^{l_n} Y_j M_j^{r-1} + 2^r r^2 \sum_{j=1}^{l_n} Y_j^2 M_j^{r-2}. \qquad (3.3.47)$$

同理, 有

$$\left| \max_{1 \leqslant j \leqslant l_n+1} (-S_{1,j}) \right|^r \leqslant 2^r \sum_{j=1}^{l_n+1} |Y_j|^r + r \sum_{j=1}^{m} Y_j \widetilde{M}_j^{r-1} + 2^r r^2 \sum_{j=1}^{l_n} Y_j^2 \widetilde{M}_j^{r-2}. \quad (3.3.48)$$

当 $\theta > \max\{v/(v-2), (r-1)(r+\delta)/\delta\}$ 时, 联合 (3.3.47), (3.3.25) 和 (3.3.34), 我们有

$$E \left| \max_{1 \leqslant j \leqslant l_n+1} S_{1,j} \right|^r \leqslant 2^r \sum_{j=1}^{l_n+1} E|Y_j|^r + 2C_\tau \sum_{i=1}^{n} \| X_i \|_{r+\delta}^r$$

$$+ C_\tau \left(\sum_{i=1}^{n} \|X_i\|_v^2 \right)^{r/2} + 2\tau E \max_{1 \leqslant j \leqslant l_n+1} |S_{1,j}|^r.$$

而联合 (3.3.48), (3.3.26) 和 (3.3.35), 我们有

$$E \left| \max_{1 \leqslant j \leqslant l_n+1} (-S_{1,j}) \right|^r \leqslant 2^r \sum_{j=1}^{l_n+1} E|Y_j|^r + 2C_\tau \sum_{i=1}^{n} \| X_i \|_{r+\delta}^r$$

$$+ C_\tau \left(\sum_{i=1}^{n} \|X_i\|_v^2 \right)^{r/2} + 2\tau E \max_{1 \leqslant j \leqslant l_n+1} |S_{1,j}|^r.$$

因此, 由上面两式和 (3.3.20) 式, 得

$$E \max_{1 \leqslant j \leqslant l_n+1} |S_{1,j}|^r \leqslant 2^{r+1} \sum_{j=1}^{l_n+1} E|Y_j|^r + 4C_\tau \sum_{i=1}^{n} \| X_i \|_{r+\delta}^r$$

$$+ 2C_\tau \left(\sum_{i=1}^{n} \|X_i\|_v^2 \right)^{r/2} + 4\tau E \max_{1 \leqslant j \leqslant l_n+1} |S_{1,j}|^r.$$

于是

$$(1 - 4\tau) E \max_{1 \leqslant j \leqslant l_n+1} |S_{1,j}|^r$$

$$\leqslant 2^{r+1} \sum_{j=1}^{l_n+1} E|Y_j|^r + 4C_\tau \sum_{i=1}^n \| X_i \|_{r+\delta}^r + 2C_\tau \left(\sum_{i=1}^n \|X_i\|_v^2 \right)^{r/2},$$

取 τ 充分小, 得结论 (3.3.43) 式.

类似地, 我们可以证明结论 (3.3.44)—(3.3.46). 证毕.

定理 3.3.2 的证明 由于 $\theta > \max\{v/(v-2), (r-1)(r+\delta)/\delta\}$, 所以由引理 3.3.2 和引理 3.3.5, 有

$$E \max_{1\leqslant j\leqslant n} |S_j|^r \leqslant C \left\{ \sum_{i=1}^{l_n+1} (E|Y_i|^r + E|Z_i|^r) + \sum_{j=1}^{2(l_n+1)} E \max_{1\leqslant s\leqslant k_n} |S_{(j-1)k_n}(s)|^r \right.$$

$$\left. + \sum_{i=1}^n \| X_i \|_{r+\delta}^r + \left(\sum_{i=1}^n \|X_i\|_v^2 \right)^{r/2} \right\}. \tag{3.3.49}$$

对上式中的 $E|Y_i|^r$, $E|Z_i|^r$ 和 $E \max_{1\leqslant s\leqslant k_n} |S_{(j-1)k_n}(s)|^r$ 使用 C_r 不等式, 并注意到 (3.3.18) 式, 我们有

$$E \max_{1\leqslant j\leqslant n} |S_j|^r$$

$$\leqslant C \left\{ k_n^{r-1} \sum_{i=1}^n E|X_i|^r + \sum_{i=1}^n \| X_i \|_{r+\delta}^r + \left(\sum_{i=1}^n \|X_i\|_v^2 \right)^{r/2} \right\}$$

$$\leqslant C \left\{ n^{\lambda(r-1)} \sum_{i=1}^n E|X_i|^r + \sum_{i=1}^n \| X_i \|_{r+\delta}^r + \left(\sum_{i=1}^n \|X_i\|_v^2 \right)^{r/2} \right\}.$$

将此结果分别应用于 $E|Y_j|^r$, $E|Z_j|^r$ 和 $E \max_{1\leqslant s\leqslant k_n} |S_{(j-1)k_n}(s)|^r$, 我们得到

$$E|Y_j|^r \leqslant C \left\{ k_n^{\lambda(r-1)} \sum_{i=2(j-1)k_n+1}^{n\wedge(2j-1)k_n} E|X_i|^r \right.$$

$$\left. + \sum_{i=2(j-1)k_n+1}^{n\wedge(2j-1)k_n} \| X_i \|_{r+\delta}^r + \left(\sum_{i=2(j-1)k_n+1}^{n\wedge(2j-1)k_n} \|X_i\|_v^2 \right)^{r/2} \right\},$$

$$E|Z_j|^r \leqslant C \left\{ k_n^{\lambda(r-1)} \sum_{i=(2j-1)k_n+1}^{n\wedge 2jk_n} E|X_i|^r \right.$$

$$+ \sum_{i=(2j-1)k_n+1}^{n \wedge 2jk_n} \| X_i \|_{r+\delta}^r + \left(\sum_{i=(2j-1)k_n+1}^{n \wedge 2jk_n} \|X_i\|_v^2 \right)^{r/2} \Bigg\},$$

$$E \max_{1 \leqslant s \leqslant k_n} |S_{(j-1)k_n}(s)|^r \leqslant C \Bigg\{ k_n^{\lambda(r-1)} \sum_{i=(j-1)k_n+1}^{(j-1)k_n+k_n} E|X_i|^r$$

$$+ \sum_{i=(j-1)k_n+1}^{(j-1)k_n+k_n} \| X_i \|_{r+\delta}^r + \left(\sum_{i=(j-1)k_n+1}^{(j-1)k_n+k_n} \|X_i\|_v^2 \right)^{r/2} \Bigg\}.$$

将这三式代入 (3.3.49) 式, 得

$$E \max_{1 \leqslant j \leqslant n} |S_j|^r$$

$$\leqslant C \Bigg\{ k_n^{\lambda(r-1)} \sum_{i=1}^n E|X_i|^r + \sum_{i=1}^n \| X_i \|_{r+\delta}^r + \left(\sum_{i=1}^n \|X_i\|_v^2 \right)^{r/2} \Bigg\}$$

$$\leqslant C \Bigg\{ n^{\lambda^2(r-1)} \sum_{i=1}^n E|X_i|^r + \sum_{i=1}^n \| X_i \|_{r+\delta}^r + \left(\sum_{i=1}^n \|X_i\|_v^2 \right)^{r/2} \Bigg\}.$$

将此结果再次应用于 $E|Y_j|^r$, $E|Z_j|^r$ 和 $E \max_{1 \leqslant s \leqslant k_n} |S_{(j-1)k_n}(s)|^r$, 并重复以上过程 t 次, 我们有

$$E \max_{1 \leqslant j \leqslant n} |S_j|^r$$

$$\leqslant C \Bigg\{ n^{\lambda^t(r-1)} \sum_{i=1}^n E|X_i|^r + \sum_{i=1}^n \| X_i \|_{r+\delta}^r + \left(\sum_{i=1}^n \|X_i\|_v^2 \right)^{r/2} \Bigg\}.$$

由于 $0 < \lambda < 1$, 所以存在适当大的整数 $t > 1$ 使得 $\lambda^t(r-1) < \varepsilon$. 于是定理 3.3.2 的结论成立. 证毕.

定理 3.3.3 的证明　由于 $\theta > r(r+\delta)/(2\delta)$, 所以由引理 3.3.2 和引理 3.3.5, 有

$$E \max_{1 \leqslant j \leqslant n} |S_j|^r \leqslant C \Bigg\{ \sum_{i=1}^{l_n+1} (E|Y_i|^r + E|Z_i|^r) + \sum_{j=1}^{2(l_n+1)} E \max_{1 \leqslant s \leqslant k_n} |S_{(j-1)k_n}(s)|^r$$

$$+ \left(\sum_{i=1}^n \| X_i \|_{r+\delta}^2 \right)^{r/2} \Bigg\}. \tag{3.3.50}$$

由此以及证明定理 3.3.2 的方法, 同样可以证明定理 3.3.3 的结论. 证毕.

3.4 α-混合随机变量的尾部概率不等式

定理 3.4.1 (Wei et al., 2010) 假设 $\{X_i, i \geqslant 1\}$ 是 α-混合的实值随机变量序列, 满足 $EX_i = 0$ 且 $|X_i| \leqslant b < \infty$ a.s.. 如果正整数序列 k_n 满足 $1 \leqslant k_n \leqslant n/2$, 则对任意的 $\varepsilon > 0$, 有

$$P\left(\left|\sum_{i=1}^{n} X_i\right| > n\varepsilon\right) \leqslant 4\exp\left(-\frac{n\varepsilon^2}{12(3\sigma_n^2 + bk_n\varepsilon)}\right) + 18b\varepsilon^{-1}\alpha(k_n), \qquad (3.4.1)$$

其中整数序列 $m_n = [n/(2k_n)]$, 且

$$U_j = \sum_{(j-1)k_n \wedge n < i \leqslant jk_n \wedge n} X_i, \quad j = 1, 2, \cdots, 2(m_n+1),$$

$$\sigma_n^2 = n^{-1}\sum_{j=1}^{2(m_n+1)} E|U_j|^2.$$

证明 我们将使用复制方法证明这个指数不等式. 显然

$$2m_n k_n \leqslant n \leqslant 2(m_n+1)k_n,$$

且

$$\sum_{i=1}^{n} X_i = \sum_{j=1}^{2(m_n+1)} U_j = \sum_{j=1}^{m_n+1} U_{2(j-1)+1} + \sum_{j=1}^{m_n+1} U_{2j}. \qquad (3.4.2)$$

由于对任意的 j 有 $|U_j| \leqslant k_n b$, 所以根据 Rio(1995) 中定理 5 的证明过程知, 存在随机变量 $\{U_j^*\}_{1 \leqslant j \leqslant 2(m_n+1)}$ 满足如下三个性质:

(1) 对每个 j, 随机变量 U_j^* 与随机变量 U_j 有相同分布;

(2) 随机变量 $\{U_{2j}^*\}_{1 \leqslant j \leqslant m_n+1}$ 相互独立, 且随机变量 $\{U_{2(j-1)+1}^*\}_{1 \leqslant j \leqslant m_n+1}$ 也相互独立;

(3)

$$\sum_{j=1}^{2(m_n+1)} E|U_j - U_j^*| \leqslant 6bn\alpha(k_n). \qquad (3.4.3)$$

由 (3.4.2) 式, 我们有

$$P\left(\left|\sum_{i=1}^{n} X_i\right| > n\varepsilon\right)$$

$$= P\left(\left|\sum_{j=1}^{m_n+1} U_{2(j-1)+1}^* + \sum_{j=1}^{m_n+1} U_{2j}^* + \sum_{j=1}^{2(m_n+1)} (U_j - U_j^*)\right| > n\varepsilon\right)$$

$$\leqslant P\left(\left|\sum_{j=1}^{m_n+1} U_{2(j-1)+1}^*\right| > \frac{n\varepsilon}{3}\right) + P\left(\left|\sum_{j=1}^{m_n+1} U_{2j}^*\right| > \frac{n\varepsilon}{3}\right)$$

$$+ P\left(\left|\sum_{j=1}^{2(m_n+1)} (U_j - U_j^*)\right| > \frac{n\varepsilon}{3}\right)$$

$$=: I_1 + I_2 + I_3. \tag{3.4.4}$$

由 (3.4.3) 式和 Markov 不等式, 有

$$I_3 \leqslant \frac{E\left|\sum_{j=1}^{2(m_n+1)} (U_j - U_j^*)\right|}{\frac{n\varepsilon}{3}} \leqslant \frac{6bn\alpha(k_n)}{\frac{n\varepsilon}{3}} = 18b\varepsilon^{-1}\alpha(k_n). \tag{3.4.5}$$

由独立随机变量的 Bernstein 指数不等式, 有

$$I_1 \leqslant 2\exp\left(-\frac{n\varepsilon^2}{12(3\sigma_n^2 + bk_n\varepsilon)}\right), \tag{3.4.6}$$

以及

$$I_2 \leqslant 2\exp\left(-\frac{n\varepsilon^2}{12(3\sigma_n^2 + bk_n\varepsilon)}\right). \tag{3.4.7}$$

联合 (3.4.4)—(3.4.7), 得到结论 (3.4.1). 证毕.

3.5　混合随机变量的特征函数不等式

定理 3.5.1 (杨善朝和李永明, 2006)　假设 $\{X_j, j \geqslant 1\}$ 是 α-混合的随机变量序列, p, q 为两个正整数. 记

$$Y_l = \sum_{j=(l-1)(p+q)+1}^{(l-1)(p+q)+p} X_j, \quad 1 \leqslant l \leqslant k. \tag{3.5.1}$$

如果 $r > 0, s > 0$ 且 $\dfrac{1}{r} + \dfrac{1}{s} = 1$, 则

$$\left| E \exp\left(\mathrm{i}t \sum_{l=1}^{k} Y_l \right) - \prod_{l=1}^{k} E \exp\left(\mathrm{i}tY_l \right) \right| \leqslant C|t|\alpha^{1/s}(q) \sum_{l=1}^{k} \|Y_l\|_r. \tag{3.5.2}$$

证明 显然

$$\left| E \exp\left(\mathrm{i}t \sum_{l=1}^{k} Y_l \right) - \prod_{l=1}^{k} E \exp\left(\mathrm{i}tY_l \right) \right|$$

$$\leqslant \left| E \exp\left(\mathrm{i}t \sum_{l=1}^{k} Y_l \right) - E \exp\left(\mathrm{i}t \sum_{l=1}^{k-1} Y_l \right) E \exp\left(\mathrm{i}tY_k \right) \right|$$

$$+ \left| E \exp\left(\mathrm{i}t \sum_{l=1}^{k-1} Y_l \right) - \prod_{l=1}^{k-1} E \exp\left(\mathrm{i}tY_l \right) \right|$$

$$=: I_1 + I_2, \tag{3.5.3}$$

注意到 $e^{\mathrm{i}x} = \cos(x) + \mathrm{i}\sin(x)$, 以及

$$\sin(x + y) = \sin(x)\cos(y) + \cos(x)\sin(y), \tag{3.5.4}$$

$$\cos(x + y) = \cos(x)\cos(y) - \sin(x)\sin(y), \tag{3.5.5}$$

我们有

$$I_1 \leqslant \left| \mathrm{Cov}\left(\cos\left(t \sum_{l=1}^{k-1} Y_l \right), \cos(tY_k) \right) \right|$$

$$+ \left| \mathrm{Cov}\left(\sin\left(t \sum_{l=1}^{k-1} Y_l \right), \sin(tY_k) \right) \right|$$

$$+ \left| \mathrm{Cov}\left(\sin\left(t \sum_{l=1}^{k-1} Y_l \right), \cos(tY_k) \right) \right|$$

$$+ \left| \mathrm{Cov}\left(\cos\left(t \sum_{l=1}^{k-1} Y_l \right), \sin(tY_k) \right) \right|$$

$$=: I_{11} + I_{12} + I_{13} + I_{14}. \tag{3.5.6}$$

利用定理 1.3.5 以及 $|\sin(x)| \leqslant |x|$, 有

$$I_{12} \leqslant C\alpha^{1/s}(q)\|\sin(tY_k)\|_r \leqslant C|t|\alpha^{1/s}(q)\|Y_k\|_r \tag{3.5.7}$$

和

$$I_{14} \leqslant C|t|\alpha^{1/s}(q)||Y_k||_r. \tag{3.5.8}$$

根据 $\cos(2x) = 1 - 2\sin^2(x)$, 我们得

$$\begin{aligned}
I_{11} &= \left| \mathrm{Cov} \left(\cos \left(t \sum_{l=1}^{k-1} Y_l \right), 1 - 2\sin^2(tY_k/2) \right) \right| \\
&= 2 \left| \mathrm{Cov} \left(\cos \left(t \sum_{l=1}^{k-1} Y_l \right), \sin^2(tY_k/2) \right) \right| \\
&\leqslant C\alpha^{1/s}(q)E^{1/r}|\sin(tY_k/2)|^{2r} \\
&\leqslant C\alpha^{1/s}(q)E^{1/r}|\sin(tY_k/2)|^{r} \\
&\leqslant C|t|\alpha^{1/s}(q)||Y_k||_r. \tag{3.5.9}
\end{aligned}$$

同理, 有

$$I_{13} \leqslant C|t|\alpha^{1/s}(q)||Y_k||_r. \tag{3.5.10}$$

联合 (3.5.3), (3.5.6)—(3.5.10) 式得

$$\left| E\exp\left(\mathrm{it} \sum_{l=1}^{k} Y_l \right) - \prod_{l=1}^{k} E\exp\left(\mathrm{it}Y_l \right) \right| \leqslant C|t|\alpha^{1/s}(q)||Y_k||_r + I_2. \tag{3.5.11}$$

对 I_2 重复上述过程 $k-2$ 次得到所需结论. 证毕.

利用上面定理的证明方法容易得到如下两个定理.

定理 3.5.2　假设 $\{X_j, j \geqslant 1\}$ 是 ρ-混合的随机变量序列, p, q 为两个正整数. 记

$$Y_l = \sum_{j=(l-1)(p+q)+1}^{(l-1)(p+q)+p} X_j, \quad 1 \leqslant l \leqslant k. \tag{3.5.12}$$

则

$$\left| E\exp\left(\mathrm{it} \sum_{l=1}^{k} Y_l \right) - \prod_{l=1}^{k} E\exp\left(\mathrm{it}Y_l \right) \right| \leqslant C|t|\rho(q) \sum_{l=1}^{k} ||Y_l||_2. \tag{3.5.13}$$

定理 3.5.3　假设 $\{X_j, j \geqslant 1\}$ 是 ϕ-混合的随机变量序列, p, q 为两个正整数. 记

$$Y_l = \sum_{j=(l-1)(p+q)+1}^{(l-1)(p+q)+p} X_j, \quad 1 \leqslant l \leqslant k. \tag{3.5.14}$$

则

$$\left| E \exp \left(\mathrm{i}t \sum_{l=1}^{k} Y_l \right) - \prod_{l=1}^{k} E \exp \left(\mathrm{i}t Y_l \right) \right| \leqslant C|t| \phi^{1/2}(q) \sum_{l=1}^{k} ||Y_l||_2. \tag{3.5.15}$$

第 4 章 相协随机变量和负相协随机变量

4.1 PQD 和 NQD 随机变量

我们首先介绍 Lehmann(1966) 提出的正相依和负相依的概念.

定义 4.1.1 (Lehmann, 1966) 称两个随机变量 (X, Y) 正相依 (positively quadrant dependent, PQD), 如果对任意的 $x, y \in \mathbb{R}$ 有

$$P(X \leqslant x, Y \leqslant y) \geqslant P(X \leqslant x) P(Y \leqslant y). \tag{4.1.1}$$

而称两个随机变量 (X, Y) 负相依 (negatively quadrant dependent, NQD), 如果对任意的 $x, y \in \mathbb{R}$ 有

$$P(X \leqslant x, Y \leqslant y) \leqslant P(X \leqslant x) P(Y \leqslant y). \tag{4.1.2}$$

定理 4.1.1 (Lehmann, 1966, Lemma 1)

(i) (X, X) 是 PQD.

(ii) (X, Y) 是 PQD 当且仅当 $(X, -Y)$ 是 NQD.

(iii) 假设 $f(x)$ 和 $g(y)$ 都是非降函数 (或都是非增函数). 如果 (X, Y) 是 PQD, 则 $(f(X), g(Y))$ 是 PQD.

(iv) (4.1.1) 式与下面每一个式子等价:

$$P(X \leqslant x, Y < y) \geqslant P(X \leqslant x) P(Y < y), \quad \forall x, y \in \mathbb{R}, \tag{4.1.3}$$

$$P(X < x, Y \leqslant y) \geqslant P(X < x) P(Y \leqslant y), \quad \forall x, y \in \mathbb{R}, \tag{4.1.4}$$

$$P(X < x, Y < y) \geqslant P(X < x) P(Y < y), \quad \forall x, y \in \mathbb{R}. \tag{4.1.5}$$

(v) (4.1.1) 式与下面每一个式子等价:

$$P(X \leqslant x, Y \geqslant y) \leqslant P(X \leqslant x) P(Y \geqslant y), \quad \forall x, y \in \mathbb{R}, \tag{4.1.6}$$

$$P(X \geqslant x, Y \leqslant y) \leqslant P(X \geqslant x) P(Y \leqslant y), \quad \forall x, y \in \mathbb{R}, \tag{4.1.7}$$

$$P(X \geqslant x, Y \geqslant y) \geqslant P(X \geqslant x) P(Y \geqslant y), \quad \forall x, y \in \mathbb{R}. \tag{4.1.8}$$

注意: 上面概率中的 "$\leqslant$" 可以换为 "$<$", "$\geqslant$" 可以换为 "$>$".

证明 (i)—(iii) 是显然的.

(iv) 如果 (4.1.1) 式成立, 则

$$P(X \leqslant x, Y \leqslant y - 1/n) \geqslant P(X \leqslant x)P(Y \leqslant y - 1/n).$$

令 $n \to \infty$, 我们有 (4.1.3) 式. 反之, 如果 (4.1.3) 式成立, 则

$$P(X \leqslant x, Y < y + 1/n) \geqslant P(X \leqslant x)P(Y < y + 1/n).$$

令 $n \to \infty$, 我们得 (4.1.1) 式. 因此, (4.1.1) 与 (4.1.3) 等价. 类似地, 我们可以证明 (4.1.1) 与 (4.1.4) 等价, 且与 (4.1.5) 等价.

(v) 如果 (4.1.1) 式成立, 则由 (iv), 有

$$\begin{aligned}
P(X \leqslant x, Y \geqslant y) &= P(X \leqslant x) - P(X \leqslant x, Y < y) \\
&\leqslant P(X \leqslant x) - P(X \leqslant x)P(Y < y) \\
&= P(X \leqslant x)P(Y \geqslant y),
\end{aligned}$$

所以 (4.1.6) 式成立. 反之, 如果 (4.1.6) 式成立, 则

$$\begin{aligned}
P(X \leqslant x, Y \leqslant y) &= P(X \leqslant x) - P(X \leqslant x, Y > y) \\
&= P(X \leqslant x) - \lim_{n \to \infty} P(X \leqslant x, Y \geqslant y + 1/n) \\
&\geqslant P(X \leqslant x) - \lim_{n \to \infty} P(X \leqslant x)P(Y \geqslant y + 1/n) \\
&\geqslant P(X \leqslant x)P(Y \leqslant y),
\end{aligned}$$

从而 (4.1.1) 成立. 因此, (4.1.1) 式与 (4.1.6) 式等价. 类似地, 我们可以证明余下的结论. 证毕.

引理 4.1.1 (Hoeffding 公式) 假设 (X, Y) 是两个协方差存在的随机变量, 则有

$$\mathrm{Cov}(X, Y) = \int_{-\infty}^{\infty} \int_{-\infty}^{\infty} [P(X > x, Y > y) - P(X > x)P(Y > y)]dxdy, \quad (4.1.9)$$

或等价地, 有

$$\mathrm{Cov}(X, Y) = \int_{-\infty}^{\infty} \int_{-\infty}^{\infty} [P(X \leqslant x, Y \leqslant y) - P(X \leqslant x)P(Y \leqslant y)]dxdy. \quad (4.1.10)$$

证明 假设 (X_1, Y_1) 与 (X_2, Y_2) 相互独立, 且都与 (X, Y) 同分布. 则

$$2\mathrm{Cov}(X,Y)$$

$$= E(X_1 - X_2)(Y_1 - Y_2)$$

$$= E\left(\int_{-\infty}^{\infty} I(X_2 \leqslant x < X_1)dx \int_{-\infty}^{\infty} I(Y_2 \leqslant y < Y_1)dy\right)$$

$$= E\left(\int_{-\infty}^{\infty} [I(X_1 > x) - I(X_2 > x)]dx \int_{-\infty}^{\infty} [I(Y_1 > y) - I(Y_2 > y)]dy\right)$$

$$= E\left(\int_{-\infty}^{\infty}\int_{-\infty}^{\infty} [I(X_1 > x) - I(X_2 > x)][I(Y_1 > y) - I(Y_2 > y)]dxdy\right)$$

$$= \int_{-\infty}^{\infty}\int_{-\infty}^{\infty} E\Big([I(X_1 > x) - I(X_2 > x)][I(Y_1 > y) - I(Y_2 > y)]\Big)dxdy$$

$$= 2\int_{-\infty}^{\infty}\int_{-\infty}^{\infty} [P(X > x, Y > y) - P(X > x)P(Y > y)]dxdy,$$

所以 (4.1.9) 式成立. 注意到

$$P(X > x, Y > y) = 1 - P(X \leqslant x) - P(Y \leqslant y) + P(X \leqslant x, Y \leqslant y)$$

和

$$P(X > x)P(Y > y) = [1 - P(X \leqslant x)][1 - P(Y \leqslant y)]$$

$$= 1 - P(X \leqslant x) - P(Y \leqslant y) + P(X \leqslant x)P(Y \leqslant y),$$

我们有

$$P(X > x, Y > y) - P(X > x)P(Y > y)$$

$$= P(X \leqslant x, Y \leqslant y) - P(X \leqslant x)P(Y \leqslant y).$$

因此, 由 (4.1.9) 式得到 (4.1.10) 式. 证毕.

定理 4.1.2 (Lehmann, 1966, Lemma 3)

(i) 如果 (X, Y) 是 PQD, 且协方差存在, 则有

$$E(XY) \geqslant E(X)E(Y). \tag{4.1.11}$$

(ii) 如果 (X, Y) 是 NQD, 且协方差存在, 则有

$$E(XY) \leqslant E(X)E(Y). \tag{4.1.12}$$

(iii) 如果 (X, Y) 是 PQD 或者 NQD, 且协方差存在, 则它们相互独立的充要条件是 $\mathrm{Cov}(X, Y) = 0$.

证明 由 Hoeffding 公式知, (4.1.11) 和 (4.1.12) 是显然成立. 现在我们来证明结论 (iii). 假设 $\mathrm{Cov}(X, Y) = 0$, 则由 Hoeffding 公式有

$$\int_{-\infty}^{\infty} \int_{-\infty}^{\infty} [P(X < x, Y < y) - P(X < x)P(Y < y)]dxdy = 0.$$

由于 $P(X < x, Y < y) - P(X < x)P(Y < y) \geqslant 0$, 我们有

$$P(X < x, Y < y) = P(X < x)P(Y < y),$$

上式关于 Lebesgue 测度几乎处处成立. 因此, X 与 Y 相互独立. 证毕.

引理 4.1.2 (Oliveira, 2012, P182, Theorem C.4) 假设 $f : \mathbb{R}^2 \to \mathbb{C}$ 是二次连续可微且导数有界. 如果 X 和 Y 是平方可积随机变量, 则

$$\int_{\mathbb{R}^2} f(x,y)\big(P_{(X,Y)} - P_X \otimes P_Y\big)(dxdy) = \int_{\mathbb{R}^2} \frac{\partial^2 f(x,y)}{\partial x \partial y} H(x,y)dxdy,$$

其中 $P_X, P_Y, P_{(X,Y)}$ 分别表示 $X, Y, (X, Y)$ 的分布函数, $H(x, y) = P(X < x, Y < y) - P(X < x)P(Y < y)$.

这个引理的结论被称为二元分布函数积分的分部积分 (integration by parts) 公式.

定理 4.1.3 (Newman, 1980, Lemma 3) 假设 (X, Y) 是 PQD(或者 NQD), 且协方差存在. 如果 f, g 是一阶连续可微的复值函数, 且 f', g' 有界, 则

$$|\mathrm{Cov}(f(X), g(Y))| \leqslant ||f'||_\infty ||g'||_\infty |\mathrm{Cov}(X, Y)|, \tag{4.1.13}$$

其中 $||\cdot||_\infty$ 表示极大模. 特别地, 对任意的 r, s 有

$$|Ee^{\mathrm{i}rX + \mathrm{i}sY} - Ee^{\mathrm{i}rX} Ee^{\mathrm{i}sY}| \leqslant |r| \cdot |s| \cdot |\mathrm{Cov}(X, Y)|. \tag{4.1.14}$$

证明 由分部积分公式 (引理 4.1.2), 有

$$\mathrm{Cov}(f(X), g(Y)) = \int_{-\infty}^{\infty} \int_{-\infty}^{\infty} f'(x)g'(y)H(x,y)dxdy.$$

注意到: PQD 意味着 $H(x, y) \geqslant 0$, 或者 NQD 意味着 $H(x, y) \leqslant 0$. 因此利用 Hoeffding 公式得

$$|\mathrm{Cov}(f(X), g(Y))| \leqslant \int_{-\infty}^{\infty} \int_{-\infty}^{\infty} |f'(x)||g'(y)|H(x,y)dxdy$$

$$\leqslant ||f'||_\infty ||g'||_\infty |\mathrm{Cov}(X, Y)|.$$

证毕.

4.2　相协随机变量的定义与性质

1. 定义与等价条件

定义 4.2.1 (Esary et al., 1967)　称随机变量 $X_1, X_2, \cdots, X_n$ 是相协的 (associated), 如果对任意两个 $f, g : \mathbb{R}^n \to \mathbb{R}$ 关于每个自变量均非降的函数, 都有

$$\mathrm{Cov}(f(X_1, X_2, \cdots, X_n), g(X_1, X_2, \cdots, X_n)) \geqslant 0, \tag{4.2.1}$$

上式要求协方差存在.

称随机变量序列 $\{X_i; i \geqslant 1\}$ 为相协的, 如果对任意的 n, 随机变量 X_1, $X_2, \cdots, X_n$ 都是相协的.

为了验证一组随机变量是否是相协的, 根据定义需要验证 (4.2.1) 式对任意的非降函数 f, g 都成立, 这是一个困难的事情. 因此很有必要研究 (4.2.1) 式的等价条件, 探索便于验证的等价条件. 下面定理是将非降函数 f, g 简化为二元非降函数 (binary nondecreasing function), 这里的 "二元函数" 是指函数值只有 0 和 1 这两个值的函数.

定理 4.2.1 (Esary et al., 1967, Theorem 3.1)　假设 $X_1, \cdots, X_n$ 是随机变量, 且记 $X = (X_1, \cdots, X_n)$. 则 $X_1, \cdots, X_n$ 是相协的当且仅当对任意的二元非降函数 γ, δ 都有

$$\mathrm{Cov}(\gamma(X), \delta(X)) \geqslant 0. \tag{4.2.2}$$

证明　由相协随机变量的定义, (4.2.2) 式显然是相协的必要条件. 现在我们来证明 (4.2.2) 式是充分条件. 令 f, g 是非降函数. 由 Hoeffding 公式有

$$\mathrm{Cov}(f(X), g(X))$$

$$= \int_{-\infty}^{\infty} \int_{-\infty}^{\infty} [P(f(X) > u, g(X) > v) - P(f(X) > u)P(g(X) > v)] \, du \, dv$$

$$= \int_{-\infty}^{\infty} \int_{-\infty}^{\infty} \mathrm{Cov}(I(f(X) > u), I(g(X) > v)) \, du \, dv.$$

由于 $I(f(x) > u), I(g(x) > v)$ 关于 x 都是二元非降函数, 所以 $\mathrm{Cov}(I(f(X) > u), I(g(X) > v)) \geqslant 0$. 从而 $\mathrm{Cov}(f(X), g(X)) \geqslant 0$, 因此 $X_1, \cdots, X_n$ 是相协的. 证毕.

定理 4.2.2 (Esary et al., 1967, Theorem 3.3) 假设 $X_1, \cdots, X_n$ 是随机变量, 且记 $X = (X_1, \cdots, X_n)$. 则 $X_1, \cdots, X_n$ 是相协的当且仅当对任意的有界连续非降函数 u, v 都有

$$\text{Cov}(u(X), v(X)) \geqslant 0. \tag{4.2.3}$$

证明 由定义知, 条件 (4.2.2) 式显然是必要条件, 下面我们来证明它是充分条件. 证明分两步走. 第一步, 证明由条件 (4.2.3) 导出: 对所有非降右连续的二元函数 ϕ, ψ 都有

$$\text{Cov}(\phi(X), \psi(X)) \geqslant 0. \tag{4.2.4}$$

第二步, 证明由条件 (4.2.4) 导出条件 (4.2.2), 从而由定理 4.2.1 得结论.

(1) 证明 (4.2.3)$\Rightarrow$(4.2.4). 令 $A = \{x | \phi(x) = 1\}$, $d(x, A)$ 表示从 x 到 A 的 Euclidean 距离. 对任意正整数 k, 定义函数

$$u^{(k)}(x) = \begin{cases} 0, & d(x, A) \geqslant k^{-1}, \\ 1 - kd(x, A), & d(x, A) < k^{-1}. \end{cases}$$

显然 $u^{(k)}(x)$ 是非负有界连续函数, 由于 $\phi(x)$ 是取值为 0 或 1 的非降二元函数, 所以 $u^{(k)}(x)$ 也是非降的.

类似地, 我们可以定义非负有界连续非降函数 $v^{(k)}(x)$. 由条件 (4.2.3) 有

$$\text{Cov}(u^{(k)}(X), v^{(k)}(X)) \geqslant 0.$$

由于 $\phi(x)$ 是右连续的二元函数, 所以 A 是闭集, 因此, 当 $k \to \infty$ 时, $u^{(k)}(x) \downarrow \phi$. 同理, $v^{(k)}(x) \downarrow \psi$, 由单调收敛定理得, $\text{Cov}(\phi(X), \psi(X)) \geqslant 0$, 即条件 (4.2.4) 成立.

(2) 证明 (4.2.4)$\Rightarrow$(4.2.2). 设 $\gamma(x)$ 和 $\delta(x)$ 为二元非降函数. 如果 $\gamma(x)$ 和 $\delta(x)$ 都是右连续的, 则由 (4.2.4) 式立即得 (4.2.2) 式. 如果 $\gamma(x)$ 存在非右连续点, 则令

$$A_\gamma = \{x | \gamma(x) = 1\}.$$

设 A_γ^{nc} 表示 $\gamma(x)$ 的所有非右连续点的点集. 显然, 非右连续点不在集合 A_γ 中, 而是 A_γ 的边界点. 对任意 $k \geqslant 1$, 令

$$A_\gamma^{nc,(k)} = \left\{ x + k^{-1}\mathbb{1} | x \in A_\gamma^{nc} \right\},$$

其中 $\mathbb{1} = (1, 1, \cdots, 1)$. 用 A_γ^c 表示 $\gamma(x)$ 的所有右连续边界点的点集. 定义

$$A_\gamma^{(k)} = \left\{ x + y | x \in A_\gamma^c, y = (y_1, \cdots, y_n), y_1 \geqslant 0, \cdots, y_n \geqslant 0 \right\}$$

$$\cup \{x + y | x \in A_\gamma^{nc,(k)}, y = (y_1, \cdots, y_n), y_1 \geqslant 0, \cdots, y_n \geqslant 0\},$$

$$\phi_k(x) = \begin{cases} 1, & x \in A_\gamma^{(k)}, \\ 0, & \text{其他}. \end{cases}$$

显然, $A_\gamma^{(k)} \subseteq A_\gamma$, 且当 $k \to \infty$ 时, 有 $A_\gamma^{(k)} \to A_\gamma, \phi_k(x) \to \gamma(x)$. 由于 $A_\gamma^{(k)}$ 是闭集, 所以 $\phi_k(x)$ 是非降右连续的二元函数.

类似地, 可以定义一个非降右连续的二元函数 $\psi_k(x)$, 且满足 $\psi_k(x) \to \delta(x)$(当 $k \to \infty$ 时). 由 (4.2.4) 有

$$\text{Cov}(\phi_k(X), \psi_k(X)) \geqslant 0.$$

令 $k \to \infty$, 得 $\text{Cov}(\gamma(X), \delta(X)) \geqslant 0$. 因此条件 (4.2.2) 成立. 证毕.

2. 性质

定理 4.2.3 (Esary et al., 1967)　相协随机变量有如下性质:

(i) 相协随机变量的任何子集都是相协的.

(ii) 如果 X 是方差存在的随机变量, 则 X 是相协的.

(iii) 如果两组相协随机变量相互独立, 则两组随机变量的并集是相协的.

(iv) 独立随机变量是相协的.

(v) 相协随机变量经过非降函数变换仍是相协随机变量.

(vi) 如果对每个 k, $X^{(k)} = (X_1^{(k)}, X_2^{(k)}, \cdots, X_n^{(k)})$ 都是相协的, 且当 $k \to \infty$ 时 $X^{(k)} \xrightarrow{d} X = (X_1, X_2, \cdots, X_n)$, 则 X 是相协的.

证明　(i) 是显然的.

(ii) 如果 γ, δ 是一维二元非降函数, 则它们可写成 $\gamma(x) = I(x \geqslant a), \delta(x) = I(x \geqslant b)$. 不妨假设 $a \geqslant b$. 则

$$\text{Cov}(\gamma(X), \delta(X)) = P(x \geqslant a, x \geqslant b) - P(x \geqslant a)P(x \geqslant b)$$

$$= P(x \geqslant a) - P(x \geqslant a)P(x \geqslant b)$$

$$= P(x \geqslant a)[1 - P(x \geqslant b)]$$

$$\geqslant 0.$$

所以由定理 4.2.1 知 X 是相协的.

(iii) 假设 $X = (X_1, X_2, \cdots, X_n)$ 是相协随机变量, $Y = (Y_1, Y_2, \cdots, Y_m)$ 也是相协随机变量, 且 X 和 Y 相互独立. 令 f, g 是非降函数, $E_X, E_Y, E_{(X,Y)}$ 分别表示关于 $X, Y, (X, Y)$ 的分布的数学期望. 利用独立性, 我们有

$$\text{Cov}(f(X, Y), g(X, Y))$$

$$= E_{(X,Y)}[f(X,Y)g(X,Y)] - E_{(X,Y)}f(X,Y)E_{(X,Y)}g(X,Y)$$

$$= E_X\{E_Y[f(X,Y)g(X,Y)]\} - E_X[E_Yf(X,Y)]E_X[E_Yg(X,Y)]$$

$$= E_X\{E_Y[f(X,Y)g(X,Y)]\} - E_X[E_Yf(X,Y)E_Yg(X,Y)]$$

$$\quad + E_X[E_Yf(X,Y)E_Yg(X,Y)] - E_X[E_Yf(X,Y)]E_X[E_Yg(X,Y)]$$

$$= E_X[\mathrm{Cov}_Y(f(X,Y),g(X,Y))] + \mathrm{Cov}_X(E_Yf(X,Y),E_Yg(X,Y)).$$

由于对每个给定的 s, $\mathrm{Cov}_Y(f(s,Y),g(s,Y)) \geqslant 0$, 所以

$$E_X[\mathrm{Cov}_Y(f(X,Y),g(X,Y))] \geqslant 0.$$

另外, 由于 $E_Yf(s,Y), E_Yg(s,Y)$ 关于 s 是非降函数, 所以

$$\mathrm{Cov}_X(E_Yf(X,Y),E_Yg(X,Y)) \geqslant 0.$$

因此, $\mathrm{Cov}(f(X,Y),g(X,Y)) \geqslant 0$. 于是 (iii) 成立.

(iv) 假设 $X_1, X_2, \cdots, X_n$ 是相互独立的随机变量. 由 (ii) 知 X_i 是相协的. 从而由 (iii) 得 $X_1, X_2, \cdots, X_n$ 是相协的.

(v) 假设 $X = (X_1, X_2, \cdots, X_m)$ 是相协随机变量, $Y_i = h_i(X)$, 其中 h_i 是非降函数, $i = 1, 2, \cdots, m$. 记 $Y = (Y_1, Y_2, \cdots, Y_m)$, $h = (h_1, h_2, \cdots, h_m)$, 则 $Y = h(X)$. 如果 f, g 是非降函数, 则 $f(h)$ 和 $g(h)$ 也都是非降函数. 因此由相协的定义有

$$\mathrm{Cov}(f(Y),g(Y)) = \mathrm{Cov}(f(h(X)),g(h(X))) \geqslant 0.$$

所以 (v) 成立.

(vi) 假设 $u(x), v(x)$ 为有界连续非降函数. 则由假设条件和 Belly-Bray 定理, 有

$$\mathrm{Cov}(u(X),v(X)) = \lim_{k\to\infty} \mathrm{Cov}(u(X^{(k)}),v(X^{(k)})) \geqslant 0.$$

从而由定理 4.2.2 知, X 是相协的. 证毕.

定理 4.2.4 (Esary et al., 1967)

假设 $X_1, X_2, \cdots, X_n$ 是相互独立随机变量或者是相协随机变量, 则有

(i) 部分和随机变量 $S_i = \sum_{j=1}^i X_j$ $(i = 1, 2, \cdots, n)$ 是相协的.

(ii) 次序统计量 $X_{(1)}, X_{(2)}, \cdots, X_{(n)}$ 是相协的.

证明 由于独立随机变量也是相协的, 所以 $X_1, X_2, \cdots, X_n$ 一定是相协的随机变量.

(i) 由于部分和随机变量 $S_1, S_2, \cdots, S_n$ 是关于 $X_1, X_2, \cdots, X_n$ 的非降函数的变换, 所以 $S_1, S_2, \cdots, S_n$ 是相协随机变量.

(ii) 由于次序统计量 $X_{(1)}, X_{(2)}, \cdots, X_{(n)}$ 也是关于 $X_1, X_2, \cdots, X_n$ 的非降函数, 所以是相协的. 证毕.

4.3　负相协随机变量的定义与性质

1. 定义与等价条件

定义 4.3.1　称随机变量 $X_1, X_2, \cdots, X_n$ $(n \geqslant 2)$ 是负相协的 (negatively associated, NA), 如果对下标集合 $\{1, 2, \cdots, n\}$ 中任何两个不相交的非空子集 A_1 与 A_2, 都有

$$\mathrm{Cov}(f_1(X_i, i \in A_1), f_2(X_j, j \in A_2)) \leqslant 0,$$

其中 f_1 和 f_2 是任何两个使得协方差存在且对每个变元均非降 (或对每个变元均非升) 的函数.

称随机变量序列 $\{X_i; i \geqslant 1\}$ 为负相协的, 如果对任意的 $n \geqslant 2$, 随机变量 $X_1, X_2, \cdots, X_n$ 都是负相协的.

现在来讨论负相协随机变量的等价条件, 这些结论与相协随机变量的相应结论类似.

定理 4.3.1　随机变量 $X_1, \cdots, X_n$ 是负相协的充要条件是: 对下标集合 $\{1, 2, \cdots, n\}$ 中任何两个不相交的非空子集 A_1 与 A_2, 以及任意的非降二元函数 $\gamma(x_i, i \in A_1), \delta(x_j, j \in A_2)$, 都有

$$\mathrm{Cov}(\gamma(X_i, i \in A_1), \delta(X_j, j \in A_2)) \leqslant 0. \tag{4.3.1}$$

证明　由定义, 显然 (4.3.1) 式是必要条件, 下面我们证明它是充分条件. 假设 $f_1(x_i, i \in A_1)$ 和 $f_2(x_j, j \in A_2)$ 是使得协方差存在且对每个变元均非降的函数. 由 Hoeffding 公式,

$$\mathrm{Cov}(f_1(X_i, i \in A_1), f_2(X_j, j \in A_2))$$
$$= \int_{-\infty}^{\infty} \int_{-\infty}^{\infty} [P(f_1(X_i, i \in A_1) > u, f_2(X_j, j \in A_2) > v)$$
$$- P(f_1(X_i, i \in A_1) > u) P(f_2(X_j, j \in A_2) > v)] du dv$$
$$= \int_{-\infty}^{\infty} \int_{-\infty}^{\infty} \mathrm{Cov}(I(f_1(X_i, i \in A_1) > u), I(f_2(X_j, j \in A_2) > v)) du dv.$$

由于 $I(f_1(x_i, i \in A_1) > u), I(f_2(x_j, j \in A_2) > v)$ 是二元函数且关于每个变量都是非降, 所以由假设条件有

$$\mathrm{Cov}(I(f_1(X_i, i \in A_1) > u), I(f_2(X_j, j \in A_2) > v)) \leqslant 0.$$

因此 $\mathrm{Cov}(f_1(X_i, i \in A_1), f_2(X_j, j \in A_2)) \leqslant 0.$ 于是 $X_1, \cdots, X_n$ 是负相协的. 证毕.

定理 4.3.2 随机变量 $X_1, \cdots, X_n$ 是负相协的充要条件是: 对下标集合 $\{1, 2, \cdots, n\}$ 中任何两个不相交的非空子集 A_1 与 A_2, 以及任意的使得协方差存在的非降有界连续函数 $u(x_i, i \in A_1), v(x_j, j \in A_2)$, 都有

$$\mathrm{Cov}(u(X_i, i \in A_1), v(X_j, j \in A_2)) \leqslant 0. \tag{4.3.2}$$

证明 显然, 条件 (4.3.2) 式是必要条件, 下面我们来证明它是充分条件. 证明分两步走. 第一步, 证明由条件 (4.3.2) 导出: 对所有非降右连续的二元函数 $\phi(x_i, i \in A_1)$ 和 $\psi(x_j, j \in A_2)$, 都有

$$\mathrm{Cov}(\phi(X_i, i \in A_1), \psi(X_j, j \in A_2)) \leqslant 0. \tag{4.3.3}$$

第二步, 证明由条件 (4.3.3) 导出条件 (4.3.1), 从而由定理 4.3.1 得结论.

为了行文方便, 我们使用记号 $\widetilde{x} = (x_i, i \in A_1)$, $\widetilde{X} = (X_i, i \in A_1)$, $\widehat{x} = (x_j, j \in A_2)$, $\widehat{X} = (X_j, j \in A_2)$.

(1) 证明 (4.3.2)⇒(4.3.3). 令 $A = \{\widetilde{x} | \phi(\widetilde{x}) = 1\}$, $d(\widetilde{x}, A)$ 表示从 $\widetilde{x}$ 到 A 的 Euclidean 距离. 对任意正整数 k, 定义函数

$$u^{(k)}(\widetilde{x}) = \begin{cases} 0, & d(\widetilde{x}, A) \geqslant k^{-1}, \\ 1 - kd(\widetilde{x}, A), & d(\widetilde{x}, A) < k^{-1}. \end{cases}$$

显然 $u^{(k)}(\widetilde{x})$ 是非负有界连续函数, 由于 $\phi(\widetilde{x})$ 是取值为 0 或 1 的非降二元函数, 所以 $u^{(k)}(\widetilde{x})$ 也是非降的.

类似地, 我们可以定义非负有界连续非降函数 $v^{(k)}(\widehat{x})$. 由条件 (4.3.2) 有

$$\mathrm{Cov}(u^{(k)}(\widetilde{X}), v^{(k)}(\widehat{X})) \leqslant 0.$$

由于 $\phi(x)$ 是右连续的二元函数, 所以 A 是闭集, 因此, 当 $k \to \infty$ 时, $u^{(k)}(\widetilde{x}) \downarrow \phi(\widetilde{x})$. 同理, $v^{(k)}(\widehat{x}) \downarrow \psi(\widehat{x})$. 由单调收敛定理得

$$\mathrm{Cov}(\phi(\widetilde{X}), \psi(\widehat{X})) = \lim_{k \to \infty} \mathrm{Cov}(u^{(k)}(\widetilde{X}), v^{(k)}(\widehat{X})) \leqslant 0,$$

即条件 (4.3.3) 成立.

(2) 证明 (4.3.3)⇒(4.3.1). 设 $\gamma(\widetilde{x})$ 和 $\delta(\widehat{x})$ 为二元非降函数, 令

$$A_\gamma = \{\widetilde{x}|\gamma(\widetilde{x}) = 1\}, \quad A_\delta = \{\widehat{x}|\delta(\widehat{x}) = 1\}.$$

设 A_γ^{in} 表示在 A_γ 中的边界点集, A_γ^{out} 表示不在 A_γ 中的边界点集. 对任意 $k \geqslant 1$, 令

$$A_\gamma^{\mathrm{out},(k)} = \left\{\widetilde{x} + k^{-1}\mathbb{1}|\widetilde{x} \in A_\gamma^{\mathrm{out}}\right\},$$

其中 $\mathbb{1} = (1, 1, \cdots, 1)$. 设向量 $\widetilde{x}$ 的维数为 m, 令

$$A_\gamma^{(k)} = \left\{\widetilde{x} + y|\widetilde{x} \in A_\gamma^{\mathrm{in}}, y = (y_1, \cdots, y_m), y_1 \geqslant 0, \cdots, y_m \geqslant 0\right\}$$

$$\cup \left\{\widetilde{x} + y|\widetilde{x} \in A_\gamma^{\mathrm{out},(k)}, y = (y_1, \cdots, y_m), y_1 \geqslant 0, \cdots, y_m \geqslant 0\right\},$$

$$\phi_k(\widetilde{x}) = \begin{cases} 1, & \widetilde{x} \in A_\gamma^{(k)}, \\ 0, & \text{其他}. \end{cases}$$

显然, $A_\gamma^{(k)} \subseteq A_\gamma$, 且当 $k \to \infty$ 时, 有 $A_\gamma^{(k)} \to A_\gamma, \phi_k(\widetilde{x}) \to \gamma(\widetilde{x})$. 由于 $A_\gamma^{(k)}$ 是闭集, 所以 $\phi_k(\widetilde{x})$ 是非降右连续的二元函数.

类似地, 可以利用 A_δ 定义一个非降右连续的二元函数 $\psi_k(\widehat{x})$, 且满足 $\psi_k(\widehat{x}) \to \delta(\widehat{x})$(当 $k \to \infty$ 时). 由 (4.3.3) 有

$$\mathrm{Cov}(\phi_k(\widetilde{X}), \psi_k(\widehat{X})) \leqslant 0.$$

令 $k \to \infty$, 得 $\mathrm{Cov}(\gamma(\widetilde{X}), \delta(\widehat{X})) \leqslant 0$. 因此条件 (4.3.1) 成立. 证毕.

2. 性质

Joag-Dev 和 Proschan(1983) 给出 NA 随机变量族的基本性质.

性质 4.3.1 若 X, Y 为 NA 变量, 则 $E(XY) \leqslant EXEY$.

证明 由 NA 变量的定义知, $E(XY) - EXEY = \mathrm{Cov}(X, Y) \leqslant 0$. 证毕.

性质 4.3.2 设 $X_1, X_2, \cdots, X_n$ 为 NA 变量, $A_1, A_2, \cdots, A_m$ 是集合 $\{1, 2, \cdots, n\}$ 的两两不相交的非空子集, 记 $\alpha_i = \sharp(A_i)$ 表示集合 A 中的元素个数, 如果

$$f_i: \mathbb{R}^{\alpha_i} \to \mathbb{R}, \quad i = 1, 2, \cdots, m$$

是 m 个对每个变元均非降 (或对每个变元均非升) 的函数, 则

$$f_1(X_j, j \in A_1), f_2(X_j, j \in A_2), \cdots, f_m(X_j, j \in A_m)$$

仍为 NA 变量.

证明 记 $Y_i = f_i(X_j, j \in A_i)$, $i = 1, 2, \cdots, m$. 设 f 和 g 为对每个变元均非降 (或对每个变元均非升) 的函数, A, B 是集合 $\{1, 2, \cdots, m\}$ 的两两不相交的非

空子集, 则 $f(f_i(X_k, k \in A_i), i \in A), g(f_j(X_l, l \in A_j), j \in B)$ 仍为对每个变元 X_i 均非降 (或对每个变元均非升) 的函数. 于是, 由 NA 变量的定义, 知

$$\mathrm{Cov}(f(Y_i, i \in A), g(Y_j, j \in B))$$
$$= \mathrm{Cov}\left(f(f_i(X_k, k \in A_i), i \in A), g(f_j(X_l, l \in A_j), j \in B)\right) \leqslant 0.$$

因此, $Y_1, Y_2, \cdots, Y_m$ 仍为 NA 变量. 证毕.

性质 4.3.3 在性质 4.3.2 的条件下, 如果 $f_i \geqslant 0, i = 1, 2, \cdots, m,$ 则

$$E\left(\prod_{i=1}^{m} f_i(X_j, j \in A_i)\right) \leqslant \prod_{i=1}^{m} E f_i(X_j, j \in A_i).$$

证明 由性质 4.3.1 和性质 4.3.2, 有

$$E\left(\prod_{i=1}^{m} f_i(X_j, j \in A_i)\right) = E\left\{\left(\prod_{i=1}^{m-1} f_i(X_j, j \in A_i)\right) f_m(X_j, j \in A_m)\right\}$$
$$\leqslant E\left(\prod_{i=1}^{m-1} f_i(X_j, j \in A_i)\right) E f_m(X_j, j \in A_m)$$
$$\leqslant \cdots$$
$$\leqslant \prod_{i=1}^{m} E f_i(X_j, j \in A_i).$$

证毕.

性质 4.3.4 设 $X_1, X_2, \cdots, X_n$ 为 NA 变量, A_1, A_2 是集合 $\{1, 2, \cdots, n\}$ 的两个不相交的非空子集. 则对任何实数 $x_1, x_2, \cdots, x_n,$ 有

$$P(X_i \leqslant x_i, i = 1, 2, \cdots, n) \leqslant P(X_i \leqslant x_i, i \in A_1) P(X_j \leqslant x_j, j \in A_2)$$

和

$$P(X_i > x_i, i = 1, 2, \cdots, n) \leqslant P(X_i > x_i, i \in A_1) P(X_j > x_j, j \in A_2).$$

证明 记 $A_3 = \{1, 2, \cdots, n\} - A_1 - A_2, Y_j = I(X_i \leqslant x_i, i \in A_j), j = 1, 2, 3.$ 由于 $I(X_i \leqslant x_i, i \in A_j)$(其中 $j = 1, 2, 3$) 均为关于每个变元 X_i 非升的函数, 因此由性质 4.3.2 知, Y_1, Y_2, Y_3 仍为 NA 变量. 于是由性质 4.3.3 得

$$P(X_i \leqslant x_i, i = 1, 2, \cdots, n) = E(Y_1 Y_2 Y_3) \leqslant E Y_1 E Y_2 E Y_3$$
$$\leqslant P(X_i \leqslant x_i, i \in A_1) P(X_j \leqslant x_j, j \in A_2) P(X_i \leqslant x_i, i \in A_3)$$
$$\leqslant P(X_i \leqslant x_i, i \in A_1) P(X_j \leqslant x_j, j \in A_2).$$

同理可证第二个结论. 证毕.

性质 4.3.5　NA 变量族的任何子变量族仍为 NA 变量. 即若 $X_1, X_2, \cdots, X_n$ 为 NA 变量, 则 $X_{i_1}, X_{i_2}, \cdots, X_{i_m}$(其中 $1 \leqslant i_1 < i_2 < \cdots < i_m \leqslant n, m \geqslant 2$) 仍为 NA 变量.

证明　由 NA 定义直接获得. 证毕.

性质 4.3.6　两组相互独立的 NA 变量族的全体仍为 NA 变量族. 即设 $X_1, X_2, \cdots, X_m$ 和 $Y_1, Y_2, \cdots, Y_n$ 相互独立, 且 $X_1, X_2, \cdots, X_m$ 为 NA 变量, $Y_1, Y_2, \cdots, Y_n$ 为 NA 变量, 则

$$X_1, X_2, \cdots, X_m, Y_1, Y_2, \cdots, Y_n$$

仍为 NA 变量.

证明　记随机向量 $X = (X_1, X_2, \cdots, X_m)$, $Y = (Y_1, Y_2, \cdots, Y_n)$. 设 f 和 g 为任意两个关于每个变元均非降的函数, (X_1, X_2) 为 X 的任意部分分量, (Y_1, Y_2) 为 Y 的任意部分分量. 令 $h_1(Y_1) = E\{f(X_1, Y_1)|Y_1\}$, $h_2(Y_2) = E\{g(X_2, Y_2)|Y_2\}$, 显然 $h_1(x)$ 和 $h_2(y)$ 都是非降函数. 因此

$$
\begin{aligned}
&E\{f(X_1, Y_1)g(X_2, Y_2)\} \\
&= E\{E[f(X_1, Y_1)g(X_2, Y_2)|Y_1, Y_2]\} \\
&\leqslant E\{E[f(X_1, Y_1)|Y_1, Y_2]E[g(X_2, Y_2)|Y_1, Y_2]\} \\
&= E\{h_1(Y_1)h_2(Y_2)\} \\
&\leqslant Eh_1(Y_1)Eh_2(Y_2) \\
&= E\{f(X_1, Y_1)\}E\{g(X_2, Y_2)\}.
\end{aligned}
$$

由此知结论成立. 证毕.

下面是适用于负相协随机变量的 Borel-Cantelli 引理.

定理 4.3.3　设 $\{A_n : n \geqslant 1\}$ 是一个事件序列. 如果 $\sum_{k=1}^{\infty} P(A_k) < \infty$, 则

$$P(\limsup A_n) = 0.$$

如果 $\sum_{k=1}^{\infty} P(A_k) = \infty$, 且 $\forall k \neq l, P(A_k A_l) \leqslant P(A_k)P(A_l)$, 则

$$P(\limsup A_n) = 1.$$

证明　由于 $\sum_{k=1}^{\infty} P(A_k) < \infty$, 所以

$$P(\limsup A_n) = P\left(\bigcap_{n=1}^{\infty} \bigcup_{k=n}^{\infty} A_k\right) \leqslant P\left(\bigcup_{k=n}^{\infty} A_k\right)$$

$$\leqslant \sum_{k=n}^{\infty} P(A_k) \to 0 \quad (n \to \infty).$$

下面证明第二个结论. 记 $I_k = I(A_k)$, 则由 $\forall k \neq l, P(A_k A_l) \leqslant P(A_k) P(A_l)$, 有

$$\mathrm{Var}\left(\sum_{k=1}^{n} I_k\right) = E\left(\sum_{k=1}^{n} I_k\right)^2 - \left(\sum_{k=1}^{n} E I_k\right)^2$$

$$= \sum_{k=1}^{n} \sum_{l=1}^{n} P(A_k A_l) - \left(\sum_{k=1}^{n} P(A_k)\right)^2$$

$$\leqslant \sum_{k \neq l} P(A_k) P(A_l) + \sum_{k=1}^{n} P(A_k) - \left(\sum_{k=1}^{n} P(A_k)\right)^2$$

$$= \sum_{k=1}^{n} P(A_k)(1 - P(A_k))$$

$$\leqslant \sum_{k=1}^{n} P(A_k).$$

于是, 由切比雪夫不等式, 得

$$P\left(\left|\sum_{k=1}^{n} I_k - \sum_{k=1}^{n} P(A_k)\right| \geqslant \frac{1}{2} \sum_{k=1}^{n} P(A_k)\right)$$

$$\leqslant \frac{4 \mathrm{Var}\left(\sum_{k=1}^{n} I_k\right)}{\left(\sum_{k=1}^{n} P(A_k)\right)^2}$$

$$\leqslant \frac{4}{\sum_{k=1}^{n} P(A_k)}.$$

记 $B_n = \left\{\sum_{k=1}^{n} I_k \leqslant \frac{1}{2} \sum_{k=1}^{n} P(A_k)\right\}$. 由上式, 有

$$P(B_n) \leqslant \frac{4}{\sum_{k=1}^{n} P(A_k)}.$$

由于 $\sum_{k=1}^{\infty} P(A_k) = \infty$, 所以对任意给定的正整数 m, 存在正整数 n_m 使得 $\sum_{k=1}^{n_m} P(A_k) \geqslant 2^m/4$, 并且可以要求 n_m 关于 m 是严格递增的. 因此, 存在严格递增的正整数序列 $\{n_m : m \geqslant 1\}$ 使得

$$\sum_{m=1}^{\infty} P(B_{n_m}) \leqslant \sum_{m=1}^{\infty} \frac{1}{2^m} < \infty.$$

由已证的第一个结论知, 事件列 $B_{n_1}, B_{n_2}, \cdots$ 中至多有有限个同时发生, 也就是说: 概率为 1 地除了有限个 m 之外, 对所有的 m 都有

$$\sum_{k=1}^{n_m} I_k > \frac{1}{2} \sum_{k=1}^{n_m} P(A_k) \to \infty \quad (m \to \infty).$$

于是级数 $\sum_{k=1}^{\infty} I_k$ 以概率 1 发散, 故有 $P(\limsup A_n) = 1$. 证毕.

4.4　正态随机变量的相协性和负相协性

正态随机变量是否是相协的或者负相协的? 这是一个非常有意义的研究问题. 本节我们来证明如下结论.

定理 4.4.1　设随机向量 $X = (X_1, X_2, \cdots, X_n)$ 服从均值向量为 μ、协方差阵为 $\Sigma = (\sigma_{ij})_{n \times n}$ 的多元正态分布, 则

(i) $X_1, X_2, \cdots, X_n$ 是相协的充要条件为 $\sigma_{ij} \geqslant 0$ $(\forall i \neq j)$;

(ii) $X_1, X_2, \cdots, X_n$ 是负相协的充要条件为 $\sigma_{ij} \leqslant 0$ $(\forall i \neq j)$.

Barlow 和 Proschan(1975) 和 Kemperman(1977) 最先研究了正态随机变量的相协性, 后来 Pitt(1982) 获得定理 4.4.1(i) 的结论. 正态随机变量的负相协性结论 (ii) 是由 Joag-Dev 等 (1983) 获得, 也可参见 Joag-Dev 和 Proschan(1983). 我们将采用 Joag-Dev 等 (1983) 的证明方法证明这里的定理 4.4.1, 这种证明方法能将相协和负相协统一起来证明.

如果多元随机向量 $Z \sim N(0, \Sigma)$ 且为相协的 (或者负相协的), 则 $X = Z + \mu \sim N(\mu, \Sigma)$, 且由于是非降变换, 所以 X 与 Z 的相协性 (或者负相协性) 是等价的. 因此在证明定理时可以假设 X 的均值向量为零向量.

设 $h(x) = h(X_1, \cdots, X_n)$ 为 $\mathbb{R}^n$ 中实值函数, 记 $H(\Sigma) = E_{\Sigma} h(X)$, 其中下标 Σ 是强调数学期望 $Eh(X)$ 与协方差阵有关.

引理 4.4.1　设函数 $h(x)$ 关于每个变量都是非降可导, 且当 $|x| \to \infty$ 时满足

$$h(x) = O(|x|^a), \quad \frac{\partial h(x)}{\partial x_i} = O(|x|^a) \quad (1 \leqslant i \leqslant n), \tag{4.4.1}$$

其中 $a > 0$ 为某个实数. 如果

$$\frac{\partial^2 h(x)}{\partial x_i \partial x_j} \geqslant 0, \quad \forall x,$$

则 $H(\Sigma)$ 关于 σ_{ij} 是非降的.

证明 设 $\phi(x) = \phi_\Sigma(x)$ 表示多元正态分布 $N(0, \Sigma)$ 的密度函数, 由 Plackett(1954) 知

$$\frac{\partial \phi(x)}{\partial \sigma_{ii}} = \frac{1}{2} \frac{\partial^2 \phi(x)}{\partial x_i^2}, \quad \frac{\partial \phi(x)}{\partial \sigma_{ij}} = \frac{\partial^2 \phi(x)}{\partial x_i \partial x_j} \quad (i \neq j).$$

从而

$$\begin{aligned}
\frac{\partial H(\Sigma)}{\partial \sigma_{ij}} &= \frac{\partial}{\partial \sigma_{ij}} \int_{\mathbb{R}^n} h(x) \phi(x) dx \\
&= \int_{\mathbb{R}^n} h(x) \frac{\partial \phi(x)}{\partial \sigma_{ij}} dx \\
&= \int_{\mathbb{R}^n} h(x) \frac{\partial^2 \phi(x)}{\partial x_i \partial x_j} dx \\
&= \int_{\mathbb{R}^{n-2}} \left\{ \int_{-\infty}^{\infty} \int_{-\infty}^{\infty} h(x) \frac{\partial^2 \phi(x)}{\partial x_i \partial x_j} dx_i dx_j \right\} d\widetilde{x},
\end{aligned}$$

其中 $\widetilde{x} \in \mathbb{R}^{n-2}$. 注意到 $\phi(x) = O(e^{-|x|^2})$, $\dfrac{\partial \phi(x)}{\partial x_i} = O(e^{-|x|^2})$, 而 $h(x) = O(|x|^a)$, $\dfrac{\partial h(x)}{\partial x_i} = O(|x|^a)$. 由分部积分法得

$$\begin{aligned}
&\int_{-\infty}^{\infty} \int_{-\infty}^{\infty} h(x) \frac{\partial^2 \phi(x)}{\partial x_i \partial x_j} dx_i dx_j \\
&= \int_{-\infty}^{\infty} \left\{ h(x) \frac{\partial \phi(x)}{\partial x_j} \Big|_{-\infty}^{\infty} - \int_{-\infty}^{\infty} \frac{\partial h(x)}{\partial x_i} \frac{\partial \phi(x)}{\partial x_j} dx_i \right\} dx_j \\
&= \int_{-\infty}^{\infty} \int_{-\infty}^{\infty} \frac{\partial h(x)}{\partial x_i} \frac{\partial \phi(x)}{\partial x_j} dx_i dx_j \\
&= \int_{-\infty}^{\infty} \left\{ \phi(x) \frac{\partial h(x)}{\partial x_i} \Big|_{-\infty}^{\infty} - \int_{-\infty}^{\infty} \phi(x) \frac{\partial^2 h(x)}{\partial x_i \partial x_j} dx_j \right\} dx_i \\
&= \int_{-\infty}^{\infty} \int_{-\infty}^{\infty} \phi(x) \frac{\partial^2 h(x)}{\partial x_i \partial x_j} dx_i dx_j,
\end{aligned}$$

因此

$$\frac{\partial H(\Sigma)}{\partial \sigma_{ij}} = \int_{\mathbb{R}^n} \phi(x) \frac{\partial^2 h(x)}{\partial x_i \partial x_j} dx \geqslant 0.$$

所以 $H(\Sigma)$ 关于 σ_{ij} 是非降. 证毕.

定理 4.4.1 的证明　条件的必要性是显然的, 下面我们只需要证明条件的充分性.

记 $\widetilde{x}_1 = (x_1, \cdots, x_k), \widetilde{x}_2 = (x_{k+1}, \cdots, x_n), \widetilde{X}_1 = (X_1, \cdots, X_k), \widetilde{X}_2 = (X_{k+1}, \cdots, X_n)$, 其中 $1 < k < n$. 假设 $f(\widetilde{x}_1)$ 和 $g(\widetilde{x}_2)$ 关于每个变量都是非降、有界、连续、可导, 且偏导数满足条件 (4.4.1). 令

$$h(x) = f(\widetilde{x}_1)g(\widetilde{x}_2).$$

显然, 当 $1 \leqslant i \leqslant k < j \leqslant n$ 时有

$$\frac{\partial^2 h(x)}{\partial x_i \partial x_j} = \frac{\partial f(\widetilde{x}_1)}{\partial x_i} \frac{\partial g(\widetilde{x}_2)}{\partial x_j} \geqslant 0, \quad \forall x,$$

因此, $h(x)$ 满足引理 4.4.1 的条件. 所以 $H(\Sigma) = E_\Sigma[f(\widetilde{X}_1)g(\widetilde{X}_1)]$ 关于 σ_{ij} 是非降. 令 $\Gamma = (\gamma_{ij})_{n \times n}$, 其中

$$\gamma_{ij} = \begin{cases} \sigma_{ij}, & \text{当 } 1 \leqslant i, j \leqslant k, \text{ 或者 } k < i, j \leqslant n \text{ 时}, \\ 0, & \text{其他}. \end{cases}$$

如果 $\sigma_{ij} \geqslant 0$, 则由 $H(\Sigma)$ 关于 σ_{ij} 的非降性有

$$\begin{aligned} E_\Sigma[f(\widetilde{X}_1)g(\widetilde{X}_2)] &\geqslant E_\Gamma[f(\widetilde{X}_1)g(\widetilde{X}_2)] \\ &= E_\Gamma[f(\widetilde{X}_1)]E_\Gamma[g(\widetilde{X}_2)] \\ &= E_\Sigma[f(\widetilde{X}_1)]E_\Sigma[g(\widetilde{X}_2)], \end{aligned}$$

即

$$\text{Cov}(f(\widetilde{X}_1), g(\widetilde{X}_2)) \geqslant 0. \tag{4.4.2}$$

如果 $\sigma_{ij} \leqslant 0$, 则有

$$\text{Cov}(f(\widetilde{X}_1), g(\widetilde{X}_2)) \leqslant 0. \tag{4.4.3}$$

在相协和负相协的定义中, 对函数 f, g 只要求它们满足非降和协方差存在的条件. 前面我们对它们多增加了有界、连续、可导的条件限制. 此外, 对协方差阵 Σ 还多增加了非奇异的要求. 下面我们需要一一去除这些多增加的条件, 方法来源于 Pitt(1982).

现在先就 (4.4.2) 式考虑去除多增加的条件.

(1) 去除非奇异条件.

如果 Σ 是奇异矩阵, 则 $\Sigma_\varepsilon = \Sigma + \varepsilon I$ 是非奇异矩阵. 由于 f, g 是非降有界连续函数, 所以 $\mathrm{Cov}_{\Sigma_\varepsilon}(f(\widetilde{X}_1), g(\widetilde{X}_2)) \geqslant 0$ 且关于 Σ_ε 是连续的, 从而

$$\mathrm{Cov}_\Sigma(f(\widetilde{X}_1), g(\widetilde{X}_2)) = \lim_{\varepsilon \to 0} \mathrm{Cov}_{\Sigma_\varepsilon}(f(\widetilde{X}_1), g(\widetilde{X}_2)) \geqslant 0.$$

(2) 去除可导条件.

如果 $f(\widetilde{x}_1), g(\widetilde{x}_2)$ 是非降有界连续函数, 则对任意给定的 $\varepsilon > 0$, 存在非降可导且导数有界的函数 $f_\varepsilon(\widetilde{x}_1)$ 和 $g_\varepsilon(\widetilde{x}_2)$ 使得 $|f_\varepsilon(\widetilde{x}_1) - f(\widetilde{x}_1)| < \varepsilon$ 和 $|g_\varepsilon(\widetilde{x}_2) - g(\widetilde{x}_2)| < \varepsilon$. 从而

$$\mathrm{Cov}(f(\widetilde{X}_1), g(\widetilde{X}_2)) = \lim_{\varepsilon \to 0} \mathrm{Cov}(f_\varepsilon(\widetilde{X}_1), g_\varepsilon(\widetilde{X}_2)) \geqslant 0.$$

(3) 去除有界条件.

如果 $f(\widetilde{x}_1), g(\widetilde{x}_2)$ 是非降连续函数且使得 $\mathrm{Cov}(f(\widetilde{X}_1), g(\widetilde{X}_2))$ 存在, 令

$$f_N(\widetilde{x}_1) = -NI(f(\widetilde{x}_1) \leqslant -N) + f(\widetilde{x}_1)I(-N < f(\widetilde{x}_1) < N) + NI(f(\widetilde{x}_1) \geqslant N),$$

$$g_N(\widetilde{x}_2) = -NI(g(\widetilde{x}_2) \leqslant -N) + g(\widetilde{x}_2)I(-N < g(\widetilde{x}_2) < N) + NI(g(\widetilde{x}_2) \geqslant N),$$

其中 $N > 0$ 为实数. 显然, $f_N(\widetilde{x}_1), g_N(\widetilde{x}_2)$ 是非降有界连续函数, 从而

$$\mathrm{Cov}(f(\widetilde{X}_1), g(\widetilde{X}_2)) = \lim_{N \to \infty} \mathrm{Cov}(f_N(\widetilde{X}_1), g_N(\widetilde{X}_2)) \geqslant 0.$$

(4) 去除连续条件.

由定理 4.2.2(也可参见 (Esary et al., 1967, Theorem 3.3)) 知, (4.4.2) 式对任意非降函数 f, g 成立的充分必要条件是 (4.4.2) 式对任意非降连续函数 f, g 成立.

类似地, 可以就 (4.4.3) 式去除多增加的条件. 因此, (4.4.3) 式意味着负相协定义的条件满足, 从而得结论 (ii).

为了证明结论 (i), 令 $Y_i = X_i$, $Y_{n+i} = X_i$ $(i = 1, 2, \cdots, n)$, $Y = (Y_1, Y_2, \cdots, Y_{2n})$. 则 $Y \sim N(0, \widetilde{\Sigma})$, 其中

$$\widetilde{\Sigma} = (\widetilde{\sigma}_{ij})_{2n \times 2n} = \begin{pmatrix} \Sigma & \Sigma \\ \Sigma & \Sigma \end{pmatrix}_{2n \times 2n}.$$

显然 $\widetilde{\sigma}_{ij} \geqslant 0$ $(1 \leqslant i, j \leqslant 2n)$. 由 (4.4.2) 得

$$\mathrm{Cov}(f(Y_1, \cdots, Y_n), g(Y_{n+1}, \cdots, Y_{2n})) \geqslant 0.$$

即

$$\mathrm{Cov}(f(X_1, \cdots, X_n), g(X_1, \cdots, X_n)) \geqslant 0.$$

因此, $X_1, \cdots, X_n$ 是相协的, 结论 (i) 成立. 证毕.

定理 4.4.2　设 ARMA 过程的随机误差服从正态分布. 则

(i) ARMA 过程是相协的充要条件是所有自协方差函数均非负;

(ii) ARMA 过程是负相协的充要条件是所有自协方差函数均非正.

证明　由于 ARMA 过程是线性过程, 所以正态性保持. 由定理 4.4.1 立即有结论. 证毕.

例 4.4.1　(1) 考虑平稳 AR(1) 过程

$$x_t = \phi x_{t-1} + \varepsilon_t, \quad \varepsilon \sim N(0, \sigma_\varepsilon^2),$$

其中 $|\phi| < 1$. 记 $\gamma_j = \text{Cov}(x_t, x_{t-j})$. 则对任意的 $j \geqslant 1$, 有

$$\gamma_j = \text{Cov}(\phi x_{t-1} + \varepsilon_t, x_{t-j}) = \phi \gamma_{j-1} = \cdots = \phi^j \gamma_0.$$

所以, 当 $0 \leqslant \phi < 1$ 时, $\gamma_j \geqslant 0$, 从而 AR(1) 过程是相协的. 而当 $-1 < \phi < 0$ 时, AR(1) 过程既不是相协的也不是负相协的.

(2) 考虑平稳可逆 ARMA(1,1) 过程

$$x_t = \phi x_{t-1} + \varepsilon_t - \theta \varepsilon_{t-1}, \quad \varepsilon \sim N(0, \sigma_\varepsilon^2),$$

其中 $|\phi| < 1, |\theta| < 1$. 当 $j \geqslant 2$ 时,

$$\gamma_j = \text{Cov}(\phi x_{t-1} + \varepsilon_t - \theta \varepsilon_{t-1}, x_{t-j}) = \phi \gamma_{j-1} = \cdots = \phi^{j-1} \gamma_1.$$

由于 $\text{Cov}(\varepsilon_t, x_t) = \text{Cov}(\varepsilon_t, \phi x_{t-1} + \varepsilon_t - \theta \varepsilon_{t-1}) = \sigma_\varepsilon^2$, 所以

$$\gamma_0 = \text{Var}(\phi x_{t-1} + \varepsilon_t - \theta \varepsilon_{t-1}) = \phi^2 \gamma_0 + (1 + \theta^2)\sigma_\varepsilon^2 - 2\phi\theta\sigma_\varepsilon^2,$$

即 $\gamma_0 = (1 + \theta^2 - 2\phi\theta)\sigma_\varepsilon^2 / (1 - \phi^2)$. 因此

$$\gamma_1 = \text{Cov}(\phi x_{t-1} + \varepsilon_t - \theta \varepsilon_{t-1}, x_{t-1})$$

$$= \phi \gamma_0 - \theta \sigma_\varepsilon^2$$

$$= \frac{\phi(1 + \theta^2 - 2\phi\theta) - \theta(1 - \phi^2)}{1 - \phi^2}\sigma_\varepsilon^2$$

$$= \frac{(\phi - \theta)(1 - \phi\theta)}{1 - \phi^2}\sigma_\varepsilon^2.$$

从而

$$\gamma_j = \frac{(\phi - \theta)(1 - \phi\theta)}{1 - \phi^2}\sigma_\varepsilon^2 \phi^{j-1}\sigma_\varepsilon^2.$$

由此知, 如果

$$\phi \geqslant 0, \quad -1 < \theta \leqslant \phi < 1,$$

则所有自协方差 $\gamma_j \geqslant 0$, 从而 ARMA(1,1) 过程是相协的. 如果

$$0 \leqslant \phi \leqslant \theta < 1,$$

则所有自协方差 $\gamma_j \leqslant 0$, 从而 ARMA(1,1) 过程是负相协的.

假设

$$\text{过程 } 1 : x_t = 0.2x_{t-1} + \varepsilon_t + 0.8\varepsilon_{t-1}, \quad \varepsilon_t \sim N(0,1);$$

$$\text{过程 } 2 : x_t = 0.2x_{t-1} + \varepsilon_t - 0.8\varepsilon_{t-1}, \quad \varepsilon_t \sim N(0,1).$$

显然, 过程 1 是相协 ARMA(1,1) 过程, 过程 2 是负相协 ARMA(1,1) 过程.

图 4.4.1 展示了这两个过程的数值模拟样本轨道, 左图为过程 1, 右图为过程 2. 从模拟图看, 相协过程与负相协过程的明显差异是: 相协过程的样本轨道的上下波动频率低于负相协过程的样本轨道的上下波动频率, 这是由于相协过程在上升 (下降) 过程中继续保持上升 (下降) 的概率大, 而负相协过程在上升 (下降) 过程中继续保持上升 (下降) 的概率小.

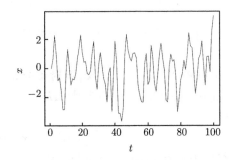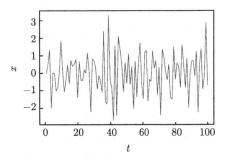

图 4.4.1 ARMA 序列图. 左图为过程 1(相协), 右图为过程 2(负相协)

例 4.4.2 称随机过程 $\{B_H(t), t \geqslant 0\}$ 为一个 (标准) 分数布朗运动, 如果它是一个高斯过程且满足

$$E(B_H(t)) = 0, \quad E(B_H(t)B_H(s)) = \frac{1}{2}[t^{2H} + s^{2H} - |t-s|^{2H}], \quad \forall t, s \in \mathbb{R}_+, \tag{4.4.4}$$

其中 $0 < H < 1$ 称为 Hurst 指数.

将过程的自协方差记为 $r(n) = E[B_H(1)(B_H(n+1) - B_H(n))]$, 则

$$r(n) = E[B_H(1)(B_H(n+1) - B_H(n))]$$

$$= E[B_H(1)B_H(n+1)] - [B_H(1)B_H(n)]$$

$$= \frac{1}{2}[1 + (n+1)^{2H} - n^{2H}] - \frac{1}{2}[1 + n^{2H} - (n-1)^{2H}]$$

$$= \frac{1}{2}[(n+1)^{2H} - 2n^{2H} + (n-1)^{2H}]. \tag{4.4.5}$$

对函数 $f(x) = x^{2H}$, 利用 Taylor 展开公式得

$$x^{2H} = x_0^{2H} + \frac{1}{1!}2Hx_0^{2H-1}(x-x_0) + \frac{1}{2!}2H(2H-1)x_0^{2H-2}(x-x_0)^2$$

$$+ \frac{1}{3!}2H(2H-1)(2H-2)x_0^{2H-3}(x-x_0)^3 + \cdots,$$

从而有

$$(n+1)^{2H} = n^{2H} + 2Hn^{2H-1} + H(2H-1)n^{2H-2} + O(n^{2H-3}),$$

$$(n-1)^{2H} = n^{2H} - 2Hn^{2H-1} + H(2H-1)n^{2H-2} + O(n^{2H-3}).$$

将它们代入 (4.4.5) 式得

$$r(n) = H(2H-1)n^{2H-2} + O(n^{2H-3}). \tag{4.4.6}$$

如果 $H = 1/2$, 则 $E(B_H(t)B_H(s)) = \min\{t,s\}$ 且 $r(n) = 0$, 此时分数布朗运动是标准布朗运动.

如果 $1/2 < H < 1$, 则 $-1 < 2H - 2 < 0$, 从而 $\sum_{n=1}^{\infty} r(n) = \infty$, 此时称分数布朗运动 $(B_H(t), t \geqslant 0)$ 具有长相依 (long-range dependence). 而此时 $2H - 1 > 0$, 从而 $r(n) > 0$ $(\forall n \geqslant 1)$, 所以它是相协过程.

如果 $0 < H < 1/2$, 则 $-2 < 2H - 2 < -1$, 从而 $\sum_{n=1}^{\infty} r(n) < \infty$, 此时称分数布朗运动 $(B_H(t), t \geqslant 0)$ 具有短相依 (short-range dependence). 而此时 $2H - 1 < 0$, 从而 $r(n) < 0$ $(\forall n \geqslant 1)$, 所以它是负相协过程.

4.5 负相协随机变量的不等式

1. 矩不等式

Matula(1992) 首先对 NA 变量族给出 Kolmogorov 型不等式, 其后苏淳等 (1996), Shao 和 Su(1999), Shao(2000) 以及 Yang(2000, 2001) 相继给出了 Rosenthal 型不等式, 获得了与独立情形一致的 Rosenthal 型不等式.

对随机变量序列 $\{X_i; i \geqslant 1\}$, 记 $S_j = \sum_{i=1}^{j} X_i$, $S_{a,j} = \sum_{i=a+1}^{a+j} X_i$. Matula(1992) 给出如下 Kolmogorov 型不等式.

定理 4.5.1 设 $\{X_i; i \geqslant 1\}$ 是负相协随机变量序列, $EX_i = 0, EX_i^2 < \infty, i = 1, 2, \cdots$, 则 $\forall \varepsilon > 0$,

$$P\left(\max_{1 \leqslant j \leqslant n} |S_j| > \varepsilon\right) \leqslant 8\varepsilon^{-2} \sum_{i=1}^{n} \mathrm{Var}(X_i).$$

证明 显然

$$\max_{1 \leqslant j \leqslant n} |S_j| \leqslant \max(0, S_1, \cdots, S_n) + \max(0, -S_1, \cdots, -S_n),$$

于是

$$P\left(\max_{1 \leqslant j \leqslant n} |S_j| > \varepsilon\right)$$

$$\leqslant P(\max(0, S_1, \cdots, S_n) > \varepsilon/2) + P(\max(0, -S_1, \cdots, -S_n) > \varepsilon/2)$$

$$\leqslant 4\varepsilon^{-2} E(\max(0, S_1, \cdots, S_n))^2 + 4\varepsilon^{-2} E(\max(0, -S_1, \cdots, -S_n))^2$$

$$\leqslant 4\varepsilon^{-2} E(\max(S_1, \cdots, S_n))^2 + 4\varepsilon^{-2} E(\max(-S_1, \cdots, -S_n))^2. \tag{4.5.1}$$

令 $M_n := \max(S_1, S_2, \cdots, S_n)$. 则 $M_n = X_1 + \max(0, X_2, X_2 + X_3, \cdots, X_2 + \cdots + X_n)$, 且 X_1 与 $\max(0, X_2, X_2 + X_3, \cdots, X_2 + \cdots + X_n)$ 是一对 NA 变量. 于是

$$EM_n^2 = EX_1^2 + 2E\{X_1 \max(0, X_2, X_2 + X_3, \cdots, X_2 + \cdots + X_n)\}$$

$$+ E(\max(0, X_2, X_2 + X_3, \cdots, X_2 + \cdots + X_n))^2$$

$$\leqslant EX_1^2 + E(\max(X_2, X_2 + X_3, \cdots, X_2 + \cdots + X_n))^2,$$

由上式和归纳法, 得

$$EM_n^2 \leqslant \sum_{i=1}^{n} \mathrm{Var}(X_i), \tag{4.5.2}$$

用 $-X_i$ 代替上述过程中的 X_i, 同样有

$$E(\max(-S_1, \cdots, -S_n))^2 \leqslant \sum_{i=1}^{n} \mathrm{Var}(X_i). \tag{4.5.3}$$

将 (4.5.2) 式和 (4.5.3) 式代入 (4.5.1) 式即得结论. 证毕.

苏淳等 (1996) 给出下面两个 Rosenthal 型矩不等式.

定理 4.5.2 设 $\{X_i; i \geqslant 1\}$ 是负相协随机变量序列, $p \geqslant 2, EX_i = 0, E|X_i|^p < \infty, i = 1, 2, \cdots$, 则对任何 $t > p/2$ 与任何 $x > 0$, 有

$$P(|S_n| \geqslant x) \leqslant \sum_{i=1}^{n} P(|X_i| \geqslant x/t) + 2e^t \left\{1 + x^2 \Big/ \left(t \sum_{i=1}^{n} EX_i^2\right)\right\}^{-t}; \tag{4.5.4}$$

并且存在仅与 p 有关的常数 $c_p > 0$, 使得

$$E|S_n|^p \leqslant c_p \left\{ \sum_{i=1}^{n} E|X_i|^p + \left(\sum_{i=1}^{n} EX_i^2 \right)^{p/2} \right\}, \tag{4.5.5}$$

$$E|S_n|^p \leqslant c_p n^{p/2-1} \sum_{i=1}^{n} E|X_i|^p. \tag{4.5.6}$$

定理 4.5.3 设 $\{X_i; i \geqslant 1\}$ 是零均值的负相协随机变量序列, $p \geqslant 2, \beta_p =:$ $\sup_i E|X_i|^p < \infty, \beta_2 =: \sup_i E|X_i|^2$. 则存在仅与 p 有关的常数 $K_p \geqslant 1$, 使得对任何自然数 a 和 n, 有

$$E \left(\max_{1 \leqslant k \leqslant n} |S_{a,k}| \right)^p \leqslant K_p \left\{ n\beta_p + (n\beta_2)^{p/2} \right\}, \tag{4.5.7}$$

$$E \left(\max_{1 \leqslant k \leqslant n} |S_{a,k}| \right)^p \leqslant K_p \beta_p n^{p/2}. \tag{4.5.8}$$

这两个 Rosenthal 型矩不等式与独立情形的形式仍有一定的距离, Yang (2000, 2001) 在更广的变量类中获得较一般的结论, 其推论 3 给出了 NA 变量族 Rosnthal 型矩不等式的最优形式, 结论如下:

定理 4.5.4 设 $\{X_i; i \geqslant 1\}$ 是负相协随机变量序列, $p \geqslant 1, EX_i = 0, E|X_i|^p < \infty, i = 1, 2, \cdots$. 则当 $1 < p \leqslant 2$ 时, $\forall n \geqslant 1, a \geqslant 0$, 有

$$E \max_{1 \leqslant j \leqslant n} |S_{a,j}|^p \leqslant 4 \sum_{i=a+1}^{a+n} E|X_i|^p; \tag{4.5.9}$$

当 $p > 2$ 时, 存在仅与 p 有关的正常数 K_p, 使得 $\forall n \geqslant 1, a \geqslant 0$, 有

$$E \max_{1 \leqslant j \leqslant n} |S_{a,j}|^p \leqslant K_p E \left(\sum_{i=a+1}^{a+n} X_i^2 \right)^{p/2}, \tag{4.5.10}$$

$$E \max_{1 \leqslant j \leqslant n} |S_{a,j}|^p \leqslant K_p \left\{ \sum_{i=a+1}^{a+n} E|X_i|^p + \left(\sum_{i=a+1}^{a+n} EX_i^2 \right)^{p/2} \right\}. \tag{4.5.11}$$

注 4.5.1 显然定理 4.5.1, 定理 4.5.2 和定理 4.5.3 均为定理 4.5.4 的推论, 因此不再叙述定理 4.5.2 和定理 4.5.3 的证明, 有兴趣的读者可参阅原文. 由于定理 4.5.4 是原文中一般性结论的一个推论, 因此其证明的叙述稍复杂一些, 下面我们给出一个直接的证明.

证明 容易证明如下两个初等不等式:

$$|1+t|^p \leqslant 1 + pt + 2^{2-p}|t|^p, \quad \forall t \in \mathbb{R}, 1 < p \leqslant 2,$$

$$|1+t|^p \leqslant 1 + pt + 2^p p^2 t^2 + 2^p |t|^p, \quad \forall t \in \mathbb{R}, p > 2.$$

令 $t = x/y$, 由上两式得,$\forall x, y \in \mathbb{R}$, 有

$$|x+y|^p \leqslant 2^{2-p}|x|^p + |y|^p + px|y|^{p-1}\text{sgn}(y), \quad 1 < p \leqslant 2, \tag{4.5.12}$$

$$|x+y|^p \leqslant 2^p |x|^p + |y|^p + px|y|^{p-1}\text{sgn}(y) + 2^p p^2 x^2 |y|^{p-2}, \quad p > 2. \tag{4.5.13}$$

为简化记号, 不失一般性, 仅对 $a = 0$ 证明 (4.5.9), (4.5.10) 和 (4.5.11) 式. 显然,

$$\max_{1 \leqslant j \leqslant n} |S_j|^p = \left\{ \max_{1 \leqslant j \leqslant n} |S_j| \right\}^p$$

$$\leqslant \{\max(0, S_1, \cdots, S_n) + \max(0, -S_1, \cdots, -S_n)\}^p$$

$$\leqslant 2^{p-1}\{\max(0, S_1, \cdots, S_n)\}^p + 2^{p-1}\{\max(0, -S_1, \cdots, -S_n)\}^p$$

$$\leqslant 2^{p-1}\left| \max_{1 \leqslant j \leqslant n} S_j \right|^p + 2^{p-1}\left| \max_{1 \leqslant j \leqslant n} (-S_j) \right|^p. \tag{4.5.14}$$

对 $0 \leqslant j \leqslant n-1$, 记

$$M_j = \max(0, X_{j+1}, X_{j+1} + X_{j+2}, \cdots, X_{j+1} + X_{j+2} + \cdots + X_n),$$

$$N_j = \max(X_{j+1}, X_{j+1} + X_{j+2}, \cdots, X_{j+1} + X_{j+2} + \cdots + X_n),$$

$$\widetilde{M}_j = \max(0, -X_{j+1}, -X_{j+1} - X_{j+2}, \cdots, -X_{j+1} - X_{j+2} - \cdots - X_n),$$

$$\widetilde{N}_j = \max(-X_{j+1}, -X_{j+1} - X_{j+2}, \cdots, -X_{j+1} - X_{j+2} - \cdots - X_n),$$

则

$$\max_{1 \leqslant j \leqslant n} S_j = N_0, \quad N_j = X_{j+1} + M_{j+1}, \quad 0 \leqslant M_j \leqslant |N_j|, \tag{4.5.15}$$

$$\max_{1 \leqslant j \leqslant n} (-S_j) = \widetilde{N}_0, \quad \widetilde{N}_j = -X_{j+1} + \widetilde{M}_{j+1}, \quad 0 \leqslant \widetilde{M}_j \leqslant |\widetilde{N}_j|. \tag{4.5.16}$$

$1°$ 先证 (4.5.9) 式. 利用 (4.5.12) 和 (4.5.15) 式, 有

$$\left| \max_{1 \leqslant j \leqslant n} S_j \right|^p = |N_0|^p = |X_1 + M_1|^p \leqslant 2^{2-p}|X_1|^p + M_1^p + pX_1 M_1^{p-1}$$

$$\leqslant 2^{2-p}|X_1|^p + |N_1|^p + pX_1M_1^{p-1} \leqslant \cdots$$

$$\leqslant 2^{2-p}\sum_{i=1}^{n}|X_i|^p + p\sum_{j=1}^{n-1}X_jM_j^{p-1}. \tag{4.5.17}$$

由于 X_j 和 M_j^{p-1} 关于相应的每个变元均非降, 所以由 NA 变量的性质 4.3.2 知, 它们仍为 NA 变量, 且注意 $EX_j = 0$, 有

$$E(X_jM_j^{p-1}) \leqslant EX_jEM_j^{p-1} = 0, \quad 0 \leqslant j \leqslant n-1. \tag{4.5.18}$$

由此及 (4.5.17) 式, 得

$$E\left|\max_{1\leqslant j\leqslant n} S_j\right|^p \leqslant 2^{2-p}\sum_{i=1}^{n}E|X_i|^p, \tag{4.5.19}$$

用 $-X_i, \widetilde{N}_j, \widetilde{M}_j$ 分别代替上述过程中 X_i, N_j, M_j, 且注意 (4.5.16) 式, 同样有

$$E\left|\max_{1\leqslant j\leqslant n} (-S_j)\right|^p \leqslant 2^{2-p}\sum_{i=1}^{n}E|X_i|^p, \tag{4.5.20}$$

联合 (4.5.14), (4.5.19) 和 (4.5.20) 式, 得 (4.5.9) 式.

2° 现证 (4.5.10) 式. 记 $c_1 = 2^p, c_2 = 2^pp^2$. 利用 (4.5.13) 式和类似于 (4.5.17) 式的过程, 有

$$\left|\max_{1\leqslant j\leqslant n} S_j\right|^p \leqslant c_1\sum_{i=1}^{n}|X_i|^p + p\sum_{j=1}^{n-1}X_jM_j^{p-1} + c_2\sum_{j=1}^{n-1}X_j^2M_j^{p-2} \tag{4.5.21}$$

和

$$\left|\max_{1\leqslant j\leqslant n} (-S_j)\right|^p \leqslant c_1\sum_{i=1}^{n}|X_i|^p - p\sum_{j=1}^{n-1}X_j\widetilde{M}_j^{p-1} + c_2\sum_{j=1}^{n-1}X_j^2\widetilde{M}_j^{p-2}. \tag{4.5.22}$$

对 $1 \leqslant j \leqslant n-1$, 有

$$\begin{aligned} M_j^{p-2} &= (\max(S_j, S_j + X_{j+1}, \cdots, S_j + X_{j+1} + \cdots + X_n) - S_j)^{p-2} \\ &\leqslant C\left(\left|\max_{j\leqslant k\leqslant n} S_k\right|^{p-2} + |S_j|^{p-2}\right) \\ &\leqslant C\max_{1\leqslant j\leqslant n}|S_j|^{p-2}, \end{aligned} \tag{4.5.23}$$

同理

$$\widetilde{M}_j^{p-2} \leqslant C \max_{1\leqslant j\leqslant n} |S_j|^{p-2}. \qquad (4.5.24)$$

联合 (4.5.14), (4.5.21)—(4.5.24) 式, 并利用 (4.5.18) 式, 得

$$E \max_{1\leqslant j\leqslant n} |S_j|^p \leqslant C \left\{ \sum_{i=1}^n E|X_i|^p + E \left(\sum_{i=1}^n X_i^2 \max_{1\leqslant j\leqslant n} |S_j|^{p-2} \right) \right\}.$$

注意到 Hölder 不等式: (1) 若 $a \geqslant 0, b \geqslant 0, 0 \leqslant \alpha \leqslant 1$, 则

$$a^\alpha b^{1-\alpha} \leqslant \alpha a + (1-\alpha)b; \qquad (4.5.25)$$

(2) 若 $a_j \geqslant 0, b_j \geqslant 0, 0 \leqslant \alpha \leqslant 1$, 则

$$\sum_{j=1}^n a_j^\alpha b_j^{1-\alpha} \leqslant \left(\sum_{j=1}^n a_j \right)^\alpha \left(\sum_{j=1}^n b_j \right)^{1-\alpha}. \qquad (4.5.26)$$

我们有

$$E \max_{1\leqslant j\leqslant n} |S_j|^p \leqslant C \left\{ \sum_{i=1}^n E|X_i|^p + E \left(\sum_{i=1}^n X_i^2 \max_{1\leqslant j\leqslant n} |S_j|^{p-2} \right) \right\}$$

$$\leqslant C \left\{ \sum_{i=1}^n E|X_i|^p + \left(E \left(\sum_{i=1}^n X_i^2 \right)^{p/2} \right)^{2/p} \left(E \max_{1\leqslant j\leqslant n} |S_j|^p \right)^{(p-2)/p} \right\}$$

$$\leqslant C \sum_{i=1}^n E|X_i|^p + \frac{2}{p} C^{p/2} E \left(\sum_{i=1}^n X_i^2 \right)^{p/2} + \frac{p-2}{p} E \max_{1\leqslant j\leqslant n} |S_j|^p.$$

$$(4.5.27)$$

将上式右边的 $E \max_{1\leqslant j\leqslant n} |S_j|^p$ 移至左边, 合并整理得

$$E \max_{1\leqslant j\leqslant n} |S_j|^p \leqslant C \left\{ \sum_{i=1}^n E|X_i|^p + E \left(\sum_{i=1}^n X_i^2 \right)^{p/2} \right\}$$

$$\leqslant CE \left(\sum_{i=1}^n X_i^2 \right)^{p/2}.$$

3° 最后证 (4.5.11) 式. 由 (4.5.10) 式知, 为证 (4.5.11) 式只需证明:

$$E\left(\sum_{i=1}^{n} X_i^2\right)^{p/2} \leqslant K_p \left\{\sum_{i=1}^{n} E|X_i|^p + \left(\sum_{i=1}^{n} EX_i^2\right)^{p/2}\right\}. \tag{4.5.28}$$

记 $X_i^+ = X_i I(X_i \geqslant 0), X_i^- = X_i I(X_i < 0)$, 且令 $U_i = (X_i^+)^2 - E(X_i^+)^2$, $V_i = (X_i^-)^2 - E(X_i^-)^2$. 显然, $E(X_i^+)^2 \leqslant EX_i^2, E(X_i^-)^2 \leqslant EX_i^2$, 由此和 (4.5.10) 式, 有

$$E\left(\sum_{i=1}^{n} X_i^2\right)^{p/2}$$

$$\leqslant K_p E\left(\sum_{i=1}^{n} (X_i^+ - X_i^-)^2\right)^{p/2}$$

$$\leqslant K_p \left\{E\left(\sum_{i=1}^{n} (X_i^+)^2\right)^{p/2} + E\left(\sum_{i=1}^{n} (X_i^-)^2\right)^{p/2}\right\}$$

$$\leqslant K_p \left\{E\left(\sum_{i=1}^{n} U_i + \sum_{i=1}^{n} E(X_i^+)^2\right)^{p/2} + E\left(\sum_{i=1}^{n} V_i + \sum_{i=1}^{n} E(X_i^-)^2\right)^{p/2}\right\}$$

$$\leqslant K_p \left\{E\left(\sum_{i=1}^{n} U_i\right)^{p/2} + E\left(\sum_{i=1}^{n} V_i\right)^{p/2} + \left(\sum_{i=1}^{n} EX_i^2\right)^{p/2}\right\}. \tag{4.5.29}$$

注意 U_i 为 X_i 的非降函数, V_i 为 X_i 的非升函数, 因此 $\{U_i : i \geqslant 1\}$ 和 $\{V_i : i \geqslant 1\}$ 仍为零均值的 NA 变量序列.

当 $2 < p \leqslant 4$ 时, $1 < p/2 \leqslant 2$. 于是在 (4.5.29) 式中对序列 $\{U_i : i \geqslant 1\}$ 和 $\{V_i : i \geqslant 1\}$ 利用 (4.5.9) 式, 有

$$E\left(\sum_{i=1}^{n} X_i^2\right)^{p/2} \leqslant K_p \left\{\sum_{i=1}^{n} E|U_i|^{p/2} + \sum_{i=1}^{n} E|V_i|^{p/2} + \left(\sum_{i=1}^{n} EX_i^2\right)^{p/2}\right\}.$$

因此

$$E\left(\sum_{i=1}^{n} X_i^2\right)^{p/2} \leqslant K_p \left\{\sum_{i=1}^{n} E(X_i^+)^p + \sum_{i=1}^{n} E(X_i^-)^p + \sum_{i=1}^{n} (E(X_i^+)^2)^{p/2}\right.$$

$$\left. + \sum_{i=1}^{n} (E(X_i^-)^2)^{p/2} + \left(\sum_{i=1}^{n} EX_i^2\right)^{p/2}\right\}$$

$$\leqslant K_p \left\{ \sum_{i=1}^{n} E|X_i|^p + \sum_{i=1}^{n} (EX_i^2)^{p/2} + \left(\sum_{i=1}^{n} EX_i^2 \right)^{p/2} \right\}$$

$$\leqslant K_p \left\{ \sum_{i=1}^{n} E|X_i|^p + \left(\sum_{i=1}^{n} EX_i^2 \right)^{p/2} \right\},$$

即此时 (4.5.28) 式成立.

当 $p > 4$ 时, $p/2 > 2$, 在 (4.5.29) 式中对序列 $\{U_i : i \geqslant 1\}$ 和 $\{V_i : i \geqslant 1\}$ 利用 (4.5.10) 式, 得

$$E \left(\sum_{i=1}^{n} X_i^2 \right)^{p/2}$$

$$\leqslant K_p \left\{ E \left(\sum_{i=1}^{n} U_i^2 \right)^{p/4} + E \left(\sum_{i=1}^{n} V_i^2 \right)^{p/4} + \left(\sum_{i=1}^{n} EX_i^2 \right)^{p/2} \right\}$$

$$\leqslant K_p \left\{ E \left(\sum_{i=1}^{n} (X_i^+)^4 \right)^{p/4} + \left(\sum_{i=1}^{n} (EX_i^2)^2 \right)^{p/4} + \left(\sum_{i=1}^{n} EX_i^2 \right)^{p/2} \right\}$$

$$\leqslant K_p \left\{ E \left(\sum_{i=1}^{n} X_i^4 \right)^{p/4} + \left(\sum_{i=1}^{n} EX_i^2 \right)^{p/2} \right\}, \tag{4.5.30}$$

由 Hölder 不等式 (4.5.26), 有

$$\sum_{i=1}^{n} X_i^4 = \sum_{i=1}^{n} \left(X_i^2 \right)^{(p-4)/(p-2)} \left(|X_i|^p \right)^{2/(p-2)} \tag{4.5.31}$$

$$\leqslant \left(\sum_{i=1}^{n} X_i^2 \right)^{(p-4)/(p-2)} \left(\sum_{i=1}^{n} |X_i|^p \right)^{2/(p-2)}. \tag{4.5.32}$$

联合 (4.5.30) 和 (4.5.31) 式, 并利用 Hölder 不等式 (4.5.25), 有

$$E \left(\sum_{i=1}^{n} X_i^2 \right)^{p/2}$$

$$\leqslant K_p E \left(\sum_{i=1}^{n} X_i^2 \right)^{p(p-4)/(4(p-2))} \left(\sum_{i=1}^{n} |X_i|^p \right)^{p/(2(p-2))} + K_p \left(\sum_{i=1}^{n} EX_i^2 \right)^{p/2}$$

$$\leqslant E\left\{\frac{p-4}{2(p-2)}\left(\sum_{i=1}^{n}X_i^2\right)^{p/2}+\frac{p}{2(p-2)}K_p^{2(p-2)/p}\sum_{i=1}^{n}|X_i|^p\right\}+K_p\left(\sum_{i=1}^{n}EX_i^2\right)^{p/2}$$

$$\leqslant \frac{p-4}{2(p-2)}E\left(\sum_{i=1}^{n}X_i^2\right)^{p/2}+\frac{p}{2(p-2)}K_p^{2(p-2)/p}\sum_{i=1}^{n}E|X_i|^p+K_p\left(\sum_{i=1}^{n}EX_i^2\right)^{p/2}.$$

将上式右边第一项移至左边, 合并整理便得 (4.5.28) 式. 证毕.

2. 尾部概率不等式

杨善朝和王岳宝 (1999) 对 Bernstein 型概率不等式给出如下结论.

定理 4.5.5　设 $\{X_i : i \geqslant 1\}$ 为负相协随机变量序列, $EX_i = 0, |X_i| \leqslant d_i$, a.s.$(i = 1, 2, \cdots), t > 0$ 为实数, 且满足 $t \cdot \max_{1\leqslant i\leqslant n} d_i \leqslant 1$, 则 $\forall \varepsilon > 0$, 有

$$P\left(\left|\sum_{i=1}^{n}X_i\right| > \varepsilon\right) \leqslant 2\exp\left\{-t\varepsilon + t^2\sum_{i=1}^{n}EX_i^2\right\}.$$

证明　因为 $|tX_i| \leqslant td_i \leqslant 1$, a.s., 所以

$$E\exp(tX_i) = E\left\{\sum_{k=0}^{\infty}\frac{(tX_i)^k}{k!}\right\}$$

$$\leqslant E\left\{1 + tX_i + (tX_i)^2\left(\frac{1}{2!} + \frac{1}{3!} + \cdots\right)\right\}$$

$$\leqslant 1 + t^2EX_i^2 \leqslant \exp\left\{t^2EX_i^2\right\},$$

因此, 由 Markov 不等式和性质 4.3.3 知, $\forall \varepsilon > 0$, 有

$$P\left(\sum_{i=1}^{n}X_i > \varepsilon\right) \leqslant e^{-t\varepsilon}E\exp\left(t\sum_{i=1}^{n}X_i\right) \leqslant e^{-t\varepsilon}\prod_{i=1}^{n}E\exp(tX_i)$$

$$\leqslant \exp\left\{-t\varepsilon + t^2\sum_{i=1}^{n}EX_i^2\right\},$$

由此即得结论. 证毕.

定理 4.5.6　设 $\{X_i : i \geqslant 1\}$ 为负相协随机变量序列, $EX_i = 0, |X_i| \leqslant b$, a.s.$(i = 1, 2, \cdots)$, 又设 $\sigma^2 := \frac{1}{n}\sum_{i=1}^{n}\mathrm{Var}(X_i)$, 则 $\forall \varepsilon > 0$, 有

$$P\left(\frac{1}{n}\left|\sum_{n=1}^{n}X_i\right| > \varepsilon\right) \leqslant 2\exp\left\{-\frac{n\varepsilon^2}{2(2\sigma^2 + b\varepsilon)}\right\}.$$

注 4.5.2 定理的结论与独立情形的 Bernstein 型概率不等式一致.

证明 取 $t = \varepsilon/(2\sigma^2 + b\varepsilon)$, 则

$$t \max_{1 \leqslant i \leqslant n} d_i \leqslant \frac{\varepsilon}{(2\sigma^2 + b\varepsilon)} b \leqslant 1,$$

由定理 4.5.5, 有

$$P\left(\frac{1}{n}\left|\sum_{i=1}^{n} X_i\right| > \varepsilon\right)$$

$$\leqslant 2\exp\left\{-tn\varepsilon + t^2 \sum_{i=1}^{n} EX_i^2\right\}$$

$$= 2\exp\left\{-\frac{n\varepsilon^2}{2\sigma^2 + b\varepsilon} + \frac{\sigma^2}{(2\sigma^2 + b\varepsilon)}\frac{n\varepsilon^2}{(2\sigma^2 + b\varepsilon)}\right\}$$

$$\leqslant 2\exp\left\{-\frac{n\varepsilon^2}{2(2\sigma^2 + b\varepsilon)}\right\}.$$

证毕.

3. 特征函数不等式

定理 4.5.7 假设 $X_1, X_2, \cdots, X_n$ $(n \geqslant 2)$ 是负相协随机变量, 则对任意的 $u_1, \cdots, u_n \in \mathbb{R}$ 有

$$\left|E\left(e^{\mathrm{i}\sum_{j=1}^{n} u_j X_j}\right) - \prod_{j=1}^{n} E\left(e^{\mathrm{i}u_j X_j}\right)\right| \leqslant \sum_{1 \leqslant j < k \leqslant n} |u_j u_k| \mathrm{Cov}(X_j, X_k), \tag{4.5.33}$$

其中 i 表示虚数单位.

证明 证明过程与下一节的定理 4.6.4 的证明过程一样. 证毕.

4.6 相协随机变量的不等式

Newman 和 Wright(1981) 对相协随机变量给出了特征函数不等式, 同时证明了相协随机变量部分和的二阶极大矩可以由二阶矩控制. Yang 等 (2008) 在协方差结构要求较弱的条件下给出了二阶极大矩的上界. Birkel(1988) 对相协随机变量首先证明一些协方差不等式, 然后在适当条件下证明相协随机变量部分和的 $r > 2$ 阶矩的上界为 $n^{r/2}$. Shao 和 Yu(1996) 对相协随机变量部分和的 $r > 2$ 阶矩给出一个上界.

1. 协方差不等式

定理 4.6.1 (Birkel, 1988) 假设 X_1, X_2 是两个协方差存在的相协随机变量, 且 $-\infty \leqslant a \leqslant b \leqslant \infty$. 则下列不等式成立:

$$0 \leqslant \mathrm{Cov}(X_1^*, X_2) \leqslant \mathrm{Cov}(X_1, X_2), \tag{4.6.1}$$

$$0 \leqslant \mathrm{Cov}(X_1^+, X_2) \leqslant \mathrm{Cov}(X_1, X_2), \tag{4.6.2}$$

$$0 \leqslant \mathrm{Cov}(X_1^-, X_2) \leqslant \mathrm{Cov}(X_1, X_2), \tag{4.6.3}$$

其中

$$X_1^* = \max\{a, \min\{X_1, b\}\} = aI(X_1 < a) + X_1 I(a \leqslant X_1 \leqslant b) + bI(X_1 > b),$$

$$X_1^+ = X_1 I(X_1 \geqslant 0), \quad X_1^- = X_1 I(X_1 \leqslant 0).$$

证明　令 $f(t) = \max\{a, \min\{t, b\}\}, g(t) = t$, 其中 $t \in \mathbb{R}$. 则 $f(t)$ 和 $g(t) - f(t)$ 都是非降函数. 由于 X_1 和 X_2 是相协的, 所以我们有

$$0 \leqslant \mathrm{Cov}(f(X_1), X_2) \leqslant \mathrm{Cov}(g(X_1), X_2),$$

这意味着 (4.6.1) 式成立.

在 (4.6.1) 式中, 令 $a = 0, b = \infty$, 我们得到 (4.6.2) 式; 而令 $a = -\infty, b = 0$, 我们得到 (4.6.3) 式. 证毕.

定理 4.6.2 (Birkel, 1988)　假设 X_1, X_2 是相协随机变量且 $X_1 \geqslant 0$, $\rho > 0$ 为实数, 以及下面所出现的矩都存在.

(i) 如果 $X_1 \leqslant R < \infty$, 则

$$\mathrm{Cov}(X_1^{1+\rho}, X_2) \leqslant (1 + \rho) R^\rho \mathrm{Cov}(X_1, X_2).$$

(ii) 如果 $|X_2| \leqslant R < \infty$ 且 $p > 1 + \rho$, 则

$$\mathrm{Cov}(X_1^{1+\rho}, X_2) \leqslant (1 + \rho + 2R)(E|X_1|^p)^{\rho/(p-1)}(\mathrm{Cov}(X_1, X_2))^{(p-1-\rho)/(p-1)}.$$

(iii) 如果 $\gamma > 0$, $p, q > 1$, $1/p + 1/q = 1$, 则

$$\mathrm{Cov}(X_1^{1+\rho}, X_2) \leqslant (3 + \rho)(E|X_1|^{p(1+\rho+\gamma)})^{\rho/p(\rho+\gamma)}$$
$$\times (E|X_2|^q)^{\rho/q(\rho+\gamma)}(\mathrm{Cov}(X_1, X_2))^{\gamma/(\rho+\gamma)}.$$

(iv) 如果 $\delta > 0$, 则

$$\mathrm{Cov}(X_1^{1+\rho}, X_2) \leqslant (3 + \rho)(E|X_1|^{2+\rho})^{\rho(1+\rho+\delta)/(\delta+\rho(2+\rho+\delta))}$$
$$\times (E|X_2|^{2+\rho+\delta})^{\rho/(\delta+\rho(2+\rho+\delta))}(\mathrm{Cov}(X_1, X_2))^{\delta/(\delta+\rho(2+\rho+\delta))}.$$

证明　(i) 对于 $t \in \mathbb{R}$, 令

$$f(t) = t^{1+\rho}I(0 \leqslant t \leqslant R),$$

$$g(t) = (1+\rho)R^\rho t I(0 \leqslant t \leqslant R) + \rho R^{1+\rho}I(t > R).$$

当 $0 \leqslant t \leqslant R$ 时, $\dfrac{d}{dt}\{(1+\rho)R^\rho t - t^{1+\rho}\} = (1+\rho)R^\rho - (1+\rho)t^\rho \geqslant 0$. 所以 $g(t) - f(t)$ 是非降函数. 又由于 X_1 和 X_2 是相协的, 所以我们有

$$\mathrm{Cov}(g(X_1) - f(X_1), X_2) \geqslant 0.$$

注意到 $0 \leqslant X_1 \leqslant R$, 从而有

$$\mathrm{Cov}((1+\rho)R^\rho X_1 - X_1^{1+\rho}, X_2) \geqslant 0.$$

这意味着结论 (i) 成立.

　　(ii) 令 $N > 0$ 和 $h(t) = tI(0 \leqslant t \leqslant R) + NI(t > N)$. 则 $h(t)$ 是一个非降函数, 从而 $h(X_1)$ 和 X_2 是相协的. 注意到 $0 \leqslant h(X_1) \leqslant N$, 并使用 (i) 和 (4.6.1), 我们得

$$\mathrm{Cov}(h(X_1)^{1+\rho}, X_2) \leqslant (1+\rho)N^\rho \mathrm{Cov}(h(X_1), X_2) \leqslant (1+\rho)N^\rho \mathrm{Cov}(X_1, X_2).$$

$$(4.6.4)$$

另一方面, 由于 $t^{1+\rho} - h(t)^{1+\rho} = (t^{1+\rho} - N^{1+\rho})I(t > N)$ 关于 t 是非降函数, 所以

$$0 \leqslant \mathrm{Cov}\left(X_1^{1+\rho} - h(X_1)^{1+\rho}, X_2\right)$$

$$= \mathrm{Cov}\left((X_1^{1+\rho} - N^{1+\rho})I(X_1 > N), X_2\right)$$

$$= \left| E[(X_1^{1+\rho} - N^{1+\rho})I(X_1 > N)X_2] + E[(X_1^{1+\rho} - N^{1+\rho})I(X_1 > N)]EX_2 \right|$$

$$\leqslant 2RE|X_1 I(X_1 > N)|^{1+\rho}$$

$$\leqslant 2RN^{-p+1+\rho}E|X_1|^p. \qquad (4.6.5)$$

由 (4.6.4) 和 (4.6.5), 我们有

$$\mathrm{Cov}(X_1^{1+\rho}, X_2) = \mathrm{Cov}(h(X_1)^{1+\rho}, X_2) + \mathrm{Cov}\left(X_1^{1+\rho} - h(X_1)^{1+\rho}, X_2\right)$$

$$\leqslant (1+\rho)N^\rho \mathrm{Cov}(X_1, X_2) + 2RN^{-p+1+\rho}E|X_1|^p. \qquad (4.6.6)$$

当 $\mathrm{Cov}(X_1, X_2) = 0$ 时, 由于不相关的相协随机变量是独立随机变量, 所以结论 (ii) 显然成立. 当 $\mathrm{Cov}(X_1, X_2) > 0$ 时, 在 (4.6.6) 式中取 $N = (E|X_1|^p/\mathrm{Cov}(X_1, X_2))^{1/(p-1)}$ 立即得到结论 (ii).

(iii) 令 $\widetilde{X}_1 = X_1 I(0 \leqslant X_1 \leqslant R) + RI(X_1 > R)$, $\widehat{X}_1 = (X_1^{1+\rho} - R^{1+\rho})I(X_1 > R)$. 由结论 (i) 和定理 4.6.1 得

$$\mathrm{Cov}(\widetilde{X}_1^{1+\rho}, X_2) \leqslant (1+\rho)R^\rho \mathrm{Cov}(\widetilde{X}_1, X_2) \leqslant (1+\rho)R^\rho \mathrm{Cov}(X_1, X_2). \qquad (4.6.7)$$

注意 $\widehat{X}_1$ 关于 X_1 是非负非降函数, 由 Hölder 不等式, 有

$$0 \leqslant \mathrm{Cov}(\widehat{X}_1, X_2)$$
$$\leqslant E|\widehat{X}_1 X_2| + E|\widehat{X}_1| E|X_2|$$
$$\leqslant 2(E|\widehat{X}_1|^p)^{1/p}(E|X_2|^q)^{1/q}$$
$$\leqslant 2(E|X_1^{1+\rho} I(X_1 > R)|^p)^{1/p}(E|X_2|^q)^{1/q}$$
$$\leqslant 2(E|X_1^{1+\rho+\gamma} I(X_1 > R)R^{-\gamma}|^p)^{1/p}(E|X_2|^q)^{1/q}$$
$$\leqslant 2R^{-\gamma}(E|X_1|^{p(1+\rho+\gamma)})^{1/p}(E|X_2|^q)^{1/q}.$$

于是

$$\mathrm{Cov}(X_1^{1+\rho}, X_2) = \mathrm{Cov}(\widetilde{X}_1^{1+\rho}, X_2) + \mathrm{Cov}(\widehat{X}_1, X_2)$$
$$\leqslant (1+\rho)R^\rho \mathrm{Cov}(X_1, X_2) + 2R^{-\gamma}(E|X_1|^{p(1+\rho+\gamma)})^{1/p}(E|X_2|^q)^{1/q}.$$

当 $\mathrm{Cov}(X_1, X_2) = 0$ 时, 结论 (iii) 是显然成立. 当 $\mathrm{Cov}(X_1, X_2) > 0$ 时, 令

$$R^\rho \mathrm{Cov}(X_1, X_2) = R^{-\gamma}(E|X_1|^{p(1+\rho+\gamma)})^{1/p}(E|X_2|^q)^{1/q},$$

即

$$R^{\rho+\gamma} = (E|X_1|^{p(1+\rho+\gamma)})^{1/p}(E|X_2|^q)^{1/q}/\mathrm{Cov}(X_1, X_2),$$

从而

$$R = (E|X_1|^{p(1+\rho+\gamma)})^{1/p(\rho+\gamma)}(E|X_2|^q)^{1/q(\rho+\gamma)}/(\mathrm{Cov}(X_1, X_2))^{1/(\rho+\gamma)}.$$

代入得

$$\mathrm{Cov}(X_1^{1+\rho}, X_2)$$
$$= \mathrm{Cov}(\widetilde{X}_1^{1+\rho}, X_2) + \mathrm{Cov}(\widehat{X}_1, X_2)$$
$$\leqslant (3+\rho)(E|X_1|^{p(1+\rho+\gamma)})^{\rho/p(\rho+\gamma)}(E|X_2|^q)^{\rho/q(\rho+\gamma)}\mathrm{Cov}(X_1, X_2)^{\gamma/(\rho+\gamma)}.$$

即结论 (iii) 成立.

(iv) 在结论 (iii) 中令 $\gamma = \delta/(2+\rho+\delta)$, $p = (2+\rho)/(1+\rho+\gamma)$, $q = 2+\rho+\delta$, 立即得到结论 (iv). 证毕.

定理 4.6.3 (Bulinski, 1996) 假设 $\{X_n, n \in \mathbb{N}\}$ 是相协随机变量序列, $A, B \subset \mathbb{N}$ 是两个有限集合, f_1 和 f_2 分别是定义在 $\mathbb{R}^{|A|}$ 和 $\mathbb{R}^{|B|}$ 上的实值函数, 它们可微且一阶偏导数有界. 则有

$$\left| \mathrm{Cov}(f_1(X_i, i \in A), f_2(X_j, j \in B)) \right| \leqslant \sum_{i \in A, j \in B} \left\| \frac{\partial f_1}{\partial t_i} \right\|_\infty \left\| \frac{\partial f_2}{\partial t_j} \right\|_\infty \mathrm{Cov}(X_i, X_j).$$

证明 定义函数

$$g_1(t_1, \cdots, t_{|A|}) = \sum_{i \in A} \left\| \frac{\partial f_1}{\partial t_i} \right\|_\infty t_i, \quad g_2(t_1, \cdots, t_{|B|}) = \sum_{j \in B} \left\| \frac{\partial f_2}{\partial t_j} \right\|_\infty t_j,$$

由于

$$\frac{\partial(g_1 \pm f_1)}{\partial t_i} = \left\| \frac{\partial f_1}{\partial t_i} \right\|_\infty \pm \frac{\partial f_1}{\partial t_i} \geqslant 0, \quad \frac{\partial(g_2 \pm f_2)}{\partial t_j} = \left\| \frac{\partial f_2}{\partial t_j} \right\|_\infty \pm \frac{\partial f_2}{\partial t_j} \geqslant 0,$$

所以 $g_1 + f_1, g_1 - f_1, g_2 + f_2, g_2 - f_2$ 关于各个变量都是非降函数.

由 $\mathrm{Cov}(g_1 + f_1, g_2 + f_2) \geqslant 0$, $\mathrm{Cov}(g_1 - f_1, g_2 - f_2) \geqslant 0$, 有

$$\mathrm{Cov}(g_1, g_2) + \mathrm{Cov}(g_1, f_2) + \mathrm{Cov}(f_1, g_2) + \mathrm{Cov}(f_1, f_2) \geqslant 0,$$

$$\mathrm{Cov}(g_1, g_2) - \mathrm{Cov}(g_1, f_2) - \mathrm{Cov}(f_1, g_2) + \mathrm{Cov}(f_1, f_2) \geqslant 0.$$

由此有 $\mathrm{Cov}(f_1, f_2) \geqslant -\mathrm{Cov}(g_1, g_2)$. 而由 $\mathrm{Cov}(g_1 + f_1, g_2 - f_2) \geqslant 0$, $\mathrm{Cov}(g_1 - f_1, g_2 + f_2) \geqslant 0$, 有

$$\mathrm{Cov}(g_1, g_2) - \mathrm{Cov}(g_1, f_2) + \mathrm{Cov}(f_1, g_2) - \mathrm{Cov}(f_1, f_2) \geqslant 0,$$

$$\mathrm{Cov}(g_1, g_2) + \mathrm{Cov}(g_1, f_2) - \mathrm{Cov}(f_1, g_2) - \mathrm{Cov}(f_1, f_2) \geqslant 0.$$

由此有 $\mathrm{Cov}(f_1, f_2) \leqslant \mathrm{Cov}(g_1, g_2)$. 因此

$$-\mathrm{Cov}(g_1, g_2) \leqslant \mathrm{Cov}(f_1, f_2) \leqslant \mathrm{Cov}(g_1, g_2),$$

从而结论成立. 证毕.

2. 特征函数不等式

定理 4.6.4 假设 $X_1, X_2, \cdots, X_n$ $(n \geqslant 2)$ 相协随机变量, 则对任意的 $u_1, \cdots, u_n \in \mathbb{R}$ 都有

$$\left| E(e^{\mathrm{i} \sum_{j=1}^n u_j X_j}) - \prod_{j=1}^n E(e^{\mathrm{i} u_j X_j}) \right| \leqslant \sum_{1 \leqslant j < k \leqslant n} |u_j u_k| \mathrm{Cov}(X_j, X_k), \qquad (4.6.8)$$

其中 i 表示虚数单位.

证明　对变量个数 $n \geqslant 2$ 使用数学归纳法证明 (4.6.8) 式. 当 $n = 2$ 时, 由定理 4.1.3 知 (4.6.8) 式成立. 假设变量个数小于或等于 $n-1$ 时 (4.6.8) 式成立, 下面证明 n 个变量它也成立.

将下标集 $\{1, 2, \cdots, n\}$ 按如下方法分割:

(1) 如果 $u_1, \cdots, u_n$ 都有相同的正负号, 则令 $A = \{1, 2, \cdots, n-1\}$, $B = \{n\}$;

(2) 如果 $u_1, \cdots, u_n$ 不是都有相同的正负号, 则令 $A = \{j : 1 \leqslant j \leqslant n, u_j > 0\}$, $B = \{j : 1 \leqslant j \leqslant n, u_j \leqslant 0\}$.

定义两个随机变量 $U = \sum_{j \in A} |u_j| X_j$, $V = \sum_{j \in B} |u_j| X_j$. 显然, U, V 仍然是相协随机变量.

当 $u_1, \cdots, u_n$ 都是正数时, 我们有

$$\left| E(e^{\mathrm{i} \sum_{j=1}^n u_j X_j}) - \prod_{j=1}^n E(e^{\mathrm{i} u_j X_j}) \right|$$

$$\leqslant \left| E(e^{\mathrm{i} \sum_{j=1}^n u_j X_j}) - E(e^{\mathrm{i} \sum_{j=1}^{n-1} u_j X_j}) E(e^{\mathrm{i} u_n X_n}) \right|$$

$$+ \left| E(e^{\mathrm{i} \sum_{j=1}^{n-1} u_j X_j}) E(e^{\mathrm{i} u_n X_n}) - \prod_{j=1}^n E(e^{\mathrm{i} u_j X_j}) \right|$$

$$\leqslant \left| E(e^{\mathrm{i}(U+V)}) - E(e^{\mathrm{i} U}) E(e^{\mathrm{i} V}) \right| + \left| E(e^{\mathrm{i} \sum_{j=1}^{n-1} u_j X_j}) - \prod_{j=1}^{n-1} E(e^{\mathrm{i} u_j X_j}) \right|.$$

对第一项利用定理 4.1.3, 得

$$\left| E(e^{\mathrm{i}(U+V)}) - E(e^{\mathrm{i} U}) E(e^{\mathrm{i} V}) \right| \leqslant \mathrm{Cov}(U, V) = \sum_{j=1}^{n-1} |u_j u_n| \mathrm{Cov}(X_j, X_n).$$

对第二项利用归纳假设立即得结论 (4.6.8). 当 $u_1, \cdots, u_n$ 都是非正数时, 证明过程是类似的.

当 $u_1, \cdots, u_n$ 不是都有相同的正负号时, 我们有

$$\left| E(e^{\mathrm{i} \sum_{j=1}^n u_j X_j}) - \prod_{j=1}^n E(e^{\mathrm{i} u_j X_j}) \right|$$

$$\leqslant \left| E(e^{\mathrm{i}(U-V)}) - E(e^{\mathrm{i} U}) E(e^{-\mathrm{i} V}) \right| + \left| E(e^{\mathrm{i} U}) - \prod_{j \in A} E(e^{\mathrm{i} u_j X_j}) \right| |E(e^{-\mathrm{i} V})|$$

$$+ \left| \prod_{j \in A} E(e^{\mathrm{i} u_j X_j}) \right| \left| E(e^{-\mathrm{i} V}) - \prod_{j \in B} E(e^{\mathrm{i} u_j X_j}) \right|$$

$$= |E(e^{i(U-V)}) - E(e^{iU})E(e^{-iV})| + \left| E(e^{i\sum_{j\in A} u_j X_j}) - \prod_{j\in A} E(e^{iu_j X_j}) \right|$$

$$+ \left| E(e^{i\sum_{j\in B} u_j X_j}) - \prod_{j\in B} E(e^{iu_j X_j}) \right|.$$

上面的第二项和第三项利用归纳假设, 而第一项利用定理 4.1.3 即可得到结论. 证毕.

3. 极大矩不等式

定理 4.6.5 (Newman and Wright, 1981, Theorem 2) 假设 $X_1, X_2, \cdots$ 是均值为零的相协随机变量, $EX_j^2 < \infty$. 则

$$E \left(\max_{1\leqslant j\leqslant n} S_j \right)^2 \leqslant ES_n^2. \tag{4.6.9}$$

进一步有

$$E \max_{1\leqslant j\leqslant n} S_j^2 \leqslant 2ES_n^2. \tag{4.6.10}$$

证明 对 n 利用数学归纳法证明不等式 (4.6.9). 当 $n = 1$ 时不等式显然成立, 现考虑 $n \geqslant 2$ 情形, 并假设部分和最多包含 $n-1$ 个随机变量时不等式 (4.6.9) 成立. 定义

$$K_n = \min\{0,\ X_2 + \cdots + X_n,\ X_3 + \cdots + X_n, X_2,\ \cdots,\ X_n\},$$

$$L_n = \max\{X_2,\ X_2 + X_3,\ \cdots,\ X_2 + X_3 + \cdots + X_n\},$$

$$J_n = \max\{0, L_n\} = \max\{0,\ X_2,\ X_2 + X_3,\ \cdots,\ X_2 + X_3 + \cdots + X_n\}.$$

显然有

$$K_n = X_2 + \cdots + X_n - J_n, \quad J_n^2 \leqslant L_n^2, \quad \max_{1\leqslant j\leqslant n} S_j = X_1 + J_n.$$

由于 K_n 关于 $X_2, \cdots, X_n$ 是非降函数, 所以 $E(X_1 K_n) = \mathrm{Cov}(X_1, K_n) \geqslant 0$. 从而我们有

$$E \left(\max_{1\leqslant j\leqslant n} S_j \right)^2 = E(X_1 + J_n)^2$$

$$= EX_1^2 + 2E(X_1 J_n) + EJ_n^2$$

$$= EX_1^2 + 2E(X_1(X_2 + \cdots + X_n)) - 2E(X_1 K_n) + EJ_n^2$$

$$\leqslant EX_1^2 + 2E(X_1(X_2 + \cdots + X_n)) + EL_n^2.$$

利用归纳假设, 有 $EL_n^2 \leqslant E(X_2 + \cdots + X_n)^2$. 从而得到 (4.6.9).

由于

$$E \max_{1 \leqslant j \leqslant n} S_j^2 = E \max \left\{ \left(\max_{1 \leqslant j \leqslant n} S_j \right)^2, \left(\max_{1 \leqslant j \leqslant n} (-S_j) \right)^2 \right\}$$

$$\leqslant E \left(\max_{1 \leqslant j \leqslant n} S_j \right)^2 + E \left(\max_{1 \leqslant j \leqslant n} (-S_j) \right)^2,$$

所以由 (4.6.9) 得到 (4.6.10). 证毕.

定理4.6.6 假设 $X_1, X_2, \cdots$ 是均值为零的相协随机变量序列, 且 $EX_j^2 < \infty$.

(i) (Yang et al., 2008) 如果

$$\sum_{i=1}^{\infty} u^{1/2}(2^i) < \infty, \tag{4.6.11}$$

其中 $u(n) = \sup_{i \geqslant 1} \sum_{j:j-i \geqslant n} \mathrm{Cov}\,(X_i, X_j)$, 则存在一个与 n 无关的正常数 C 使得

$$E \max_{1 \leqslant j \leqslant n} S_j^2 \leqslant Cn \left\{ \max_{1 \leqslant j \leqslant n} EX_j^2 + 1 \right\}. \tag{4.6.12}$$

(ii) (杨善朝, 2001) 如果

$$\sum_{i=1}^{\infty} v^{1/2}(2^i) < \infty, \tag{4.6.13}$$

其中 $v(n) = \sup_{i \geqslant 1} \sum_{j:j-i \geqslant n} \mathrm{Cov}^{1/2}\,(X_i, X_j)$, 则存在一个与 n 无关的正常数 C 使得

$$E \max_{1 \leqslant j \leqslant n} S_j^2 \leqslant Cn \left\{ \max_{1 \leqslant j \leqslant n} EX_j^2 + (\max_{1 \leqslant j \leqslant n} EX_j^2)^{1/2} \right\}. \tag{4.6.14}$$

注 4.6.1 对平稳随机变量序列, $u(n) = 2 \sum_{j=n+1}^{\infty} \mathrm{Cov}\,(X_1, X_j)$. 显然, 如果 $u(n) \leqslant C (\log n)^{-2} (\log \log n)^{-3}$, 则 (4.6.11) 满足. 一般地, 通常假设 $u(n)$ 的衰减速度为 $n^{-\rho}$, 其中 $\rho > 0$, 可以参见文献 Birkel (1988), Shao 和 Yu (1996). 所以 (4.6.11) 式和 (4.6.13) 式都是非常弱的条件.

证明 (1) 首先我们来证明 (4.6.12). 由定理 4.6.5 知, 我们仅需要证明

$$ES_n^2 \leqslant Cn \left(\max_{1 \leqslant j \leqslant n} EX_j^2 + 1 \right). \tag{4.6.15}$$

记

$$\|X\|_2 = (EX^2)^{1/2}, \quad S_k(n) = \sum_{i=k+1}^{k+n} X_i, \quad \sigma_m = \sup_{k \geqslant 1} \|S_k(m)\|_2.$$

显然,

$$S_k(2m) = S_k(m) + S_{k+m+[m^{1/3}]}(m) + S_{k+m}([m^{1/3}]) - S_{k+2m}([m^{1/3}]).$$

由 Minkowski 不等式, 有

$$\|S_k(2m)\|_2$$

$$\leqslant \|S_k(m) + S_{k+m+[m^{1/3}]}(m)\|_2 + \|S_{k+m}([m^{1/3}])\|_2 + \|S_{k+2m}([m^{1/3}])\|_2$$

$$\leqslant \|S_k(m) + S_{k+m+[m^{1/3}]}(m)\|_2 + 2\sigma_1[m^{1/3}].$$

由于 $EX_i = 0$ 且 $\mathrm{Cov}(X_i, X_j) \geqslant 0$, 所以

$$E(S_k(m) + S_{k+m+[m^{1/3}]}(m))^2$$

$$= ES_k^2(m) + ES_{k+m+[m^{1/3}]}^2(m) + 2ES_k(m)S_{k+m+[m^{1/3}]}(m)$$

$$\leqslant 2\sigma_m^2 + 2 \sum_{i=k+1}^{k+m} \sum_{j=k+m+[m^{1/3}]+1}^{\infty} \mathrm{Cov}(X_i, X_j)$$

$$\leqslant 2\sigma_m^2 + 2 \sum_{i=k+1}^{k+m} u([m^{1/3}])$$

$$\leqslant 2\sigma_m^2 + 2mu([m^{1/3}]). \tag{4.6.16}$$

因此

$$\sigma_{2m} \leqslant 2^{1/2}\sigma_m + \{2mu([m^{1/3}])\}^{1/2} + 2\sigma_1[m^{1/3}]. \tag{4.6.17}$$

取 $m = 2^{r-1}$, 得

$$\sigma_{2^r} \leqslant 2^{1/2}\sigma_{2^{r-1}} + 2 \cdot 2^{(r-1)/3}\sigma_1 + 2^{r/2}u^{1/2}([2^{(r-1)/3}]).$$

利用上面递推式, 我们有

$$\sigma_{2^r} \leqslant 2^{r/2}\sigma_1 + 2\sigma_1 \sum_{i=0}^{r-1} 2^{(r-1-i)/2}2^{i/3} + 2^{r/2} \sum_{i=0}^{r-1} u^{1/2}([2^{i/3}])$$

$$\leqslant \sigma_1 \left\{ 2^{r/2} + 2\sum_{i=0}^{r-1} 2^{(r-1-i)/2+i/3} \right\} + 2^{r/2} \sum_{i=0}^{\infty} \sum_{j=3i}^{3i+2} u^{1/2}([2^{j/3}])$$

$$\leqslant \sigma_1 \left\{ 2^{r/2} + 2^{(r+1)/2} \sum_{i=0}^{r-1} 2^{-i/6} \right\} + 3 \cdot 2^{r/2} \sum_{i=0}^{\infty} u^{1/2}(2^i)$$

$$\leqslant C2^{r/2}(\sigma_1 + 1), \tag{4.6.18}$$

上面用到 $u(n)$ 关于 n 递减的性质. 于是

$$\sigma_{2^r}^2 \leqslant C2^r(\sigma_1^2 + 1). \tag{4.6.19}$$

对给定的 $n \geqslant 1$, 我们考虑新的随机变量序列 $\widetilde{X}_i = X_i I(i \leqslant n)$, $i = 1, 2, \cdots$. 这个新的序列仍然是均值为零的相协随机变量序列, 对它而言 (4.6.19) 仍然成立. 另外, 对给定的 $n \geqslant 1$, 存在整数 $r \geqslant 0$ 使得 $2^r \leqslant n < 2^{r+1}$. 从而我们有

$$ES_n^2 = ES_{2^{r+1}}^2 \leqslant C2^{r+1}(\sigma_1^2 + 1) \leqslant 2Cn \left(\max_{1 \leqslant j \leqslant n} EX_j^2 + 1 \right).$$

因此, 我们得到 (4.6.15) 式.

(2) 现在我们来证明 (4.6.14). 像 (4.6.16) 一样, 我们有

$$E(S_k(m) + S_{k+m+[m^{1/3}]}(m))^2$$

$$\leqslant 2\sigma_m^2 + 2\sum_{i=k+1}^{k+m} \sum_{j=k+m+[m^{1/3}]+1}^{\infty} \mathrm{Cov}(X_i, X_j)$$

$$\leqslant 2\sigma_m^2 + 2\sum_{i=k+1}^{k+m} \sum_{j=k+m+[m^{1/3}]+1}^{\infty} \mathrm{Cov}^{1/2}(X_i, X_j)(\|X_i\|_2)^{1/2}(\|X_j\|_2)^{1/2}$$

$$\leqslant 2\sigma_m^2 + 2\sum_{i=k+1}^{k+m} v([m^{1/3}])\sigma_1$$

$$\leqslant 2\sigma_m^2 + 2mv([m^{1/3}])\sigma_1.$$

重复 (4.6.17)—(4.6.19) 式的过程, 我们可以得到

$$\sigma_{2^r}^2 \leqslant C2^r(\sigma_1^2 + \sigma_1).$$

于是

$$ES_n^2 \leqslant 2Cn \left\{ \max_{1 \leqslant j \leqslant n} EX_j^2 + (\max_{1 \leqslant j \leqslant n} EX_j^2)^{1/2} \right\}.$$

因此, (4.6.14) 式由定理 4.6.5得到. 证毕.

第 5 章　混合随机变量的中心极限定理

5.1　混合随机变量阵列的中心极限定理

在这一节我们将给出适用于 α-混合、ϕ-混合、ψ-混合、ρ-混合等多种混合随机变量序列的中心极限定理, 为此我们首先引入一个新的混合概念, 即 γ-混合.

设 $\{X_i, i \geqslant 1\}$ 是定义在概率空间 $(\Omega, \mathcal{F}, P)$ 上的随机变量序列, $\mathcal{F}_m^n$ 表示由 $(X_i : m \leqslant i \leqslant n)$ 生成的 σ-代数域. 如果存在 $\gamma(n) \to 0$ $(n \to \infty)$ 和正常数 M 使得对于任意正常数 C_1, C_2 都有

$$\sup_{k \geqslant 1} \sup_{X \in L(\mathcal{F}_1^k), Y \in L(\mathcal{F}_{k+n}^\infty)} |\mathrm{Cov}\,(XI(|X| \leqslant C_1), YI(|Y| \leqslant C_2))| \leqslant MC_1 C_2 \gamma(n),$$

$$(5.1.1)$$

则称 $\{X_i, i \geqslant 1\}$ 为 γ-混合的, 也可以称为协方差混合的.

由定理 1.3.1 知, α-混合、ϕ-混合和 ψ-混合等随机变量序列都是 γ-混合序列. 而由 ρ-混合随机变量序列的定义也容易知, 它也是 γ-混合序列. 所以 γ-混合序列包含了常见的混合随机变量序列.

设 $\{X_{n,i} : 1 \leqslant i \leqslant k_n, n \geqslant 1\}$ 是一个随机变量阵列. 如果对每个给定 $n \geqslant 1$, 随机变量 $X_{n,1}, X_{n,2}, \cdots, X_{n,k_n}$ 是 γ-混合的, 则称这一个随机变量阵列为 γ-混合随机变量阵列.

记随机变量阵列的部分和为

$$S_n = \sum_{i=1}^{k_n} X_{n,i}.$$

设 p_n, q_n 为正整数序列, 满足

$$1 \leqslant p_n, \quad q_n \leqslant k_n, \quad q_n p_n^{-1} \leqslant 1. \tag{5.1.2}$$

令 $r_n = [k_n/(p_n + q_n)]$. 显然 $r_n(p_n + q_n) \leqslant k_n \leqslant (r_n + 1)(p_n + q_n)$. 因此, S_n 可以被分解为

$$S_n = S_n' + S_n'' + S_n''',$$

其中

$$S'_n = \sum_{j=1}^{r_n} Y_{n,j}, \quad S''_n = \sum_{j=1}^{r_n} Y'_{n,j}, \quad S'''_n = \sum_{i=r_n(p_n+q_n)+1}^{k_n} X_{n,i},$$

$$Y_{n,j} = \sum_{i=(j-1)(p_n+q_n)+1}^{(j-1)(p_n+q_n)+p_n} X_{n,i}, \quad Y'_{n,j} = \sum_{i=(j-1)(p_n+q_n)+p_n+1}^{j(p_n+q_n)} X_{n,i},$$

$j = 1, \cdots, r_n$.

定理 5.1.1　设 $\{X_{n,i}, 1 \leqslant i \leqslant k_n, n \geqslant 1\}$ 是 γ-混合阵列, $EX_{n,i} = 0, \mathrm{Var}(S_n) = 1$. 设存在正整数序列 p_n, q_n 满足 (5.1.2), 且当 $n \to \infty$ 时,

$$E(S''_n)^2 \to 0, \quad E(S'''_n)^2 \to 0, \tag{5.1.3}$$

$$k_n p_n^{-1} \gamma(q_n) \to 0, \tag{5.1.4}$$

$$s_n^2 := \sum_{j=1}^{r_n} \mathrm{Var}(Y_{n,j}) \to 1, \tag{5.1.5}$$

则 $S_n \xrightarrow{d} N(0,1)$ 的充要条件是: 对任意给定的 $\varepsilon > 0$, 有

$$\sum_{j=1}^{r_n} E[Y_{n,j}^2 I(|Y_{n,j}| > \varepsilon)] \to 0. \tag{5.1.6}$$

为了证明定理 5.1.1, 我们需要如下两个引理.

引理 5.1.1　设 $\{X_{n,i} : 1 \leqslant i \leqslant k_n, n \geqslant 1\}$ 是独立随机变量阵列, $EX_{n,i} = 0$ $(1 \leqslant i \leqslant k_n, n \geqslant 1)$. 记 $S_n = \sum_{i=1}^{k_n} X_{n,i}$. 如果对所有的 $n \geqslant 1$ 有 $\mathrm{Var}(S_n) = 1$, 则当 $n \to \infty$ 时,

$$S_n \xrightarrow{d} N(0,1) \tag{5.1.7}$$

的充要条件是: 对任意给定的 $\varepsilon > 0$, 有

$$\sum_{i=1}^{k_n} E[X_{n,i}^2 I(|X_{n,i}| > \varepsilon)] \to 0. \tag{5.1.8}$$

(5.1.8) 式是随机变量阵列的林德贝格 (Lindeberg) 条件. 这个中心极限定理可以参见 Gnedenko 和 Kolmogorov(1954, 102-103), Barndorff-Nielsen 和 Shephard(2006b, Theorem 3.1).

引理 5.1.2 设 $\{X_{n,i} : 1 \leqslant i \leqslant k_n, n \geqslant 1\}$ 是独立随机变量阵列, $EX_{n,i} = 0$, $E(X_{n,i}^2) < \infty$ $(1 \leqslant i \leqslant k_n, \forall n \geqslant 1)$. 记 $B_n^2 = \sum_{i=1}^{k_n} \mathrm{Var}(X_{n,i})$. 则当 $n \to \infty$ 时,

$$B_n^{-1} S_n \xrightarrow{d} N(0, 1) \tag{5.1.9}$$

的充要条件是: 对任意给定的 $\varepsilon > 0$, 有

$$B_n^{-2} \sum_{i=1}^{k_n} E[X_{n,i}^2 I(|X_{n,i}| > \varepsilon B_n)] \to 0. \tag{5.1.10}$$

证明 记 $Y_{n,i} = X_{n,i}/B_n$. 显然 $Y_{n,i}$ 满足引理 5.1.1 的条件, 从而得结论. 证毕.

定理 5.1.1 的证明 由 (5.1.3) 知, $S_n'' \xrightarrow{P} 0, S_n''' \xrightarrow{P} 0$. 所以, $S_n \xrightarrow{d} N(0, 1)$ 与 $S_n' \xrightarrow{d} N(0, 1)$ 等价.

设 $\{\eta_{n,j}, j = 1, \cdots, r_n\}$ 是独立随机变量序列, $\eta_{n,j}$ 与 $Y_{n,j}$ 有相同的分布 $(j = 1, \cdots, r_n)$. 令 $T_n = \sum_{j=1}^{r_n} \eta_{n,j}$. 设 $F_X(x) = P(X < x)$ 为随机变量 X 的分布函数, $\Phi(x)$ 为标准正态分布函数. 由 (5.1.5) 容易得

$$F_{T_n}(x) - F_{T_n/s_n}(x) \to 0.$$

设 $\varphi_{S_n'}(t)$, $\varphi_{T_n}(t)$ 分别是 S_n', T_n 的特征函数. 显然

$$\varphi_{T_n}(t) = E(\exp\{itT_n\}) = \prod_{j=1}^{r_n} E \exp\{it\eta_{n,j}\} = \prod_{j=1}^{r_n} E \exp\{itY_{n,j}\}.$$

利用 γ-混合的定义和 (5.1.4), 有

$$
\begin{aligned}
|\varphi_{S_n'}(t) - \varphi_{T_n}(t)| &= \left| E \exp\left(it \sum_{j=1}^{r_n} Y_{n,j}\right) - \prod_{j=1}^{r_n} E \exp(itY_{n,j}) \right| \\
&\leqslant \left| E \exp\left(it \sum_{l=1}^{r_n} Y_l\right) - E \exp\left(it \sum_{l=1}^{r_n-1} Y_l\right) E \exp(itY_{r_n}) \right| \\
&\quad + \left| E \exp\left(it \sum_{l=1}^{r_n-1} Y_l\right) - \prod_{l=1}^{r_n-1} E \exp(itY_l) \right| \\
&\leqslant M\gamma(q_n) + \left| E \exp\left(it \sum_{l=1}^{r_n-1} Y_l\right) - \prod_{l=1}^{r_n-1} E \exp(itY_l) \right| \\
&\leqslant M r_n \gamma(q_n)
\end{aligned}
$$

$$\leqslant C k_n p_n^{-1} \gamma(q_n) \to 0.$$

因此

$$F_{S_n'}(x) - F_{T_n}(x) \to 0.$$

而

$$F_{S_n'}(x) - \Phi(x) = \{F_{S_n'}(x) - F_{T_n}(x)\} + \{F_{T_n}(x) - F_{T_n/s_n}(x)\}$$
$$+ \{F_{T_n/s_n}(x) - \Phi(x)\},$$

所以 $S_n' \xrightarrow{d} N(0,1)$ 等价于 $T_n/s_n \xrightarrow{d} N(0,1)$. 根据引理 5.1.1, $T_n/s_n \xrightarrow{d} N(0,1)$ 的充要条件是 (5.1.6). 证毕.

定理 5.1.2　设 $\{X_{n,i}, 1 \leqslant i \leqslant k_n, n \geqslant 1\}$ 是 ρ-混合 (或者 ϕ-混合) 阵列, $EX_{n,i} = 0, \mathrm{Var}(S_n) = 1$. 如果存在正整数序列 p_n, q_n 满足 (5.1.2), 且当 $n \to \infty$ 时,

$$E(S_n'')^2 \to 0, \quad E(S_n''')^2 \to 0, \tag{5.1.11}$$

$$k_n p_n^{-1} \rho(q_n) \to 0 \quad (\text{或者} k_n p_n^{-1} \phi^{1/2}(q_n) \to 0), \tag{5.1.12}$$

则 $S_n \xrightarrow{d} N(0,1)$ 的充要条件是: 对任意给定的 $\varepsilon > 0$, 有

$$\sum_{j=1}^{r_n} E[Y_{n,j}^2 I(|Y_{n,j}| > \varepsilon)] \to 0. \tag{5.1.13}$$

证明　根据定理 5.1.1, 我们只需要证明: 在 (5.1.11) 和 (5.1.12) 条件下, 有 $s_n^2 \to 1$.

令 $\Gamma_n = \sum_{1 \leqslant i < j \leqslant r_n} \mathrm{Cov}(Y_{n,i}, Y_{n,j})$. 显然

$$E(S_n')^2 = s_n^2 + 2\Gamma_n. \tag{5.1.14}$$

注意 $E(S_n)^2 = 1$, 有

$$E(S_n')^2 = E[S_n - (S_n'' + S_n''')]^2 = 1 + E(S_n'' + S_n''')^2 - 2E[S_n(S_n'' + S_n''')].$$

利用条件 (5.1.11), 得

$$|E(S_n')^2 - 1| = \left| E(S_n'' + S_n''')^2 - 2E[S_n(S_n'' + S_n''')] \right|$$

$$\leqslant 2(E(S_n'')^2 + E(S_n''')^2) + 2(ES_n^2)^{1/2}(E(S_n'' + S_n''')^2)^{1/2}$$

$$\leqslant 2(E(S_n'')^2 + E(S_n''')^2) + 2^{3/2}(E(S_n'')^2 + E(S_n''')^2)^{1/2}$$

$$\to 0. \tag{5.1.15}$$

利用 ρ-混合变量的协方差不等式, 有

$$|\Gamma_n| \leqslant C \sum_{1 \leqslant i < j \leqslant r_n} \rho(q_n)||Y_{n,i}||_2 ||Y_{n,j}||_2$$

$$\leqslant C\rho(q_n) \sum_{i=1}^{r_n-1} \sum_{j=i+1}^{r_n} (EY_{n,i}^2 + EY_{n,j}^2)$$

$$\leqslant C\rho(q_n) \sum_{i=1}^{r_n-1} \left(r_n EY_{n,i}^2 + \sum_{j=i+1}^{r_n} EY_{n,j}^2 \right)$$

$$\leqslant C\rho(q_n) r_n \sum_{i=1}^{r_n} EY_{n,i}^2$$

$$\leqslant C k_n p_n^{-1} \rho(q_n) s_n^2.$$

由 $k_n p_n^{-1} \rho(q_n) \to 0$, 有 $\Gamma_n = o(s_n^2)$.

$$E(S_n')^2 = s_n^2 + 2\Gamma_n = (1 + o(1))s_n^2.$$

结合 $(S_n')^2 \to 1$, 有 $s_n^2 \to 1$. 证毕.

定理 5.1.3 设 $\{X_{n,i}, 1 \leqslant i \leqslant k_n, n \geqslant 1\}$ 是 α-混合阵列, $EX_{n,i} = 0, \mathrm{Var}(S_n) = 1$. 如果存在正整数序列 p_n, q_n 满足 (5.1.2), 且当 $n \to \infty$ 时,

$$E(S_n'')^2 \to 0, \quad E(S_n''')^2 \to 0, \tag{5.1.16}$$

$$k_n p_n^{-1} \alpha(q_n) \to 0, \tag{5.1.17}$$

$$\sum_{i=1}^{k_n} ||X_{n,i}||_{2+\delta}^2 \sum_{j=q_n}^{\infty} \alpha^{\delta/(2+\delta)}(j) \to 0, \tag{5.1.18}$$

则 $S_n \xrightarrow{d} N(0,1)$ 的充要条件是: 对任意给定的 $\varepsilon > 0$, 有

$$\sum_{j=1}^{r_n} E[Y_{n,j}^2 I(|Y_{n,j}| > \varepsilon)] \to 0. \tag{5.1.19}$$

证明　根据定理 5.1.1, 我们只需要证明: 在 (5.1.16) 和 (5.1.18) 条件下, 有 $s_n^2 \to 1$. 由 (5.1.14) 和 (5.1.15) 知, 我们只要证明 $\Gamma_n \to 0$. 利用 α-混合变量的协方差不等式, 有

$$
\begin{aligned}
|\Gamma_n| &\leqslant \sum_{1\leqslant i<j\leqslant r_n} \sum_{s=(i-1)(p_n+q_n)+1}^{(i-1)(p_n+q_n)+p_n} \sum_{t=(j-1)(p_n+q_n)+1}^{(j-1)(p_n+q_n)+p_n} |\mathrm{Cov}(X_{n,s}, X_{n,t})| \\
&\leqslant C \sum_{1\leqslant i<j\leqslant r_n} \sum_{s=(i-1)(p_n+q_n)+1}^{(i-1)(p_n+q_n)+p_n} \sum_{t=(j-1)(p_n+q_n)+1}^{(j-1)(p_n+q_n)+p_n} \alpha^{\delta/(2+\delta)}(t-s)\|X_{n,s}\|_{2+\delta} \\
&\quad \cdot \|X_{n,t}\|_{2+\delta} \\
&\leqslant C \sum_{1\leqslant i<j\leqslant r_n} \sum_{s=(i-1)(p_n+q_n)+1}^{(i-1)(p_n+q_n)+p_n} \sum_{t=(j-1)(p_n+q_n)+1}^{(j-1)(p_n+q_n)+p_n} \alpha^{\delta/(2+\delta)}(t-s)\{\|X_{n,s}\|_{2+\delta}^2 \\
&\quad + \|X_{n,t}\|_{2+\delta}^2\} \\
&\leqslant C \sum_{i=1}^{r_n-1} \sum_{s=(i-1)(p_n+q_n)+1}^{(i-1)(p_n+q_n)+p_n} \|X_{n,s}\|_{2+\delta}^2 \sum_{j=i+1}^{r_n} \sum_{t=(j-1)(p_n+q_n)+1}^{(j-1)(p_n+q_n)+p_n} \alpha^{\delta/(2+\delta)}(t-s) \\
&\quad + C \sum_{j=2}^{r_n} \sum_{t=(j-1)(p_n+q_n)+1}^{(j-1)(p_n+q_n)+p_n} \|X_{n,t}\|_{2+\delta}^2 \sum_{i=1}^{j-1} \sum_{s=(i-1)(p_n+q_n)+1}^{(i-1)(p_n+q_n)+p_n} \alpha^{\delta/(2+\delta)}(t-s) \\
&\leqslant C \sum_{i=1}^{k_n} \|X_{n,i}\|_{2+\delta}^2 \sum_{j=q_n}^{\infty} \alpha^{\delta/(2+\delta)}(j) \to 0.
\end{aligned}
$$

证毕.

令 $\sigma_n^2 = \mathrm{Var}(S_n)$. 为方便应用, 我们将前面的定理改写成如下几个推论.

推论 5.1.1　设 $\{X_{n,i}, 1 \leqslant i \leqslant k_n, n \geqslant 1\}$ 是 γ-混合阵列, $EX_{n,i} = 0, EX_{n,i}^2 < \infty$. 又设存在正整数序列 p_n, q_n 满足 (5.1.2), 且当 $n \to \infty$ 时,

$$
\sigma_n^{-2} E(S_n'')^2 \to 0, \quad \sigma_n^{-2} E(S_n''')^2 \to 0, \tag{5.1.20}
$$

$$
k_n p_n^{-1} \gamma(q_n) \to 0, \tag{5.1.21}
$$

$$
\sigma_n^{-2} \sum_{j=1}^{r_n} \mathrm{Var}(Y_{n,j}) \to 1, \tag{5.1.22}
$$

则 $S_n \xrightarrow{d} N(0,1)$ 的充要条件是: 对任意给定的 $\varepsilon > 0$, 有

$$\sigma_n^{-2} \sum_{j=1}^{r_n} E[Y_{n,j}^2 I(|Y_{n,j}| > \varepsilon \sigma_n)] \to 0. \tag{5.1.23}$$

推论 5.1.2 设 $\{X_{n,i}, 1 \leqslant i \leqslant k_n, n \geqslant 1\}$ 是 ρ-混合 (或者 ϕ-混合) 阵列, $EX_{n,i} = 0, EX_{n,i}^2 < \infty$. 如果存在正整数序列 p_n, q_n 满足 (5.1.2), 且当 $n \to \infty$ 时,

$$\sigma_n^{-2} E(S_n'')^2 \to 0, \quad \sigma_n^{-2} E(S_n''')^2 \to 0, \tag{5.1.24}$$

$$k_n p_n^{-1} \rho(q_n) \to 0 \quad (\text{或者} k_n p_n^{-1} \phi^{1/2}(q_n) \to 0), \tag{5.1.25}$$

则 $S_n \xrightarrow{d} N(0,1)$ 的充要条件是: 对任意给定的 $\varepsilon > 0$, 有

$$\sigma_n^{-2} \sum_{j=1}^{r_n} E[Y_{n,j}^2 I(|Y_{n,j}| > \varepsilon \sigma_n)] \to 0. \tag{5.1.26}$$

推论 5.1.3 设 $\{X_{n,i}, 1 \leqslant i \leqslant k_n, n \geqslant 1\}$ 是 α-混合阵列, $EX_{n,i} = 0, EX_{n,i}^2 < \infty$. 如果存在正整数序列 p_n, q_n 满足 (5.1.2), 且当 $n \to \infty$ 时,

$$\sigma_n^{-2} E(S_n'')^2 \to 0, \quad \sigma_n^{-2} E(S_n''')^2 \to 0, \tag{5.1.27}$$

$$k_n p_n^{-1} \alpha(q_n) \to 0, \tag{5.1.28}$$

$$\sigma_n^{-2} \sum_{i=1}^{k_n} \|X_{n,i}\|_{2+\delta}^2 \sum_{j=q_n}^{\infty} \alpha^{\delta/(2+\delta)}(j) \to 0, \tag{5.1.29}$$

则 $S_n \xrightarrow{d} N(0,1)$ 的充要条件是: 对任意给定的 $\varepsilon > 0$, 有

$$\sigma_n^{-2} \sum_{j=1}^{r_n} E[Y_{n,j}^2 I(|Y_{n,j}| > \varepsilon \sigma_n)] \to 0. \tag{5.1.30}$$

5.2 混合随机变量序列的中心极限定理

设 $\{X_i, i \geqslant 1\}$ 是随机变量序列, 正整数序列 p_n, q_n 满足

$$1 \leqslant p_n, \quad q_n \leqslant n, \quad q_n p_n^{-1} \leqslant 1. \tag{5.2.1}$$

令 $r_n = [n/(p_n + q_n)]$. 则 $T_n = \sum_{i=1}^n X_i$ 可以被分解为

$$T_n = T_n' + T_n'' + T_n''',$$

其中

$$T'_n = \sum_{j=1}^{r_n} Z_{n,j}, \quad T''_n = \sum_{j=1}^{r_n+1} Z'_{n,j}, \quad T'''_n = \sum_{i=r_n(p_n+q_n)+1}^{n} X_i,$$

$$Z_{n,j} = \sum_{i=(j-1)(p_n+q_n)+1}^{(j-1)(p_n+q_n)+p_n} X_i, \quad Z'_{n,j} = \sum_{i=(j-1)(p_n+q_n)+p_n+1}^{j(p_n+q_n)} X_i,$$

$j = 1, \cdots, r_n$.

记 $\sigma_n^2 = \mathrm{Var}\left(\sum_{i=1}^n X_i\right)$. 由定理 5.1.2 和定理 5.1.3, 我们立即得到如下两个定理.

定理 5.2.1　设 $\{X_i, i \geqslant 1\}$ 是 ρ-混合 (或者 ϕ-混合) 的随机变量序列, $EX_i = 0, EX_i^2 < \infty$. 如果存在正整数序列 p_n, q_n 满足 (5.2.1), 且当 $n \to \infty$ 时,

$$\sigma_n^{-2} E(T''_n)^2 \to 0, \quad \sigma_n^{-2} E(T'''_n)^2 \to 0, \tag{5.2.2}$$

$$np_n^{-1}\rho(q_n) \to 0 \quad (\text{或者} np_n^{-1}\phi^{1/2}(q_n) \to 0), \tag{5.2.3}$$

则 $\sigma_n^{-1} \sum_{i=1}^n X_i \xrightarrow{d} N(0,1)$ 的充要条件是: 对任意给定的 $\varepsilon > 0$, 有

$$\sigma_n^{-2} \sum_{j=1}^{r_n} E[Z_{n,j}^2 I(|Z_{n,j}| > \varepsilon\sigma_n)] \to 0. \tag{5.2.4}$$

定理 5.2.2　设 $\{X_i, i \geqslant 1\}$ 是 α-混合的随机变量序列, $EX_i = 0, EX_i^2 < \infty$. 如果存在正整数序列 p_n, q_n 满足 (5.2.1), 且当 $n \to \infty$ 时,

$$\sigma_n^{-2} E(T''_n)^2 \to 0, \quad \sigma_n^{-2} E(T'''_n)^2 \to 0, \tag{5.2.5}$$

$$np_n^{-1}\alpha(q_n) \to 0, \tag{5.2.6}$$

$$\sigma_n^{-2} \sum_{i=1}^n \|X_i\|_{2+\delta}^2 \sum_{j=q_n}^{\infty} \alpha^{\delta/(2+\delta)}(j) \to 0, \tag{5.2.7}$$

则 $\sigma_n^{-1} \sum_{i=1}^n X_i \xrightarrow{d} N(0,1)$ 的充要条件是: 对任意给定的 $\varepsilon > 0$, 有

$$\sigma_n^{-2} \sum_{j=1}^{r_n} E[Z_{n,j}^2 I(|Z_{n,j}| > \varepsilon\sigma_n)] \to 0. \tag{5.2.8}$$

5.3 混合平稳随机变量的中心极限定理

由定理 5.2.1, 我们立即得到如下定理.

定理 5.3.1 设 $\{X_i, i \geqslant 1\}$ 是 ρ-混合 (或者 ϕ-混合) 的平稳随机变量序列, $EX_i = 0, EX_i^2 < \infty$. 如果存在正整数序列 p_n, q_n 满足 $1 \leqslant p_n, q_n \leqslant n, q_n p_n^{-1} \leqslant 1$, 且当 $n \to \infty$ 时,

$$\sigma_n^{-2} E(T_n'')^2 \to 0, \quad \sigma_n^{-2} E(T_n''')^2 \to 0, \tag{5.3.1}$$

$$np_n^{-1}\rho(q_n) \to 0 \quad (\text{或者} np_n^{-1}\phi^{1/2}(q_n) \to 0), \tag{5.3.2}$$

则 $\sigma_n^{-1} \sum_{i=1}^n X_i \stackrel{d}{\longrightarrow} N(0,1)$ 的充要条件是: 对任意给定的 $\varepsilon > 0$, 有

$$np_n^{-1}\sigma_n^{-2} E[Z_{n,1}^2 I(|Z_{n,1}| > \varepsilon\sigma_n)] \to 0. \tag{5.3.3}$$

定理 5.3.2 设 $\{X_i, i \geqslant 1\}$ 是 α-混合的平稳随机变量序列, $EX_i = 0, EX_i^2 < \infty$. 如果存在正整数序列 p_n, q_n 满足 $1 \leqslant p_n, q_n \leqslant n, q_n p_n^{-1} \leqslant 1$, 且当 $n \to \infty$ 时,

$$\sigma_n^{-2} E(T_n'')^2 \to 0, \quad \sigma_n^{-2} E(T_n''')^2 \to 0, \tag{5.3.4}$$

$$np_n^{-1}\rho(q_n) \to 0, \tag{5.3.5}$$

$$n\sigma_n^{-2} \sum_{j=q_n}^{\infty} \alpha^{\delta/(2+\delta)}(j) \to 0, \tag{5.3.6}$$

则 $\sigma_n^{-1} \sum_{i=1}^n X_i \stackrel{d}{\longrightarrow} N(0,1)$ 的充要条件是: 对任意给定的 $\varepsilon > 0$, 有

$$np_n^{-1}\sigma_n^{-2} E[Z_{n,1}^2 I(|Z_{n,1}| > \varepsilon\sigma_n)] \to 0. \tag{5.3.7}$$

定理 5.3.3 (Ibragimov, 1962, Theorem 1.5) 设 $\{X_i, i \geqslant 1\}$ 是 ϕ-混合的平稳随机变量序列, $EX_i = 0, E|X_i|^2 < \infty$. 如果

$$\sum_{n=1}^{\infty} \phi^{1/2}(n) < \infty, \tag{5.3.8}$$

则

$$\sigma^2 = EX_1 + 2\sum_{j=1}^{\infty} E(X_1 X_{1+j}) < \infty. \tag{5.3.9}$$

如果进一步假设 $\sigma^2 \neq 0$, 则

$$\frac{1}{\sqrt{n}\sigma} \sum_{i=1}^{n} X_i \xrightarrow{d} N(0,1). \tag{5.3.10}$$

证明　由于

$$\sum_{j=1}^{\infty} |E(X_1 X_{1+j})| \leqslant C E X_1^2 \sum_{j=1}^{\infty} \phi^{1/2}(j) < \infty,$$

所以级数 $\sum_{j=1}^{\infty} E(X_1 X_{1+j})$ 绝对收敛, 从而 (5.3.9) 成立.

$$\sigma_n^2/n = n^{-1} E\left(\sum_{i=1}^{n} X_i\right)^2 = E X_1 + 2 \sum_{j=1}^{n-1} (1-j/n) E(X_1 X_{1+j}) \to \sigma^2,$$

即 $\sigma_n^2 = n\sigma^2(1+o(1))$. 取 $p_n = [n^{2/3}], q_n = [n^{1/3}]$, 则有

$$\sigma_n^{-2} E(T_n'')^2 \leqslant C r_n q_n/n \leqslant C q_n p_n^{-1} \leqslant C n^{-1/3} \to 0,$$

$$\sigma_n^{-2} E(T_n''')^2 \leqslant C(p_n + q_n)/n \leqslant C n^{-1/3} \to 0,$$

$$n p_n^{-1} \phi(q_n) \leqslant C n p_n^{-1} q_n^{-2} \leqslant C n^{-1/3} \to 0.$$

由于 $E(Z_{n,1}/\sqrt{p_n})^2 = \sigma(1+o(1))$, 所以

$$n p_n^{-1} \sigma_n^{-2} E[Z_{n,1}^2 I(|Z_{n,1}| > \varepsilon \sigma_n)]$$

$$\leqslant C E[(Z_{n,1}/\sqrt{p_n})^2 I(|Z_{n,1}/\sqrt{p_n}| > \varepsilon \sigma_n/\sqrt{p_n})]$$

$$\leqslant C E[(Z_{n,1}/\sqrt{p_n})^2 I(|Z_{n,1}/\sqrt{p_n}| > C_0 n^{1/6})] \to 0.$$

因此, 由定理 5.3.1得结论 (5.3.10). 证毕.

定理 5.3.4 (Ibragimov, 1962, Theorem 1.6, Theorem 1.7)　设 $\{X_i, i \geqslant 1\}$ 是 α-混合的平稳随机变量序列, $E X_i = 0$. 如果

$$|X_i| \leqslant C < \infty, \quad \sum_{n=1}^{\infty} \alpha(n) < \infty, \tag{5.3.11}$$

或者存在 $\delta > 0$ 使得

$$E|X_i|^{2+\delta} < \infty, \quad \sum_{n=1}^{\infty} \alpha^{\delta/(2+\delta)}(n) < \infty, \tag{5.3.12}$$

则

$$\sigma^2 = EX_1 + 2\sum_{j=1}^{\infty} E(X_1 X_{1+j}) < \infty. \tag{5.3.13}$$

如果进一步假设 $\sigma^2 \neq 0$, 则

$$\frac{1}{\sqrt{n}\sigma} \sum_{i=1}^{n} X_i \xrightarrow{d} N(0,1). \tag{5.3.14}$$

证明 完全类似于定理 5.3.3 的证明过程. 证毕.

假设 $h(x)$ 是定义在 $[A, \infty)$ 上的实值函数 $(A > 0)$, $h(x) > 0$. 如果

$$\lim_{x \to \infty} \frac{h(cx)}{h(x)} = 1, \quad \forall c > 0,$$

则称 $h(x)$ 为慢变函数. 例如, 正常数 a, $\log x$, $\log\log x$, $\cdots$ 都是慢变函数.

Karamata(1930, 1933) 最先提出慢变函数概念, 并且给出两个重要定理: 一个是一致收敛定理 (uniform convergence theorem), 另一个是表示定理 (representation theorem). 这两个定理引起了学者们的广泛关注, 对一致收敛定理持续研究的文献有 Hardy 和 Rogosinski(1945), van Aardenne-Ehrenfest 等 (1949), Agnew(1954), Delange(1955), Matuszewska(1962, 1965), Csiszar-Erdös(1965), 等等. 而对表示定理持续研究的文献有 van Aardenne-Ehrenfest 等 (1949) 和 Bruijn(1959). 另外, Bojanic 和 Seneta(1971) 还讨论了慢变函数的性质.

引理 5.3.1 (Bojanic and Seneta 1971, Page 17-19) 假设 $h(x), h_1(x), h_2(x)$ 都是慢变函数, 则有

(1) 对任意的 $\gamma > 0$, $\lim_{x \to \infty} x^{\gamma} h(x) = \infty$, $\lim_{x \to \infty} x^{-\gamma} h(x) = 0$;

(2) $\lim_{x \to \infty} \dfrac{\log h(x)}{\log x} = 0$;

(3) $h_1(x) + h_2(x)$, $h_1(x)h_2(x)$, $h^a(x)$ $(a \in \mathbb{R})$ 都是慢变函数;

(4) 如果 $h_2(x) \to \infty$, 则 $h_1(h_2(x))$ 也是慢变函数.

引理 5.3.2 (Ibragimov, 1962, Lemma 1.7) 如果 $c(n) \to 0$(当 $n \to \infty$ 时), 则对任意的 $\varepsilon > 0$, 都有

$$\lim_{n \to \infty} \frac{h(nc(n))}{h(n)} c^{\varepsilon}(n) = \lim_{n \to \infty} \frac{h(n)}{h(nc(n))} c^{\varepsilon}(n) = 0.$$

引理 5.3.3 (Ibragimov, 1962, Lemma 1.9; Ibragimov, 1975, Lemma 2.1) 在后面定理 5.3.5 的条件下, 存在正常数 C 使得

$$E|S_n|^{2+\delta} \leqslant C\sigma_n^{2+\delta}, \quad 0 < \delta \leqslant 1,$$

其中 $S_n = \sum_{i=1}^{n} X_i$.

证明　令 $a_n = E|S_n|^{2+\delta}$, $\widetilde{S}_n = \sum_{i=n+k+1}^{2n+k} X_i$. 我们有

$$E|S_n + \widetilde{S}_n|^{2+\delta}$$

$$\leqslant E\{(S_n + \widetilde{S}_n)^2(|S_n|^\delta + |\widetilde{S}_n|^\delta)\}$$

$$= 2a_n + E\{S_n^2|\widetilde{S}_n|^\delta\} + E\{\widetilde{S}_n^2|S_n|^\delta\} + 2E\{|S_n|^\delta S_n\widetilde{S}_n\} + 2E\{S_n\widetilde{S}_n|\widetilde{S}_n|^\delta\}.$$

利用 ρ-混合的定义, 得

$$E\{S_n^2|\widetilde{S}_n|^\delta\} \leqslant \rho(k)\|S_n\|_{2+\delta}^2\|\widetilde{S}_n\|_{2+\delta}^\delta + ES_n^2 E|\widetilde{S}_n|^\delta$$

$$\leqslant \rho(k)a_n + \sigma_n^2 E\|\widetilde{S}_n\|_2^\delta$$

$$= \rho(k)a_n + \sigma_n^{2+\delta},$$

$$|E\{S_n|S_n|^\delta \widetilde{S}_n\}| \leqslant \rho(k)\|S_n\|_{2+\delta}^{1+\delta}\|\widetilde{S}_n\|_{2+\delta} = \rho(k)a_n.$$

因此

$$E|S_n + \widetilde{S}_n|^{2+\delta} \leqslant 2a_n + 6\rho(k)a_n + 2\sigma_n^{2+\delta}.$$

由 $\rho(k) \to 0$ 知, 对任意给定的 $\varepsilon > 0$, 存在适当大的 k 使得 $\rho(k) < 1/2$ 且

$$E|S_n + \widetilde{S}_n|^{2+\delta} \leqslant 2(1+\varepsilon)a_n + 2\sigma_n^{2+\delta}.$$

由 Minkowski 不等式, 有

$$a_{2n} = E\left|S_n + \widetilde{S}_n + \sum_{i=n+1}^{n+k} X_i - \sum_{i=2n+1}^{2n+k} X_i\right|^{2+\delta}$$

$$\leqslant \left\{\|S_n + \widetilde{S}_n\|_{2+\delta} + \left\|\sum_{i=n+1}^{n+k} X_i\right\|_{2+\delta} + \left\|\sum_{i=2n+1}^{2n+k} X_i\right\|_{2+\delta}\right\}^{2+\delta}$$

$$= E|S_n + \widetilde{S}_n|^{2+\delta}\left\{1 + \frac{2a_k^{1/(2+\delta)}}{\|S_n + \widetilde{S}_n\|_{2+\delta}}\right\}^{2+\delta}.$$

而

$$\|S_n + \widetilde{S}_n\|_{2+\delta}^2 \geqslant E|S_n + \widetilde{S}_n|^2 = 2\sigma_n^2 + 2E(S_n\widetilde{S}_n)$$

$$\geqslant 2\sigma_n^2 - 2\rho(k)\sigma_n^2 = 2(1-\rho(k))\sigma_n^2 \geqslant \sigma_n^2 \to \infty,$$

所以存在 $N > 0$ 使得当 $n \geqslant N$ 时, 有

$$a_{2n} \leqslant (1+\varepsilon)E|S_n + \widetilde{S}_n|^{2+\delta} \leqslant 2(1+\varepsilon)^2 a_n + 2(1+\varepsilon)\sigma_n^{2+\delta}.$$

令 $b_n = a_n/\sigma_n^{2+\delta}$. 由于 $\sigma_{2n}^2/\sigma_n^2 = 2h(2n)/h(n) \to 2$, 所以

$$
\begin{aligned}
b_{2n} &= a_{2n}/\sigma_{2n}^{2+\delta} \\
&\leqslant 2(1+\varepsilon)^2 a_n/\sigma_{2n}^{2+\delta} + 2(1+\varepsilon)\sigma_n^{2+\delta}/\sigma_{2n}^{2+\delta} \\
&= 2(1+\varepsilon)^2 b_n(\sigma_n^2/\sigma_{2n}^2)^{(2+\delta)/2} + 2(1+\varepsilon)(\sigma_n^2/\sigma_{2n}^2)^{(2+\delta)/2} \\
&\leqslant 2(1+2\varepsilon)^2 2^{-(2+\delta)/2} b_n + 2(1+2\varepsilon)2^{-(2+\delta)/2} \\
&= (1+2\varepsilon)^2 2^{-\delta/2} b_n + (1+2\varepsilon)2^{-\delta/2} \\
&\leqslant \lambda b_n + \lambda,
\end{aligned}
$$

其中 $\lambda = (1+2\varepsilon)^2 2^{-\delta/2}$, 且选择 ε 充分小使得 $0 < \lambda < 1$.

$$
\begin{aligned}
b_{2^r} &\leqslant \lambda b_{2^{r-1}} + \lambda \\
&\leqslant \lambda(\lambda b_{2^{r-2}} + \lambda) + \lambda \\
&= \lambda^2 b_{2^{r-2}} + \lambda^2 + \lambda \\
&\leqslant \cdots \\
&\leqslant \lambda^r b_{2^0} + \sum_{i=1}^{r} \lambda^i \\
&\leqslant \lambda^r a_1/\sigma_1^{2+\delta} + \lambda/(1-\lambda) \\
&= \lambda^r E|X_1|^{2+\delta}/(EX_1^2)^{2+\delta} + \lambda/(1-\lambda),
\end{aligned}
$$

即存在正常数 M 使 $b_{2^r} \leqslant M$, 从而

$$a_{2^r} \leqslant M\sigma_{2^r}^{2+\delta}, \quad \forall r \geqslant 0. \tag{5.3.15}$$

对任意的 $n \geqslant 1$ 存在正整数 r 使得 $2^r \leqslant n < 2^{r+1}$, 且

$$n = v_0 2^r + v_1 2^{r-1} + \cdots + v_r, \quad v_j = 0 \text{ 或 } 1, \quad j > 0, v_0 = 1.$$

令 $n_k = \sum_{j=0}^{k} v_j 2^{r-j}$, 则 S_n 可以表示为

$$S_n = (X_1 + \cdots + X_{v_0 2^r}) + (X_{v_0 2^r + 1} + \cdots + X_{v_0 2^r + v_1 2^{r-1}})$$

$$+ \cdots + (X_{v_0 2^r + \cdots + v_{r-1} 2 + 1} + \cdots + X_n).$$

使用 Minkowski 不等式和 (5.3.15), 得

$$a_n^{1/(2+\delta)} \leqslant \sum_{j=0}^{r} E^{1/(2+\delta)} |X_1 + \cdots + X_{v_j 2^{r-j}}|^{2+\delta} = \sum_{j=0}^{r} a_{v_j 2^{r-j}}^{1/(2+\delta)}$$

$$\leqslant M^{1/(2+\delta)} \sum_{j=0}^{r} \sigma_{v_j 2^{r-j}}$$

$$\leqslant M^{1/(2+\delta)} \sum_{j=0}^{r} \sigma_{2^{r-j}} \quad (\text{因为 } v_j = 0 \text{ 或 } 1)$$

$$= M^{1/(2+\delta)} \sum_{j=0}^{r} \left(2^{r-j} h(2^{r-j})\right)^{1/2}$$

$$= M^{1/(2+\delta)} \sqrt{h(n)} \sqrt{\frac{h(2^r)}{h(n)}} \sum_{j=0}^{r} 2^{(r-j)/2} \left(\frac{h(2^{r-j})}{h(2^r)}\right)^{1/2}. \qquad (5.3.16)$$

下面我们来证明

$$\sum_{j=0}^{r} 2^{(r-j)/2} \left(\frac{h(2^{r-j})}{h(2^r)}\right)^{1/2} \leqslant C 2^{r/2} \qquad (5.3.17)$$

和

$$\frac{h(2^r)}{h(n)} \leqslant 2. \qquad (5.3.18)$$

先证 (5.3.17) 式. 注意

$$\sum_{j=0}^{r} 2^{(r-j)/2} \left(\frac{h(2^{r-j})}{h(2^r)}\right)^{1/2} = 2^{r/2} \sum_{j=0}^{r} 2^{-j/2} \left(\frac{h(2^{r-j})}{h(2^r)}\right)^{1/2}.$$

由 $h(n)/h(2n) \to 1$, 所以对任意的 $\varepsilon > 0$, 存在 $N_1 > 0$ 使得当 $n \geqslant N_1$ 时有 $h(n)/h(2n) < 1 + \varepsilon$.

选择 s 使得 $2^s \geqslant N_1$ 而 $2^{s-1} < N_1$. 对充分大的 r, 如果 $r - j \geqslant s$, 则有

$$\frac{h(2^{r-j})}{h(2^r)} = \frac{h(2^{r-1})}{h(2^r)} \frac{h(2^{r-2})}{h(2^{r-1})} \cdots \frac{h(2^{r-j})}{h(2^{r-s+1})}$$

$$\leqslant (1+\varepsilon)^j.$$

对 $0 \leqslant i < s$ 和 $\forall \varepsilon_0 > 0$, $\dfrac{h(2^i)}{h(2^r)} 2^{-\varepsilon_0(r-i)} = \dfrac{h(2^r 2^{-(r-i)})}{h(2^r)} 2^{-\varepsilon_0(r-i)} \to 0 \ (n \to \infty)$.
所以存在 $N_2 > 0$ 使得当 $n > N_2$ 时有

$$\frac{h(2^i)}{h(2^r)} < \varepsilon 2^{-\varepsilon_0(r-i)} < \varepsilon 2^{\varepsilon_0 i}, \quad \forall 0 \leqslant i < s.$$

从而当 $n > \max\{N_1, N_2\}$ 时, 有

$$\sum_{j=0}^{r} 2^{-j/2} \left(\frac{h(2^{r-j})}{h(2^r)} \right)^{1/2} = \sum_{j=0}^{r-s} 2^{-j/2} \left(\frac{h(2^{r-j})}{h(2^r)} \right)^{1/2} + \sum_{j=r-s+1}^{r} 2^{-j/2} \left(\frac{h(2^{r-j})}{h(2^r)} \right)^{1/2}$$

$$\leqslant \sum_{j=0}^{r-s} 2^{-j/2}(1+\varepsilon)^{j/2} + \sum_{i=0}^{s-1} 2^{-(r-i)/2} \left(\frac{h(2^i)}{h(2^r)} \right)^{1/2}$$

$$\leqslant \sum_{j=0}^{\infty} \left(\frac{1+\varepsilon}{2} \right)^{j/2} + 2^{-r/2} \varepsilon_0^{1/2} \sum_{i=0}^{s-1} 2^{(1+\varepsilon_0)i/2} < \infty.$$

因此 (5.3.17) 式成立.

现在证明 (5.3.18) 式. 由

$$X_1 + \cdots + X_n = (X_1 + \cdots + X_{2^r}) + (X_{2^r+1} \cdots + X_n),$$

有

$$\sigma_n^2 = \sigma_{2^r}^2 + \sigma_{n-2^r}^2 + \theta,$$

其中 $\theta = 2E(X_1 + \cdots + X_{2^r})(X_{2^r+1} \cdots + X_n)$. 即

$$nh(n) = 2^r h(2^r) + (n - 2^r)h(n - 2^r) + \theta,$$

从而

$$1 = \frac{2^r}{n} \frac{h(2^r)}{h(n)} + \frac{n - 2^r}{n} \frac{h(n - 2^r)}{h(n)} + \frac{\theta}{nh(n)}. \tag{5.3.19}$$

又由

$$S_n - (X_1 + \cdots + X_{v_0 2^r}) = (X_{v_0 2^r + 1} + \cdots + X_{v_0 2^r + v_1 2^{r-1}})$$
$$+ \cdots + (X_{v_0 2^r + \cdots + v_{r-1} 2 + 1} + \cdots + X_n)$$

和 Minkowski 不等式得

$$\sigma_{n-2^r} \leqslant \sum_{j=1}^{r} \sigma_{v_j 2^{r-j}} \leqslant \sum_{j=1}^{r} \sigma_{2^{r-j}} = \sum_{j=1}^{r} 2^{(r-j)/2} (h(2^{r-j}))^{1/2}$$

$$= \sqrt{2^r h(2^r)} \sum_{j=1}^{r} 2^{-j/2} \left(\frac{h(2^{r-j})}{h(2^r)} \right)^{1/2}$$

$$\leqslant \sqrt{2^r h(2^r)} \left\{ \sum_{j=1}^{\infty} \left(\frac{1+\varepsilon}{2} \right)^{j/2} + 2^{-r/2} \varepsilon_0^{1/2} \sum_{i=1}^{s-1} 2^{(1+\varepsilon_0)i/2} \right\}$$

$$\leqslant \sqrt{2^r h(2^r)} \left\{ \frac{\sqrt{(1+\varepsilon)/2}}{1 - \sqrt{(1+\varepsilon)/2}} + 2^{-r/2} \varepsilon_0^{1/2} \sum_{i=1}^{s-1} 2^{(1+\varepsilon_0)i/2} \right\}$$

$$\leqslant \sqrt{2^r h(2^r)}(1 + 2\varepsilon).$$

因此

$$\frac{|\theta|}{nh(n)} \leqslant \frac{2\sigma_{2^r}\sigma_{n-2^r}}{nh(n)} \leqslant 2 \left\{ \frac{2^r}{n} \frac{h(2^r)}{h(n)} \frac{(1+2\varepsilon)}{n} \frac{h(2^r)}{h(n)} \right\}^{1/2}$$

$$= \frac{2(1+2\varepsilon)^{1/2}}{\sqrt{n}} \frac{h(2^r)}{h(n)}.$$

从而 (5.3.19) 式可以写成

$$1 = \left(\frac{2^r}{n} + o(1) \right) \frac{h(2^r)}{h(n)} + \frac{n - 2^r}{n} \frac{h(n - 2^r)}{h(n)}.$$

由于 $\frac{1}{2} < \left(\frac{2^r}{n} + o(1) \right) < 1.1$, 所以上式意味着 $\frac{h(2^r)}{h(n)} < 2$, 即 (5.3.18) 式成立.

联合 (5.3.16)—(5.3.18) 式, 得

$$a_n^{1/(2+\delta)} \leqslant C 2^{r/2} \sqrt{h(n)} = C\sigma_n \sqrt{\frac{2^r}{n}} \leqslant C\sigma_n.$$

因此引理结论成立. 证毕.

定理 5.3.5 (Ibragimov, 1962, 1975)　设 $\{X_i, i \geqslant 1\}$ 是 ρ-混合 (或者 ϕ-混合) 的平稳随机变量序列, $\rho(n) \to 0$ (或者$\phi(n) \to 0$), $EX_i = 0, E|X_i|^{2+\delta} < \infty$, δ 为某个正数. 如果 $\sigma_n^2 \to \infty$ 且 $\sigma_n^2 = nh(n)$, 其中 $h(n)$ 为慢变函数, 则当 $n \to \infty$ 时,

$$\sigma_n^{-1} \sum_{i=1}^{n} X_i \xrightarrow{d} N(0, 1). \tag{5.3.20}$$

这个中心极限定理对 ϕ-混合情形是 Ibragimov(1962) 的 Theorem 1.4, 对 ρ-混合情形是 Ibragimov(1975) 的 Theorem 2.1.

证明　只对 ρ-混合情形给出证明, 对 ϕ-混合情形的证明过程是类似的. 我们分两种情况讨论: $0 \leqslant \rho(n) \leqslant M \log^{-1} n$, $M \log^{-1} n \leqslant \rho(n) < 1$.

(1) 当 $0 \leqslant \rho(n) \leqslant M \log^{-1} n$ 时, 取

$$q_n = [\log n], \quad p_n = [n/\sqrt{\log \log n}].$$

我们有

$$np_n^{-1}\rho(q_n) \leqslant Cnp_n^{-1}/\log\log n \leqslant C/\sqrt{\log\log n} \to 0,$$

$$c_{n,1} := \frac{r_n q_n}{n} \leqslant \frac{Cq_n}{p_n} \leqslant \frac{C\sqrt{\log\log n}\log n}{n} \to 0,$$

$$c_{n,2} := \frac{n - r_n(p_n + q_n)}{n} \leqslant \frac{C(p_n + q_n)}{n} \leqslant \frac{Cp_n}{n} \leqslant \frac{C}{\sqrt{\log\log n}} \to 0.$$

$$c_{n,3} = p_n/n \leqslant C/\sqrt{\log\log n} \to 0.$$

因此,

$$\sigma_n^{-2} E(T_n'')^2 = \frac{\sigma_{r_n q_n}^2}{\sigma_n^2} = \frac{h(nc_{n,1})}{h(n)} c_{n,1} \to 0, \tag{5.3.21}$$

$$\sigma_n^{-2} E(T_n''')^2 = \frac{\sigma_{n-r_n(p_n+q_n)}^2}{\sigma_n^2} = \frac{h(nc_{n,2})}{h(n)} c_{n,2} \to 0, \tag{5.3.22}$$

$$np_n^{-1}\sigma_n^{-2} E[Z_{n,1}^2 I(|Z_{n,1}| > \varepsilon\sigma_n)] \leqslant Cnp_n^{-1}\sigma_n^{-(2+\delta)} E|Z_{n,1}|^{2+\delta}$$

$$\leqslant Cnp_n^{-1}\sigma_n^{-(2+\delta)}\sigma_{p_n}^{2+\delta}$$

$$\leqslant Cnp_n^{-1} \left(\frac{p_n h(p_n)}{nh(n)}\right)^{2+\delta}$$

$$= C \left(\frac{h(nc_{n,3})}{h(n)} c_{n,3}^{1-1/(2+\delta)}\right)^{2+\delta} \to 0. \tag{5.3.23}$$

由定理 5.3.1 得结论 (5.3.20).

(2) 当 $M \log^{-1} n \leqslant \rho(n) < 1$ 时, 取

$$q_n = [\log n], \quad p_n = [n\sqrt{\rho(q_n)}].$$

我们有

$$np_n^{-1}\rho(q_n) \leqslant C\sqrt{\rho(q_n)} \to 0,$$

$$c_{n,1} = \frac{r_n q_n}{n} \leqslant \frac{Cq_n}{p_n} \leqslant \frac{Cq_n}{n\sqrt{\rho(q_n)}} \leqslant \frac{C\log n}{n/\sqrt{\log\log n}} \to 0,$$

$$c_{n,2} = \frac{n - r_n(p_n + q_n)}{n} \leqslant \frac{C(p_n + q_n)}{n} \leqslant \frac{Cp_n}{n} \leqslant C\sqrt{\rho(q_n)} \to 0.$$

$$c_{n,3} = p_n/n \leqslant C\sqrt{\rho(q_n)} \to 0.$$

因此, (5.3.21)—(5.3.23) 式成立. 证毕.

5.4　混合样本下核密度估计的渐近正态性

假设总体 X 具有密度函数 $f(x)$, $X_1, X_2, \cdots, X_n$ 与 X 有相同分布, $f(x)$ 的核密度估计为

$$f_n(x) = \frac{1}{nh_n} \sum_{i=1}^{n} K\left(\frac{x - X_i}{h_n}\right),$$

其中 $K(u)$ 为核函数, h_n 为窗宽.

定理 5.4.1　假设如下条件成立:

(1) $\{X_i, i \geqslant 1\}$ 是 ρ-混合的, $\sum_{n=1}^{\infty} \rho(n) < \infty$;

(2) 核函数 $K(u)$ 在 $\mathbb{R}$ 上有界, $\int_{-\infty}^{\infty} K(u)du = 1$, $\int_{-\infty}^{\infty} |K(u)|du < \infty$;

(3) 密度函数 $f(x)$ 有界, 且条件密度函数一致有界, 即

$$\sup_{(x,y)\in\mathbb{R}^2} f_{X_j|X_i}(y|x) \leqslant M < \infty, \quad \forall i < j;$$

(4) 当 $n \to \infty$ 时, $h_n \to 0$, $nh_n/\log n \to \infty$.

则

$$\mathrm{Var}(f_n(x)) = \frac{f(x)}{nh_n} \int_{-\infty}^{\infty} K^2(u)du + o\left(\frac{1}{nh_n}\right). \tag{5.4.1}$$

注 5.4.1 这个定理对 ϕ-混合也成立, 只需要将条件 (1) 改为 $\sum_{n=1}^{\infty} \phi^{1/2}(n) < \infty$.

证明 令 $X_{n,i} = \dfrac{1}{nh_n} K\left(\dfrac{x - X_i}{h_n}\right)$, 则 $f_n(x) = \sum_{i=1}^n X_{n,i}$. 注意样本 $X_1, X_2, \cdots, X_n$ 是同分布的, 我们有

$$\mathrm{Var}\left(f_n(x)\right) = n\mathrm{Var}(X_{n,1}) + 2\sum_{i=1}^{n-1}\sum_{j=i+1}^{n} \mathrm{Cov}(X_{n,i}, X_{n,j}). \tag{5.4.2}$$

由于 $f(x)$ 有界, 所以利用控制收敛定理有

$$\int_{-\infty}^{\infty} K^j(u)f(x - uh_n)du \to f(x)\int_{-\infty}^{\infty} K^j(u)du, \quad j = 1, 2.$$

从而

$$EX_{n,1}^2 = \frac{1}{(nh_n)^2}\int_{-\infty}^{\infty} K^2\left(\frac{x-y}{h_n}\right)f(y)dy$$

$$= \frac{1}{n^2 h_n}\int_{-\infty}^{\infty} K^2(u)f(x - uh_n)du$$

$$= \frac{1}{n^2 h_n}f(x)\int_{-\infty}^{\infty} K^2(u)du + o\left(\frac{1}{n^2 h_n}\right),$$

$$EX_{n,1} = \frac{1}{n}\int_{-\infty}^{\infty} K(u)f(x - uh_n)du = \frac{1}{n}f(x) + o\left(\frac{1}{n}\right).$$

因此

$$\mathrm{Var}(X_{n,1}) = \frac{1}{n^2 h_n}f(x)\int_{-\infty}^{\infty} K^2(u)du + o\left(\frac{1}{n^2 h_n}\right). \tag{5.4.3}$$

利用 ρ-混合的定义, 有

$$\sum_{i=1}^{n-1}\sum_{j=i+[1/\sqrt{h_n}]+1}^{n} |\mathrm{Cov}(X_{n,i}, X_{n,j})|$$

$$\leqslant \sum_{i=1}^{n-1}\sum_{j=i+[1/\sqrt{h_n}]+1}^{n} \rho(j - i)(EX_{n,i}^2)^{1/2}(EX_{n,j}^2)^{1/2}$$

$$\leqslant EX_{n,1}^2 \sum_{i=1}^{n-1}\sum_{k=[1/\sqrt{h_n}]+1}^{\infty} \rho(k)$$

$$\leqslant \frac{C}{n^2 h_n} \sum_{k=[1/\sqrt{h_n}]+1}^{\infty} \rho(k)$$

$$= o\left(\frac{1}{n^2 h_n}\right),$$

由于 $f(x)$ 和 $f_{X_j|X_i}(y|x)$ 有界, 所以利用控制收敛定理有

$$E(X_{n,i} X_{n,j}) = \frac{1}{(nh_n)^2} \int_{-\infty}^{\infty} \int_{-\infty}^{\infty} K\left(\frac{x-s}{h_n}\right) K\left(\frac{x-t}{h_n}\right) f_{X_j|X_i}(t|s) f(s) dt ds$$

$$= O(n^{-2}).$$

从而

$$\sum_{i=1}^{n-1} \sum_{j=i+1}^{i+[1/\sqrt{h_n}]} |\mathrm{Cov}(X_{n,i}, X_{n,j})| \leqslant Cn[1/\sqrt{h_n}]/n^2 = O\left(\frac{\sqrt{h_n}}{nh_n}\right).$$

因此

$$\sum_{i=1}^{n-1} \sum_{j=i+1}^{n} |\mathrm{Cov}(Z_{n,i}, Z_{n,j})|$$

$$= \sum_{i=1}^{n-1} \sum_{j=i+1}^{i+[1/\sqrt{h_n}]} |\mathrm{Cov}(Z_{n,i}, Z_{n,j})| + \sum_{i=1}^{n-1} \sum_{j=i+[1/\sqrt{h_n}]+1}^{n} |\mathrm{Cov}(Z_{n,i}, Z_{n,j})|$$

$$= o\left(\frac{1}{nh_n}\right). \tag{5.4.4}$$

联合 (5.4.2)—(5.4.4) 式, 有

$$\mathrm{Var}(f_n(x)) = \frac{f(x)}{nh_n} \int_{-\infty}^{\infty} K^2(u) du + o\left(\frac{1}{nh_n}\right).$$

证毕.

定理 5.4.2 在定理 5.4.1 的条件下, 对 $f(x) \neq 0$ 的点 x, 有

$$\frac{\sqrt{nh_n}(f_n(x) - Ef_n(x))}{\sqrt{f(x) \int_{-\infty}^{\infty} K^2(u) du}} \xrightarrow{d} N(0, 1). \tag{5.4.5}$$

证明 记 $\sigma_n^2 = \mathrm{Var}(f_n(x))$. 由定理 5.4.1, 有

$$\frac{\sqrt{nh_n}(f_n(x) - Ef_n(x))}{\sqrt{f(x)\displaystyle\int_{-\infty}^{\infty} K^2(u)du}}$$

$$= \sigma_n^{-1}(f_n(x) - Ef_n(x)) \times \sqrt{\frac{\sigma_n^2}{(nh_n)^{-1}f(x)\displaystyle\int_{-\infty}^{\infty} K^2(u)du}}$$

$$= \sigma_n^{-1}(f_n(x) - Ef_n(x)) \times (1 + o(1)).$$

这意味着我们只需要证明

$$\sigma_n^{-1}(f_n(x) - Ef_n(x)) \stackrel{d}{\longrightarrow} N(0,1). \tag{5.4.6}$$

根据推论 5.1.2, 我们只需要证明: 存在正整数序列 p_n, q_n 满足 (5.1.2), 且当 $n \to \infty$ 时,

$$\sigma_n^{-2}E(S_n'')^2 \to 0, \quad \sigma_n^{-2}E(S_n''')^2 \to 0, \tag{5.4.7}$$

$$k_n p_n^{-1}\rho(q_n) \to 0, \tag{5.4.8}$$

$$\sigma_n^{-2}\sum_{j=1}^{r_n} E[Y_{n,j}^2 I(|Y_{n,j}| > \varepsilon\sigma_n)] \to 0, \quad \forall \varepsilon > 0. \tag{5.4.9}$$

取 $p_n = [n/\log n], q_n = [n^{1/2}]$, 则 $r_n = \left[\dfrac{n}{p_n + q_n}\right] \sim \log n$. 由矩不等式, 我们有

$$\sigma_n^{-2}E(S_n'')^2 \leqslant Cnh_n r_n q_n EX_{n,1}^2 \leqslant Cnh_n r_n q_n (nh_n)^{-2} h_n$$

$$\leqslant q_n p_n^{-1} \leqslant Cn^{-1/2}\log n \to 0,$$

$$\sigma_n^{-2}E(S_n''')^2 \leqslant Cnh_n(p_n + q_n)EX_{n,1}^2 \leqslant Cnh_n p_n(nh_n)^{-2}h_n$$

$$\leqslant Cp_n n^{-1} \leqslant C\log^{-1} n \to 0,$$

而且

$$\sigma_n^{-2}\sum_{j=1}^{r_n} E[Y_{n,j}^2 I(|Y_{n,j}| > \varepsilon\sigma_n)]$$

$$\leqslant C\sigma_n^{-(2+\delta)}r_n E|Y_{n,1}|^{2+\delta}$$

$$\leqslant C\sigma_n^{-(2+\delta)}r_n\left\{p_n E|X_{n,1}|^{2+\delta}+(p_n EX_{n,1}^2)^{(2+\delta)/2}\right\}$$

$$\leqslant C(nh_n)^{(2+\delta)/2}np_n^{-1}\left\{p_n(nh_n)^{-(2+\delta)}h_n+(p_n(nh_n)^{-2}h_n)^{(2+\delta)/2}\right\}$$

$$\leqslant C(nh_n)^{-(2+\delta)/2}np_n^{-1}\left\{p_n h_n+(p_n h_n)^{(2+\delta)/2}\right\}$$

$$\leqslant C(nh_n)^{-(2+\delta)/2}np_n^{-1}(p_n h_n)^{(2+\delta)/2}\quad(\text{因为}\ p_n h_n\sim nh_n/\log n\to\infty)$$

$$=C(np_n^{-1})^{-(2+\delta)/2}np_n^{-1}$$

$$=C(np_n^{-1})^{-\delta/2}$$

$$\leqslant C\log^{-\delta/6}n\to 0.$$

于是 (5.4.7)—(5.4.9) 成立. 证毕.

定理 5.4.3　在定理 5.4.1 的条件下, 进一步假设密度函数 $f(x)$ 二阶可导且其二阶导数 $f''(x)$ 在 $\mathbb{R}$ 上连续有界, $\displaystyle\int_{-\infty}^{\infty}uK(u)du=0$, $\displaystyle\int_{-\infty}^{\infty}u^2K(u)du$ 存在, $nh_n^5\to 0$. 则对 $f(x)\neq 0$ 的点 x, 有

$$\frac{\sqrt{nh_n}(f_n(x)-f(x))}{\sqrt{f(x)\displaystyle\int_{-\infty}^{\infty}K^2(u)du}}\xrightarrow{d}N(0,1).\tag{5.4.10}$$

证明　由于

$$\frac{\sqrt{nh_n}(f_n(x)-f(x))}{\sqrt{f(x)\displaystyle\int_{-\infty}^{\infty}K^2(u)du}}$$

$$=\frac{\sqrt{nh_n}(f_n(x)-Ef_n(x))}{\sqrt{f(x)\displaystyle\int_{-\infty}^{\infty}K^2(u)du}}+\frac{\sqrt{nh_n}(Ef_n(x)-f(x))}{\sqrt{f(x)\displaystyle\int_{-\infty}^{\infty}K^2(u)du}},$$

所以由定理 5.4.2 知, 我们只需要证明

$$\sqrt{nh_n}(Ef_n(x)-f(x))\to 0.\tag{5.4.11}$$

为此, 我们注意到

$$Ef_n(x)-f(x)\ =\ \frac{1}{h_n}EK\left(\frac{x-X_1}{h_n}\right)-f(x)$$

$$
\begin{aligned}
&= \frac{1}{h_n} \int_{-\infty}^{\infty} K\left(\frac{x-y}{h_n}\right) f(y) dy - f(x) \\
&= \int_{-\infty}^{\infty} K(u) f(x - h_n u) du - f(x), \quad u = (x-y)/h_n \\
&= \int_{-\infty}^{\infty} K(u)[f(x - h_n u) - f(x)] du.
\end{aligned}
$$

利用 Taylor 展开以及 $\displaystyle\int_{-\infty}^{\infty} uK(u)du = 0$, 有

$$
\begin{aligned}
E f_n(x) - f(x) &= \int_{-\infty}^{\infty} K(u)\left[-f'(x)h_n u + \frac{1}{2}f''(x - \theta h_n u)h_n^2 u^2\right] du \\
&= \frac{h_n^2}{2} \int_{-\infty}^{\infty} u^2 K(u) f''(x - \theta h_n u) du.
\end{aligned}
$$

由于 $f''(x)$ 连续有界, 所以利用控制收敛定理, 当 $n \to \infty$ 时, 得

$$
(E f_n(x) - f(x))/h_n^2 \to \frac{f''(x)}{2} \int_{-\infty}^{\infty} u^2 K(u) du.
$$

因此

$$
E f_n(x) - f(x) = O(h_n^2).
$$

从而

$$
\sqrt{nh_n}(E f_n(x) - f(x)) = O(\sqrt{nh_n^5}) \to 0.
$$

所以 (5.4.11) 式成立. 证毕.

5.5　混合样本下 NW 核回归估计的渐近正态性

设 (X, Y) 是二维随机向量, $m(x) = E(Y|X = x)$ 是 Y 关于 X 的回归函数, 随机变量

$$
(X_1, Y_1), (X_2, Y_2), \cdots, (X_n, Y_n) \tag{5.5.1}
$$

是 ρ-混合的, 每个 (X_i, Y_i) 与总体 (X, Y) 同分布. 回归函数 $m(x)$ 的 NW(Nada-raya-Waston) 型核回归估计为

$$
m_n(x) = \sum_{i=1}^{n} Y_i K\left(\frac{x - X_i}{h_n}\right) \bigg/ \sum_{j=1}^{n} K\left(\frac{x - X_j}{h_n}\right). \tag{5.5.2}
$$

令

$$A_n(x) = \frac{1}{nh_n} \sum_{i=1}^{n} Y_i K\left(\frac{x - X_i}{h_n}\right), \quad f_n(x) = \frac{1}{nh_n} \sum_{j=1}^{n} K\left(\frac{x - X_j}{h_n}\right),$$

则 $m_n(x) = A_n(x)/f_n(x)$. 设 X 有密度函数 $f(x)$, 则

$$
\begin{aligned}
m_n(x) - m(x) &= \frac{1}{f_n(x)} \{ A_n(x) - m(x) f_n(x) \} \\
&= \frac{1}{f_n(x)} \{ A_n(x) - EA_n(x) - m(x) \left(f_n(x) - Ef_n(x) \right) \\
&\quad + \left(EA_n(x) - m(x) f(x) \right) - m(x) \left(Ef_n(x) - f(x) \right) \}. \quad (5.5.3)
\end{aligned}
$$

记 $W_n(x) = A_n(x) - EA_n(x) - m(x) \left(f_n(x) - Ef_n(x) \right)$. 为了证明 $m_n(x) - m(x)$ 的渐近正态性, 我们首先证明 $W_n(x)$ 的渐近正态性. 为此我们提出如下基本假设.

(A.1) $E(|Y|^{2+\delta}) < \infty$, 其中 $\delta > 0$. 函数 $m(x), \sigma^2(x) = \mathrm{Var}(Y|X = x)$ 和 $g(x) = E(|Y|^{2+\delta}|X = x)$ 均为连续函数, 且 $f(x)$ 为连续有界.

(A.2) 随机变量 (5.5.1) 的 ρ-混合系数满足 $\sum_{n=1}^{\infty} \rho(n) < \infty$. 给定 X_i 条件下 X_j 的条件密度函数 $f_{j|i}(y|x)$ 连续且

$$\sup_{(x,y) \in \mathbb{R}^2} f_{X_j|X_i}(y|x) \leqslant M < \infty, \quad \forall i < j.$$

(A.3) 核函数 $K(u)$ 在 $\mathbb{R}$ 上有界, $\displaystyle\int_{-\infty}^{\infty} K(u)du = 1$, $\displaystyle\int_{-\infty}^{\infty} |K(u)|du < \infty$, $\lim_{|u| \to \infty} |uK(u)| = 0$, $\displaystyle\int_{-\infty}^{\infty} u^2 |K(u)|du < \infty$.

(A.4) 当 $n \to \infty$ 时, $h_n \to 0$, $nh_n \to \infty$.

定理 5.5.1　在 (A.1)—(A.4) 条件下, 有

$$\mathrm{Var}(W_n(x)) = \frac{1}{nh_n} \sigma^2(x) f(x) \int_{-\infty}^{\infty} K^2(u)du + o((nh_n)^{-1}). \quad (5.5.4)$$

为了证明这个定理, 我们需要如下引理.

引理 5.5.1　在 (A.3) 和 (A.4) 条件下, 假设 $f(x)$ 和 $\xi(x)$ 都是连续函数, 且 $E|\xi(X)| < \infty$, 则

$$E\left\{ K\left(\frac{x - X_i}{h_n}\right) \xi(X_i) \right\} = h_n \xi(x) f(x) + o(h_n), \quad (5.5.5)$$

$$E\left\{\left|K\left(\frac{x-X_i}{h_n}\right)\right|\xi(X_i)\right\} = h_n\xi(x)f(x)\int_{-\infty}^{\infty}|K(u)|du + o(h_n), \qquad (5.5.6)$$

$$E\left\{K^2\left(\frac{x-X_i}{h_n}\right)\xi(X_i)\right\} = h_n\xi(x)f(x)\int_{-\infty}^{\infty}K^2(u)du + o(h_n). \qquad (5.5.7)$$

证明　由条件 (A.3) 有

$$\frac{1}{h_n}E\left\{K\left(\frac{x-X_i}{h_n}\right)\xi(X_i)\right\} - \xi(x)f(x)$$

$$= \frac{1}{h_n}\int_{-\infty}^{\infty}K\left(\frac{x-z}{h_n}\right)\xi(z)f(z)dz - \xi(x)f(x)\int_{-\infty}^{\infty}K(z)dz$$

$$= \frac{1}{h_n}\int_{-\infty}^{\infty}K(u/h_n)\big(\xi(x-u)f(x-u) - \xi(x)f(x)\big)du.$$

由函数 $\xi(x)f(x)$ 的连续性知, 对任意给定的 $\varepsilon > 0$, 存在充分小的 $b > 0$ 使得当 $|u| < b$ 时, 有 $|\xi(x-u)f(x-u) - \xi(x)f(x)| < \varepsilon/(2c_0)$, 其中 $c_0 = \displaystyle\int_{-\infty}^{\infty}|K(u)|du < \infty$. 因此

$$\frac{1}{h_n}\left|\int_{|u|<b}K(u/h_n)\big(\xi(x-u)f(x-u) - \xi(x)f(x)\big)du\right|$$

$$\leqslant \frac{\varepsilon}{2h_n}\int_{|u|<b}|K(u/h_n)|du$$

$$= \frac{\varepsilon}{2}\int_{|z|<b/h_n}|K(z)|dz$$

$$< \varepsilon/2.$$

另外,

$$\frac{1}{h_n}\left|\int_{|u|\geqslant b}K(u/h_n)\big(\xi(x-u)f(x-u) - \xi(x)f(x)\big)du\right|$$

$$\leqslant \frac{1}{h_n}\int_{|u|\geqslant b}|K(u/h_n)||\xi(x-u)f(x-u)|du + \frac{|\xi(x)|f(x)}{h_n}\int_{|u|\geqslant b}|K(u/h_n)|du$$

$$\leqslant \frac{1}{h_n}\sup_{|u|\geqslant b}|K(u/h_n)|\int_{|u|\geqslant b}|\xi(x-u)f(x-u)|du + |\xi(x)|f(x)\int_{|z|\geqslant b/h_n}|K(z)|dz$$

$$\leqslant \frac{1}{b}\sup_{|u|\geqslant b}\frac{|u|}{h_n}|K(u/h_n)|\int_{-\infty}^{\infty}|\xi(z)|f(z)dz + |\xi(x)|f(x)\int_{|z|\geqslant b/h_n}|K(z)|dz$$

$$\leqslant \frac{E|\xi(X)|}{b} \sup_{|z| \geqslant b/h_n} |zK(z)| + |\xi(x)|f(x) \int_{|z| \geqslant b/h_n} |K(z)|dz$$

$$\to 0.$$

因此, 存在 $N > 0$ 使得当 $n > N$ 时有

$$\left| \frac{1}{h_n} E\left\{ K\left(\frac{x - X_i}{h_n} \right) \xi(X_i) \right\} - \xi(x)f(x) \right| < \varepsilon.$$

这意味着结论 (5.5.5) 成立. (5.5.6) 和 (5.5.7) 的证明是类似的. 证毕.

定理 5.5.1 的证明　令

$$Z_{n,i} = \widetilde{Z}_{n,i} - E\widetilde{Z}_{n,i}, \quad \widetilde{Z}_{n,i} = K\left(\frac{x - X_i}{h_n} \right) (Y_i - m(x)). \tag{5.5.8}$$

则 $W_n(x) = \frac{1}{nh_n} \sum_{i=1}^{n} Z_{n,i}$. 利用引理 5.5.1, 我们有

$$E\widetilde{Z}_{n,i} = E\left\{ K\left(\frac{x - X_i}{h_n} \right) (m(X_i) - m(x)) \right\} = o(h_n),$$

$$E\widetilde{Z}_{n,i}^2 = E\left\{ K^2\left(\frac{x - X_i}{h_n} \right) (Y_i - m(x))^2 \right\}$$

$$= E\left\{ K^2\left(\frac{x - X_i}{h_n} \right) (Y_i - m(X_i))^2 \right\}$$

$$\quad + E\left\{ K^2\left(\frac{x - X_i}{h_n} \right) (m(X_i) - m(x))^2 \right\}$$

$$\quad + 2E\left\{ K^2\left(\frac{x - X_i}{h_n} \right) (Y_i - m(X_i))(m(X_i) - m(x)) \right\}$$

$$= E\left\{ K^2\left(\frac{x - X_i}{h_n} \right) \sigma^2(X_i) \right\} + E\left\{ K^2\left(\frac{x - X_i}{h_n} \right) (m(X_i) - m(x))^2 \right\}$$

$$= h_n \sigma^2(x) f(x) \int_{-\infty}^{\infty} K^2(u)du + o(h_n),$$

上式用到 $E\{(Y_i - m(X_i))^2 | X_i\} = \text{Var}(Y_i | X_i) = \sigma^2(X_i)$. 因此, 我们有

$$\text{Var}(Z_{n,i}) = h_n \sigma^2(x) f(x) \int_{-\infty}^{\infty} K^2(u)du + o(h_n). \tag{5.5.9}$$

对 $i < j$,

$$E(\widetilde{Z}_{n,i} \widetilde{Z}_{n,j}) = E\left\{ K\left(\frac{x - X_i}{h_n} \right) K\left(\frac{x - X_j}{h_n} \right) (Y_i - m(x))(Y_j - m(x)) \right\}$$

$$= E\left\{K\left(\frac{x-X_i}{h_n}\right)K\left(\frac{x-X_j}{h_n}\right)Y_iY_j\right\}$$

$$+ m(x)E\left\{K\left(\frac{x-X_i}{h_n}\right)K\left(\frac{x-X_j}{h_n}\right)Y_i\right\}$$

$$+ m(x)E\left\{K\left(\frac{x-X_i}{h_n}\right)K\left(\frac{x-X_j}{h_n}\right)Y_j\right\}$$

$$+ m^2(x)E\left\{K\left(\frac{x-X_i}{h_n}\right)K\left(\frac{x-X_j}{h_n}\right)\right\}.$$

由于条件密度函数 $f_{j|i}(y|x)$ 连续且关于任意的 $i < j$ 一致有界, 而 $f(x)$ 连续有界, 所以联合密度函数 $f(x,y)$ 连续有界. 从而由控制收敛定理有

$$E\left\{K\left(\frac{x-X_i}{h_n}\right)K\left(\frac{x-X_j}{h_n}\right)\right\}$$

$$= \int_{-\infty}^{\infty}\int_{-\infty}^{\infty}K\left(\frac{x-u}{h_n}\right)K\left(\frac{x-v}{h_n}\right)f(u,v)dudv$$

$$= h_n^2\int_{-\infty}^{\infty}\int_{-\infty}^{\infty}K(u)K(v)f(x-h_nu,x-h_nv)dudv$$

$$= h_n^2\left(f(x,x)\int_{-\infty}^{\infty}\int_{-\infty}^{\infty}K(u)K(v)dudv + o(1)\right)$$

$$= O(h_n^2).$$

令 $\widetilde{Y}_i = Y_iI(|Y_i| \leqslant h_n^{-r})$, $\widehat{Y}_i = Y_iI(|Y_i| > h_n^{-r})$. 我们有

$$\left|E\left\{K\left(\frac{x-X_i}{h_n}\right)K\left(\frac{x-X_j}{h_n}\right)Y_j\right\}\right|$$

$$\leqslant E\left|K\left(\frac{x-X_i}{h_n}\right)K\left(\frac{x-X_j}{h_n}\right)(\widetilde{Y}_j+\widehat{Y}_j)\right|$$

$$\leqslant h_n^{-r}E\left|K\left(\frac{x-X_i}{h_n}\right)K\left(\frac{x-X_j}{h_n}\right)\right| + h_n^{r(1+\delta)}E\left\{\left|K\left(\frac{x-X_j}{h_n}\right)\right||Y_j|^{2+\delta}\right\}$$

$$\leqslant Ch_n^{2-r} + h_n^{r(1+\delta)}E\left\{\left|K\left(\frac{x-X_j}{h_n}\right)\right|g(X_j)\right\}$$

$$\leqslant C(h_n^{2-r} + h_n^{1+r(1+\delta)}),$$

$$E\left\{K\left(\frac{x-X_i}{h_n}\right)K\left(\frac{x-X_j}{h_n}\right)Y_iY_j\right\}$$

$$= E\left\{ K\left(\frac{x - X_i}{h_n}\right) K\left(\frac{x - X_j}{h_n}\right) \left(\widetilde{Y}_i\widetilde{Y}_j + \widetilde{Y}_i\widehat{Y}_j + \widehat{Y}_i\widetilde{Y}_j + \widehat{Y}_i\widehat{Y}_j\right) \right\}$$

$$= I_{1,n} + I_{2,n} + I_{3,n} + I_{4,n},$$

$$|I_{1,n}| \leqslant h_n^{-2r} E\left| K\left(\frac{x - X_i}{h_n}\right) K\left(\frac{x - X_j}{h_n}\right) \right| \leqslant C h_n^{2-2r},$$

$$|I_{2,n}| \leqslant E^{1/2}\left\{ K^2\left(\frac{x - X_i}{h_n}\right) \widetilde{Y}_i^2 \right\} E^{1/2}\left\{ K^2\left(\frac{x - X_j}{h_n}\right) \widehat{Y}_j^2 \right\}$$

$$\leqslant h_n^{\delta/2} E^{1/2}\left\{ K^2\left(\frac{x - X_i}{h_n}\right) Y_i^2 \right\} E^{1/2}\left\{ K^2\left(\frac{x - X_j}{h_n}\right) |Y_j|^{2+\delta} \right\}$$

$$\leqslant C h_n^{1+\delta/2},$$

$$|I_{3,n}| \leqslant C h_n^{1+\delta/2},$$

$$|I_{4,n}| \leqslant E^{1/2}\left\{ K^2\left(\frac{x - X_i}{h_n}\right) Y_i^2 I(|Y_i| > h_n^{-r}) \right\}$$

$$\times E^{1/2}\left\{ K^2\left(\frac{x - X_j}{h_n}\right) Y_j^2 I(|Y_j| > h_n^{-r}) \right\}$$

$$\leqslant 2 h_n^{\delta} E\left\{ K^2\left(\frac{x - X_i}{h_n}\right) |Y_i|^{2+\delta} \right\}$$

$$= 2 h_n^{\delta} E\left\{ K^2\left(\frac{x - X_i}{h_n}\right) g(X_i) \right\}$$

$$= o(h_n^{1+\delta}).$$

联合上面各式, 并取 $r = 1/3$, 有

$$|E(\widetilde{Z}_{n,i}\widetilde{Z}_{n,j})| \leqslant C\{h_n^{2-2r} + h_n^{1+\delta} + h_n^{1+\delta/2} + h_n^{2-r} + h_n^{1+r} + h_n^2\}$$

$$\leqslant C h_n\{h_n^{1-2r} + h_n^{\delta} + h_n^{\delta/2} + h_n^{1-r} + h_n^{r} + h_n\}$$

$$\leqslant C h_n\{h_n^{1/3} + h_n^{\delta/2}\}.$$

因此

$$|\text{Cov}(Z_{n,i}, Z_{n,j})| = |\text{Cov}(\widetilde{Z}_{n,i}, \widetilde{Z}_{n,j})| \leqslant C h_n\{h_n^{1/3} + h_n^{\delta/2}\}. \tag{5.5.10}$$

我们知道

$$\mathrm{Var}(W_n(x)) = \frac{1}{(nh_n)^2}\sum_{i=1}^{n}\mathrm{Var}(Z_{n,i}) + \frac{2}{(nh_n)^2}\sum_{i=1}^{n-1}\sum_{j=i+1}^{n}\mathrm{Cov}(Z_{n,i},Z_{n,j}).$$

由 (5.5.9) 式, 有

$$\frac{1}{(nh_n)^2}\sum_{i=1}^{n}\mathrm{Var}(Z_{n,i}) = \frac{\sigma^2(x)f(x)}{nh_n}\int_{-\infty}^{\infty}K^2(u)du + o\left((nh_n)^{-1}\right).$$

令 $t_n = \left[(h_n^{1/3} + h_n^{\delta/2})^{-1/2}\right]$. 由 (5.5.10) 式, 有

$$\frac{2}{(nh_n)^2}\sum_{i=1}^{n-1}\sum_{j=i+1}^{i+t_n}|\mathrm{Cov}(Z_{n,i},Z_{n,j})| \leqslant \frac{C}{nh_n}(h_n^{1/3}+h_n^{\delta/2})^{1/2} = o\left((nh_n)^{-1}\right).$$

由 ρ-混合的定义, 有

$$\frac{2}{(nh_n)^2}\sum_{i=1}^{n-1}\sum_{j=i+1+t_n}^{n}|\mathrm{Cov}(Z_{n,i},Z_{n,j})|$$

$$\leqslant \frac{2}{(nh_n)^2}\sum_{i=1}^{n-1}\sum_{j=i+t_n+1}^{n}\rho(j-i)\|Z_{n,i}\|_2\|Z_{n,j}\|_2$$

$$\leqslant \frac{C}{n^2h_n}\sum_{i=1}^{n-1}\sum_{j=i+t_n+1}^{n}\rho(j-i)$$

$$\leqslant \frac{C}{nh_n}\sum_{l=t_n+1}^{\infty}\rho(l)$$

$$= o\left((nh_n)^{-1}\right).$$

因此, 定理结论成立. 证毕.

定理 5.5.2 在 (A.1)—(A.4) 条件下, 如果 $nh_n/\log n \to \infty$, 则有

$$W_n(x)/\sqrt{\mathrm{Var}(W_n(x))} \xrightarrow{d} N(0,1). \tag{5.5.11}$$

证明 使用 (5.5.8) 的记号: $Z_{n,i}, \widetilde{Z}_{n,i}$. 注意 $W_n(x) = \frac{1}{nh_n}\sum_{i=1}^{n}Z_{n,i}$. 根据推论 5.1.2, 我们只需要证明: 存在正整数序列 p_n, q_n 满足 (5.1.2), 且当 $n \to \infty$ 时,

$$\sigma_n^{-2}E(S_n'')^2 \to 0, \quad \sigma_n^{-2}E(S_n''')^2 \to 0, \tag{5.5.12}$$

$$k_n p_n^{-1} \rho(q_n) \to 0, \tag{5.5.13}$$

$$\sigma_n^{-2} \sum_{j=1}^{r_n} E[Y_{n,j}^2 I(|Y_{n,j}| > \varepsilon \sigma_n)] \to 0, \quad \forall \varepsilon > 0, \tag{5.5.14}$$

其中 $\sigma_n^2 = \mathrm{Var}(W_n(x))$,

$$S_n' = \sum_{j=1}^{r_n} Y_{n,j}, \quad S_n'' = \sum_{j=1}^{r_n+1} Y_{n,j}', \quad S_n''' = \frac{1}{nh_n} \sum_{i=r_n(p_n+q_n)+1}^{k_n} Z_{n,i},$$

$$Y_{n,j} = \frac{1}{nh_n} \sum_{i=(j-1)(p_n+q_n)+1}^{(j-1)(p_n+q_n)+p_n} Z_{n,i}, \quad Y_{n,j}' = \frac{1}{nh_n} \sum_{i=(j-1)(p_n+q_n)+p_n+1}^{j(p_n+q_n)} Z_{n,i},$$

$j = 1, \cdots, r_n$.

由定理 5.5.1, 以及 (5.5.9) 式知

$$\sigma_n^2 = O((nh_n)^{-1}), \quad EZ_{n,1}^2 = O(h_n).$$

此外, 利用引理 5.5.1 得

$$E|Z_{n,1}|^{2+\delta} = O(h_n).$$

取 $p_n = [n/\log n], q_n = [n^{1/2}]$, 则 $r_n = \left[\dfrac{n}{p_n+q_n}\right] \sim \log n$. 由 ρ-混合的矩不等式 (3.2.2), 我们有

$$\sigma_n^{-2} E(S_n'')^2 \leqslant C(nh_n)^{-1} r_n q_n EZ_{n,1}^2 \leqslant C r_n q_n/n \leqslant C q_n p_n^{-1} \leqslant C n^{-1/2} \log n \to 0,$$

$$\sigma_n^{-2} E(S_n''')^2 \leqslant C(nh_n)^{-1}(p_n+q_n) EX_{n,1}^2 \leqslant C p_n n^{-1} \leqslant C \log^{-1} n \to 0,$$

而且

$$\sigma_n^{-2} \sum_{j=1}^{r_n} E[Y_{n,j}^2 I(|Y_{n,j}| > \varepsilon \sigma_n)]$$

$$\leqslant C\sigma_n^{-(2+\delta)} r_n E|Y_{n,1}|^{2+\delta}$$

$$\leqslant C(nh_n)^{-(2+\delta)/2} r_n \left\{ p_n E|Z_{n,1}|^{2+\delta} + (p_n EZ_{n,1}^2)^{(2+\delta)/2} \right\}$$

$$\leqslant C(nh_n)^{-(2+\delta)/2} n p_n^{-1} \left\{ p_n h_n + (p_n h_n)^{(2+\delta)/2} \right\}$$

$$\leqslant C(nh_n)^{-(2+\delta)/2} n p_n^{-1} (p_n h_n)^{(2+\delta)/2} \quad (\text{因为 } p_n h_n \sim nh_n/\log n \to \infty)$$

$$= C(np_n^{-1})^{-(2+\delta)/2}np_n^{-1}$$

$$= C(np_n^{-1})^{-\delta/2}$$

$$\leqslant C\log^{-\delta/6}n \to 0.$$

于是 (5.5.12)—(5.5.14) 成立. 证毕.

定理 5.5.3 如果 $m(x)$ 和 $f(x)$ 都有连续有界的一、二阶导数, 则

$$EA_n(x) - m(x)f(x) = O(h_n^2), \tag{5.5.15}$$

$$Ef_n(x) - f(x) = O(h_n^2), \tag{5.5.16}$$

证明 显然

$$EA_n(x) = \frac{1}{h_n}E\left\{Y_1 K\left(\frac{x - X_1}{h_n}\right)\right\}$$

$$= \frac{1}{h_n}E\left\{m(X_1)K\left(\frac{x - X_1}{h_n}\right)\right\}$$

$$= \frac{1}{h_n}\int_{-\infty}^{\infty} K\left(\frac{x - z}{h_n}\right)m(z)f(z)dz$$

$$= \int_{-\infty}^{\infty} K(u)m(x - h_n u)f(x - h_n u)du.$$

令 $s(x) = m(x - h_n u)f(x - h_n u)$. 由于 $m(x)$ 和 $f(x)$ 都有连续有界的一、二阶导数, 所以由 Taylor 展开式和控制收敛定理有

$$\int_{-\infty}^{\infty} K(u)m(x - h_n u)f(x - h_n u)du$$

$$= \int_{-\infty}^{\infty} K(u)\left\{s(x) + s'(x)h_n u + \frac{1}{2}s''(x + \theta h_n u)h_n^2 u^2\right\}du$$

$$= s(x) + \frac{1}{2}h_n^2 \int_{-\infty}^{\infty} K(u)s''(x + \theta h_n u)u^2 du$$

$$= s(x) + O(h_n^2).$$

因此 (5.5.15) 式成立. 同理有

$$Ef_n(x) = \frac{1}{h_n}\int_{-\infty}^{\infty} K\left(\frac{x - z}{h_n}\right)f(z)dz$$

$$= \int_{-\infty}^{\infty} K(u)f(x - h_n u)du$$

$$= f(x) + O(h_n^2),$$

即 (5.5.16) 式成立. 证毕.

定理 5.5.4　在条件 (A.1)—(A.4) 下, 如果 $m(x)$ 和 $f(x)$ 都有连续有界的一、二阶导数, $nh_n/\log n \to \infty$, $nh_n^5 \to 0$, 则对 $f(x) \neq 0$ 的点 x, 有

$$\frac{\sqrt{f(x)}\sqrt{nh_n}(m_n(x) - m(x))}{\sqrt{\sigma^2(x)\displaystyle\int_{-\infty}^{\infty} K^2(u)du}} \to N(0,1). \tag{5.5.17}$$

证明　由定理 5.5.1 知

$$\frac{\sqrt{f(x)}\sqrt{nh_n}(m_n(x) - m(x))}{\sqrt{\sigma^2(x)\displaystyle\int_{-\infty}^{\infty} K^2(u)du}} = \frac{\sqrt{nh_n}\sqrt{\mathrm{Var}(W_n(x))}}{\sqrt{\sigma^2(x)f(x)\displaystyle\int_{-\infty}^{\infty} K^2(u)du}}\frac{f(x)(m_n(x) - m(x))}{\sqrt{\mathrm{Var}(W_n(x))}}$$

$$= (1 + o(1))\frac{f(x)(m_n(x) - m(x))}{\sqrt{\mathrm{Var}(W_n(x))}}.$$

由定理 5.5.3, 有

$$\frac{EA_n(x) - m(x)f(x)}{\sqrt{\mathrm{Var}(W_n(x))}} = O\left(\sqrt{nh_n^5}\right) = o(1),$$

$$\frac{m(x)\left(Ef_n(x) - f(x)\right)}{\sqrt{\mathrm{Var}(W_n(x))}} = O\left(\sqrt{nh_n^5}\right) = o(1).$$

回顾 (5.5.3) 式, 有

$$\frac{f(x)(m_n(x) - m(x))}{\sqrt{\mathrm{Var}(W_n(x))}} = \frac{f(x)}{f_n(x)}\frac{W_n(x)}{\sqrt{\mathrm{Var}(W_n(x))}} + o(1). \tag{5.5.18}$$

由于 $f_n(x) \xrightarrow{P} f(x)$, 所以由定理 5.2.2, 得

$$\frac{f(x)}{f_n(x)}\frac{W_n(x)}{\sqrt{\mathrm{Var}(W_n(x))}} \to N(0,1),$$

从而得结论. 证毕.

第 6 章　相依随机变量的强大数律

6.1　强大数律的一般方法

假设 $\{X_j : j \geqslant 1\}$ 是概率空间 $(\Omega, \mathcal{F}, P)$ 上的随机变量序列, 记 $S_n = \sum_{j=1}^{n} X_j$.
Fazekas 和 Klesov (2001) 给出如下强大数律.

定理 6.1.1 (Fazekas and Klesov, 2001)　假设 $b_1, b_2, \cdots$ 是一个单调不减且无界的正实数序列, $\alpha_1, \alpha_2, \cdots$ 是一个非负实数序列, r 是一个给定的正实数. 如果

$$E \max_{1 \leqslant k \leqslant n} |S_k|^r \leqslant \sum_{j=1}^{n} \alpha_j, \quad \forall n \geqslant 1, \tag{6.1.1}$$

且

$$\sum_{j=1}^{\infty} \alpha_j / b_j^r < \infty, \tag{6.1.2}$$

则

$$\lim_{n \to \infty} S_n / b_n = 0 \quad \text{a.s..} \tag{6.1.3}$$

定理 6.1.1 对随机变量序列没有附加独立性也没有附加任何相依结构的假设, 是在较一般条件下获得强大数律, 所以称为强大数律的一般方法.

Fazekas 和 Klesov(2001) 利用这个定理对鞅随机变量序列和 ρ-混合随机变量序列给出了一些相应的大数律. 后来, Kuczmaszewska(2005) 也使用这种方法研究了负相协随机变量序列和 ρ-混合随机变量序列的大数律, 其中 ρ-混合随机变量序列的大数律推广了 Fazekas 和 Klesov (2001) 的结论.

此后, Yang 等 (2008) 给出如下具有更一般性的强大数律定理.

定理 6.1.2 (Yang et al., 2008, Theorem 2.1)　假设 $b_1, b_2, \cdots$ 是一个单调不减正实数序列, 且存在常数 $c > 1$ 使得

$$1 \leqslant b_{2n} / b_n \leqslant c < \infty. \tag{6.1.4}$$

如果对任意给定的 $\varepsilon > 0$, 有

$$\sum_{n=1}^{\infty} n^{-1} P\left(\max_{1\leqslant k\leqslant n} |S_k| > b_n\varepsilon\right) < \infty, \tag{6.1.5}$$

则

$$\lim_{n\to\infty} \max_{1\leqslant j\leqslant n} |S_j|/b_n = 0 \quad \text{a.s.}. \tag{6.1.6}$$

证明　显然

$$\sum_{k=1}^{\infty} P\left(\max_{1\leqslant j\leqslant 2^k} |S_j| > \varepsilon b_{2^k}\right)$$

$$= \sum_{k=1}^{\infty} \sum_{2^k\leqslant n<2^{k+1}} (2^k)^{-1} P\left(\max_{1\leqslant j\leqslant 2^k} |S_j| > \varepsilon b_{2^k}\right)$$

$$\leqslant \sum_{k=1}^{\infty} \sum_{n:\text{偶数且}2^k\leqslant n<2^{k+1}} (n/2)^{-1} P\left(\max_{1\leqslant j\leqslant n} |S_j| > \varepsilon b_{n/2}\right)$$

$$+ \sum_{k=1}^{\infty} \sum_{n:\text{奇数且}2^k\leqslant n<2^{k+1}} (n/2)^{-1} P\left(\max_{1\leqslant j\leqslant n} |S_j| > \varepsilon b_{(n+1)/2}\right).$$

利用 $b_n \leqslant b_{2n} \leqslant cb_n$, 有

$$\sum_{k=1}^{\infty} P\left(\max_{1\leqslant j\leqslant 2^k} |S_j| > \varepsilon b_{2^k}\right)$$

$$\leqslant 2\sum_{k=1}^{\infty} \sum_{n:\text{偶数且}2^k\leqslant n<2^{k+1}} n^{-1} P\left(\max_{1\leqslant j\leqslant n} |S_j| > \varepsilon c^{-1} b_n\right)$$

$$+ 2\sum_{k=1}^{\infty} \sum_{n:\text{奇数且}2^k\leqslant n<2^{k+1}} n^{-1} P\left(\max_{1\leqslant j\leqslant n} |S_j| > \varepsilon c^{-1} b_{n+1}\right)$$

$$\leqslant 2\sum_{k=1}^{\infty} \sum_{2^k\leqslant n<2^{k+1}} n^{-1} P\left(\max_{1\leqslant j\leqslant n} |S_j| > \varepsilon c^{-1} b_n\right)$$

$$= 2\sum_{n=2}^{\infty} n^{-1} P\left(\max_{1\leqslant j\leqslant n} |S_j| > \varepsilon c^{-1} b_n\right) < \infty.$$

由 Borel-Cantelli 引理, 得

$$\max_{1\leqslant j\leqslant 2^k} |S_j/b_{2^k}| \to 0 \quad \text{a.s.} \quad (k\to\infty).$$

另一方面,

$$\max_{2^{k-1}<n\leqslant 2^k}\max_{1\leqslant j\leqslant n}|S_j/b_n| \leqslant \max_{2^{k-1}<n\leqslant 2^k}\max_{1\leqslant j\leqslant 2^k}|S_j/b_{2^{k-1}}|$$

$$\leqslant c\max_{2^{k-1}<n\leqslant 2^k}\max_{1\leqslant j\leqslant 2^k}|S_j/b_{2^k}|$$

$$= c\max_{1\leqslant j\leqslant 2^k}|S_j/b_{2^k}| \to 0 \quad \text{a.s.} \quad (k\to\infty).$$

因此根据子序列法, 我们得到结论 (6.1.6). 证毕.

现在我们来讨论一下定理 6.1.2 的条件. 由于 $\max_{1\leqslant j\leqslant n}|S_j|$ 关于 n 是单调不减的, 所以为了使结论 (6.1.6) 成立, b_n 必须是单调不减序列. 另外, 要求 b_{2n}/b_n 有界是一个温和条件, 如果它无界我们有如下条件更宽松的结论.

定理 6.1.3 (Yang et al., 2008, Theorem 2.2) 假设 $b_1, b_2, \cdots$ 是一个单调不减正实数序列, b_{2n}/b_n 单调递增且无界. 如果存在 $0 < r < 1$ 使得 $\sup_{j\geqslant 1}E|X_j|^r < \infty$, 则结论 (6.1.6) 成立.

证明 由于 b_{2n}/b_n 无界, 所以对 $M = 5^{1/r}$, 当 n 适当大时有 $b_{2n}/b_n \geqslant M$. 不妨假设对所有的 $n \geqslant 1$ 都有 $b_{2n}/b_n \geqslant M$. 从而 $b_{2^k} \geqslant Mb_{2^{k-1}} \geqslant \cdots \geqslant M^k b_1$.

对任意给定的 $\varepsilon > 0$, 由 Markov 不等式并注意 $0 < r < 1$, 有

$$\sum_{n=1}^{\infty} P\left(\max_{1\leqslant j\leqslant n}|S_j| > \varepsilon b_n\right) \leqslant C\sum_{n=1}^{\infty} b_n^{-r} E\max_{1\leqslant j\leqslant n}|S_j|^r$$

$$\leqslant C\sum_{n=1}^{\infty} b_n^{-r} \sum_{j=1}^{n} E|X_j|^r$$

$$\leqslant C\sum_{n=1}^{\infty} nb_n^{-r},$$

而

$$\sum_{n=1}^{\infty} nb_n^{-r} = \sum_{k=1}^{\infty} \sum_{2^{k-1}\leqslant n<2^k} nb_n^{-r}$$

$$\leqslant \sum_{k=1}^{\infty} \sum_{2^{k-1}\leqslant n<2^k} 2^k b_{2^{k-1}}^{-r}$$

$$\leqslant 2b_1^{-r} \sum_{k=1}^{\infty} 2^{2(k-1)} M^{-r(k-1)}$$

$$= 2b_1^{-r} \sum_{k=1}^{\infty} (4/5)^{k-1} < \infty.$$

所以结论 (6.1.6) 成立. 证毕.

根据独立随机变量序列的重对数律, 我们知道 $b_n = n^{1/2}(\log\log n)^{1/2}$. 所以一般地我们考虑 $b_n = n^\alpha(\log n)^\beta(\log\log n)^\delta$, 其中 $\alpha \geqslant 0, \beta \geqslant 0, \delta \geqslant 0$. 此时, b_n 单调递增且满足条件 (6.1.4).

如果 b_n 是几何递增, 即存在 $\rho > 1$ 使得 $b_n = \rho^n$, 则 b_{2n}/b_n 单调递增且无界, 此时 b_n 满足定理 6.1.3 的条件.

在一些通常情形下, 如果定理 6.1.1 的条件 (6.1.1) 和 (6.1.2) 成立, 则定理 6.1.2 的条件 (6.1.5) 也成立. 事实上, 由 Markov 不等式和 (6.1.1), 我们有

$$\sum_{n=1}^{\infty} n^{-1} P\left(\max_{1 \leqslant k \leqslant n} |S_k| > b_n \varepsilon \right) \leqslant C \sum_{n=1}^{\infty} \sum_{j=1}^{n} \alpha_j n^{-1} b_n^{-r}.$$

(1) 如果 $\{\alpha_j : j \geqslant 1\}$ 单调不减, 则

$$\sum_{n=1}^{\infty} \sum_{j=1}^{n} \alpha_j n^{-1} b_n^{-r} \leqslant \sum_{n=1}^{\infty} \alpha_n b_n^{-r} < \infty.$$

(2) 如果 $b_n = n^\alpha(\log n)^\beta(\log\log n)^\delta$, 其中 $\alpha > 0, \beta \geqslant 0, \delta \geqslant 0$, 则

$$\sum_{n=j}^{\infty} n^{-1} b_n^{-r} = \sum_{n=j}^{\infty} n^{-1-r\alpha} \left((\log n)^\beta (\log\log n)^\delta \right)^{-r}$$

$$\leqslant \left((\log j)^\beta (\log\log j)^\delta \right)^{-r} \sum_{n=j}^{\infty} n^{-1-r\alpha}$$

$$\leqslant C j^{-r\alpha} \left((\log j)^\beta (\log\log j)^\delta \right)^{-r}$$

$$= C b_j^{-r},$$

从而

$$\sum_{n=1}^{\infty} \sum_{j=1}^{n} \alpha_j n^{-1} b_n^{-r} = \sum_{j=1}^{\infty} \alpha_j \sum_{n=j}^{\infty} n^{-1} b_n^{-r} \leqslant C \sum_{j=1}^{\infty} \alpha_j / b_j^r < \infty.$$

(3) 如果 $b_n = (\log n)^\beta(\log\log n)^\delta$, 其中 $\beta \geqslant 2/r, \delta > 1/r$, 则由 (6.1.2) 知 $\alpha_n \leqslant C n^{-1}$. 因此, $\sum_{j=1}^{n} \alpha_j \leqslant C \sum_{j=1}^{n} j^{-1} \leqslant C \log n$. 从而

$$\sum_{n=1}^{\infty} \sum_{j=1}^{n} \alpha_j n^{-1} b_n^{-r} \leqslant C \sum_{n=1}^{\infty} n^{-1} (\log n)^{1-r\beta} (\log\log n)^{-r\delta} < \infty.$$

6.2 重对数律

由定理 6.1.2 我们容易得到如下重对数律.

定理 6.2.1 设 $\{X_i; i \geqslant 1\}$ 是均值为零的随机变量序列, $\sup_{i \geqslant 1} EX_i^2 < \infty$. 进一步假设如下条件之一成立:

(1) $\{X_i; i \geqslant 1\}$ 是独立随机变量序列;

(2) $\{X_i; i \geqslant 1\}$ 是 ϕ-混合随机变量序列, 且 $\sum_{i=1}^{\infty} \phi^{1/2}(2^i) < \infty$;

(3) $\{X_i; i \geqslant 1\}$ 是 ρ-混合随机变量序列, 且 $\sum_{i=1}^{\infty} \rho(2^i) < \infty$;

(4) $\{X_i; i \geqslant 1\}$ 是负相协随机变量序列;

(5) $\{X_i; i \geqslant 1\}$ 是相协随机变量序列, 且 $\sum_{i=1}^{\infty} u^{1/2}(2^i) < \infty$, 其中

$$u(n) = \sup_{i \geqslant 1} \sum_{j:j-i \geqslant n} \mathrm{Cov}\,(X_i, X_j).$$

则对任意的 $\delta > 0$, 有

$$\lim_{n \to \infty} \frac{\max_{1 \leqslant j \leqslant n} |S_j|}{\sqrt{n(\log n)(\log \log n)^{1+\delta}}} = 0 \quad \text{a.s..} \tag{6.2.1}$$

证明 令 $b_n = \sqrt{n(\log n)(\log \log n)^{1+\delta}}$, 显然 b_n 是单调递增且满足条件 (6.1.4). 根据独立序列的 Rosenthal 矩不等式和相依混合序列的矩不等式 (对 ϕ-混合序列, 参见推论 3.1.1; 对 ρ-混合序列, 参见定理 3.2.1; 对负相协序列, 参见定理 4.5.4; 对相协序列, 参见定理 4.6.6) 知, 在条件 (1)—(5) 之一成立下均有

$$E \max_{1 \leqslant k \leqslant n} |S_k|^2 \leqslant Cn.$$

所以

$$\sum_{n=1}^{\infty} n^{-1} P\left(\max_{1 \leqslant k \leqslant n} |S_k| > b_n \varepsilon\right) \leqslant C \sum_{n=1}^{\infty} n^{-1} b_n^{-2} E \max_{1 \leqslant k \leqslant n} |S_k|^2$$

$$\leqslant C \sum_{n=1}^{\infty} \frac{1}{n(\log n)(\log \log n)^{1+\delta}} < \infty,$$

从而由定理 6.1.2 知结论 (6.2.1) 成立. 证毕.

定理 6.2.2 设 $\{X_i; i \geqslant 1\}$ 是均值为零的 α-混合随机变量序列, $\sup_{i \geqslant 1} E|X_i|^{r+\delta} < \infty$, 其中 $r > 2, \delta > 0$. 并且假设 $\alpha(n) = O(n^{-\theta})$, 其中 θ 满足 $\theta > r(r+\delta)/(2\delta)$. 则对任意的 $\delta > 0$, 有

$$\lim_{n \to \infty} \frac{\max_{1 \leqslant j \leqslant n} |S_j|}{\sqrt{n\{(\log n)(\log \log n)^{1+\delta}\}^{2/r}}} = 0 \quad \text{a.s..} \tag{6.2.2}$$

证明　令 $\widetilde{b}_n = \sqrt{n\{(\log n)(\log\log n)^{1+\delta}\}^{2/r}}$. 显然 $\widetilde{b}_n$ 是单调递增且满足条件 (6.1.4). 根据 α-混合序列的矩不等式 (定理 3.3.3), 对任意给定的 $\varepsilon \in (0, r/2 - 1)$, 有

$$\sum_{n=1}^{\infty} n^{-1} P\left(\max_{1\leqslant k\leqslant n} |S_k| > \widetilde{b}_n \varepsilon\right)$$

$$\leqslant C\sum_{n=1}^{\infty} n^{-1}\widetilde{b}_n^{-r} E\max_{1\leqslant k\leqslant n} |S_k|^r$$

$$\leqslant C\sum_{n=1}^{\infty} n^{-1}\widetilde{b}_n^{-r}\left\{n^\varepsilon \sum_{i=1}^{n} E|X_i|^r + \left(\sum_{i=1}^{n} ||X_i||_{r+\delta_0}^2\right)^{r/2}\right\}$$

$$\leqslant C\sum_{n=1}^{\infty} n^{-1}\widetilde{b}_n^{-r}\left\{n^{1+\varepsilon} + n^{r/2}\right\}$$

$$\leqslant C\sum_{n=1}^{\infty} n^{r/2-1}\widetilde{b}_n^{-r}$$

$$\leqslant C\sum_{n=1}^{\infty} \frac{1}{n(\log n)(\log\log n)^{1+\delta}} < \infty,$$

从而由定理 6.1.2 得结论. 证毕.

　　定理 6.2.1 的结论几乎接近独立随机变量序列的重对数律, 其收敛速度差异仅为一个慢变函数, 所以由定理 6.1.2 给出的强大数律的收敛速度是非常精准的.

6.3　Marcinkiewicz 型强大数律

　　在这节我们讨论相协随机变量序列的 Marcinkiewicz 型强大数律, 为此我们首先给出如下更一般的强大数律.

　　定理 6.3.1　假设 $\{X_j : j \geqslant 1\}$ 是相协随机变量序列, 且

$$\sum_{i=1}^{\infty} u^{1/2}(2^i) < \infty. \tag{6.3.1}$$

其中 $u(n)$ 的定义见定理 6.2.1. 假设 $g : \mathbb{R} \to \mathbb{R}^+$ 是一个偶函数, 在 $[0, \infty)$ 上非降, $\lim_{x\to+\infty} g(x) = +\infty$, 并且满足下面两个条件之一:

　　(i) $g(x)/x \searrow$;

　　(ii) $g(x)/x \nearrow$, $g(x)/x^2 \searrow$, $EX_j = 0$.

又假设 $b_1, b_2, \cdots$ 是一个非降正数序列, 且满足

$$1 \leqslant b_{2n}/b_n \leqslant c < \infty, \quad \forall n \geqslant 1, \tag{6.3.2}$$

$$\sum_{n=1}^{\infty} b_n^{-2} < \infty, \tag{6.3.3}$$

$$\sum_{j=1}^{\infty} P(|X_j| > b_j) < \infty, \tag{6.3.4}$$

$$\sum_{j=1}^{\infty} \frac{Eg(X_j)I(|X_j| \leqslant b_j)}{g(b_j)} < \infty, \tag{6.3.5}$$

$$\sum_{n=1}^{\infty} b_n^{-2} \max_{1 \leqslant j \leqslant n} b_j^2 P(|X_j| > b_j) < \infty, \tag{6.3.6}$$

$$\sum_{n=1}^{\infty} b_n^{-2} \max_{1 \leqslant j \leqslant n} \frac{b_j^2 Eg(X_j)I(|X_j| \leqslant b_j)}{g(b_j)} < \infty. \tag{6.3.7}$$

则当 $n \to \infty$ 时, 有

$$S_n/b_n \to 0 \quad \text{a.s..} \tag{6.3.8}$$

证明 令 $Z_j = X_j I(|X_j| \leqslant b_j) - b_j I(X_j < -b_j) + b_j I(X_j > b_j)$. 我们首先来证明

$$b_n^{-1} \left| E \sum_{j=1}^{n} Z_j \right| \to 0. \tag{6.3.9}$$

如果 $g(x)$ 满足条件 (i), i.e. $g(x)/x \searrow$, 则当 $|X_j| \leqslant b_j$ 时, 有 $\dfrac{g(b_j)}{b_j} \leqslant \dfrac{g(|X_j|)}{|X_j|}$, 从而 $\dfrac{|X_j|}{b_j} \leqslant \dfrac{g(X_j)}{g(b_j)}$. 因此

$$|EZ_j| \leqslant b_j E\{(|X_j|/b_j)I(|X_j| \leqslant b_j)\} + b_j P(|X_j| > b_j)$$

$$\leqslant b_j E\{(g(|X_j|)/g(b_j)) I(|X_j| \leqslant b_j)\} + b_j P(|X_j| > b_j)$$

$$\leqslant b_j E\{g(|X_j|)I(|X_j| \leqslant b_j)\}/g(b_j) + b_j P(|X_j| > b_j).$$

如果 $g(x)$ 满足条件 (ii), i.e. $g(x)/x \nearrow$, 则当 $|X_j| > b_j$ 时, 有 $\dfrac{g(|X_j|)}{|X_j|} \geqslant \dfrac{g(b_j)}{b_j}$,

从而 $\dfrac{|X_j|}{b_j} \leqslant \dfrac{g(X_j)}{g(b_j)}$. 并且注意到 $EX_j = 0$, 我们有

$$
\begin{aligned}
|EZ_j| &= |EX_j I(|X_j| \leqslant b_j)| + b_j P(|X_j| > b_j) \\
&= |EX_j I(|X_j| > b_j)| + b_j P(|X_j| > b_j) \\
&\leqslant b_j E\left(|X_j|/b_j\right) I(|X_j| > b_j) + b_j P(|X_j| > b_j) \\
&\leqslant b_j E\left(g(|X_j|)/g(b_j)\right) I(|X_j| > b_j) + b_j P(|X_j| > b_j) \\
&\leqslant b_j E\{g(|X_j|)I(|X_j| \leqslant b_j)\}/g(b_j) + b_j P(|X_j| > b_j).
\end{aligned}
$$

所以, $g(x)$ 满足条件 (i) 或条件 (ii) 我们都有

$$
|EZ_j| \leqslant b_j E\{g(|X_j|)I(|X_j| \leqslant b_j)\}/g(b_j) + b_j P(|X_j| > b_j).
$$

由 (6.3.3) 和 (6.3.4), 我们得 $\sum_{j=1}^{\infty} |EZ_j|/b_j < \infty$. 因此, 由 Kronecker 引理有

$$
b_n^{-1} \sum_{j=1}^{n} |EZ_j|/b_j \to 0.
$$

这意味着 (6.3.9) 成立.

另一方面, 由 (6.3.3) 得

$$
\sum_{j=1}^{\infty} P(X_j \neq Z_j) = \sum_{j=1}^{\infty} P(|X_j| > b_j) < \infty. \tag{6.3.10}
$$

因此, (6.3.9) 和 (6.3.10) 意味着我们只需要证明

$$
b_n^{-1} \sum_{j=1}^{n} (Z_j - EZ_j) \to 0 \ \text{a.s..} \tag{6.3.11}
$$

为此我们先来证明: 当 $|X_j| \leqslant b_j$ 时, 有

$$
\frac{X_j^2}{b_j^2} \leqslant \frac{g(X_j)}{g(b_j)}. \tag{6.3.12}
$$

事实上, 如果 $g(x)$ 满足条件 (ii), 则有 $g(x)/x^2 \searrow$. 从而

$$
\frac{g(b_j)}{b_j^2} \leqslant \frac{g(|X_j|)}{X_j^2} = \frac{g(X_j)}{X_j^2},
$$

因此 (6.3.12) 成立. 如果 $g(x)$ 满足条件 (i), i.e. $g(x)/x \searrow$, 则 $\dfrac{g(|X_j|)}{|X_j|} \geqslant \dfrac{g(b_j)}{b_j}$.

从而 $\dfrac{X_j^2}{b_j^2} \leqslant \dfrac{g^2(|X_j|)}{g^2(b_j)}$. 由于 $g(x)$ 在 $(0,\infty)$ 上是非降函数, 所以 $0 < \dfrac{g(|X_j|)}{g(b_j)} \leqslant 1$.

于是有

$$\frac{X_j^2}{b_j^2} \leqslant \frac{g^2(|X_j|)}{g^2(b_j)} \leqslant \frac{g(|X_j|)}{g(b_j)} = \frac{g(X_j)}{g(b_j)}.$$

因此 (6.3.12) 成立.

利用 (6.3.12), 有

$$
\begin{aligned}
EZ_j^2 &= EX_j^2 I(|X_j| \leqslant b_j) + b_j^2 P(|X_j| > b_j) \\
&= b_j^2 E\left(X_j^2/b_j^2\right) I(|X_j| \leqslant b_j) + b_j^2 P(|X_j| > b_j) \\
&\leqslant b_j^2 E\left(g(X_j)/g(b_j)\right) I(|X_j| \leqslant b_j) + b_j^2 P(|X_j| > b_j).
\end{aligned}
$$

由于 Z_j 关于 X_j 是非降函数, 所以 $\{Z_j, j \geqslant 1\}$ 仍然是相协随机变量序列. 现在利用相协随机变量的二阶矩不等式 (定理 4.6.6) 和 (6.3.3), (6.3.6), (6.3.7) 式, 有

$$
\begin{aligned}
&\sum_{n=1}^{\infty} n^{-1} P\left(\max_{1 \leqslant k \leqslant n} \left| \sum_{j=1}^{k} (Z_j - EZ_j) \right| > b_n \varepsilon \right) \\
&\leqslant \varepsilon^{-2} \sum_{n=1}^{\infty} n^{-1} b_n^{-2} E \max_{1 \leqslant k \leqslant n} \left| \sum_{j=1}^{k} (Z_j - EZ_j) \right|^2 \\
&\leqslant C \sum_{n=1}^{\infty} b_n^{-2} \{ \max_{1 \leqslant j \leqslant n} EZ_j^2 + 1 \} \\
&\leqslant C \sum_{n=1}^{\infty} b_n^{-2} \left\{ \max_{1 \leqslant j \leqslant n} b_j^2 \{ E\left(g(X_j)/g(b_j)\right) I(|X_j| \leqslant b_j) + P(|X_j| > b_j) \} + 1 \right\}.
\end{aligned}
$$

$$< \infty. \tag{6.3.13}$$

由定理 6.1.2 得到我们所需要的结论. 证毕.

利用定理 6.3.1, 我们可以得到如下两个 Marcinkiewicz 型强大数律.

推论 6.3.1 假设 $\{X_j : j \geqslant 1\}$ 是一个均值为零的相协随机变量序列, $\sup_{j \geqslant 1} E|X_j|^p < \infty$, $1 \leqslant p \leqslant 2$, 且满足 (6.3.1) 式. 则对任意的 $\delta > 1$, 有

$$S_n / (n \log n (\log \log n)^\delta)^{1/p} \to 0 \quad \text{a.s..} \tag{6.3.14}$$

推论 6.3.2　假设 $\{X_j : j \geqslant 1\}$ 是一个均值为零且同分布的相协随机变量序列, $E|X_1|^p < \infty$, $1 \leqslant p < 2$, 且满足 (6.3.1) 式. 则有

$$S_n/n^{1/p} \to 0 \quad \text{a.s..} \tag{6.3.15}$$

当 $p = 2$ 时, 由推论 6.3.1 知, S_n/n 的收敛速度为 $n^{-1/2}(\log n)^{1/2}(\log\log n)^{\delta/2}$. 这个结果接近独立随机变量序列的重对数律.

在随机变量有界且协方差为几何衰减的条件下, Ioannides 和 Roussas (1999) 获得 S_n/n 的收敛速度为 $n^{-1/3}(\log n)^{2/3}$, 而 Oliveira (2005) 仅获得 $n^{-1/3}(\log n)^{5/3}$ 的收敛速度. 这些收敛速度都远低于推论 6.3.1 给出的收敛速度, 而且随机变量有界且协方差为几何衰减这个条件也远强于推论 6.3.1 的条件假设. 事实上, 条件 (6.3.1) 是一个很弱的条件, 例如: 如果协方差的衰减速度为 $\text{Cov}(X_i, X_j) \leqslant C|j - i|^{-1}(\log(|j - i|))^\lambda$, 其中 $\lambda > 3$, 则 (6.3.1) 成立.

推论 6.3.1 的证明　在定理 6.3.1 中, 取

$$g(x) = |x|^p \quad \text{和} \quad b_n = (n \log n (\log\log n)^\delta)^{1/p}.$$

显然 $1 \leqslant b_{2n}/b_n \leqslant 3$, 且 (6.3.3) 和 (6.3.4) 成立. 而且

$$\sum_{n=1}^{\infty} \frac{Eg(X_j)I(|X_j| \leqslant b_j)}{g(b_j)} \leqslant C \sum_{n=1}^{\infty} b_j^{-p} E|X_j|^p < \infty,$$

$$\sum_{n=1}^{\infty} b_n^{-2} \max_{1 \leqslant j \leqslant n} b_j^2 P(|X_j| > b_j) \leqslant C \sum_{n=1}^{\infty} b_n^{-2} \max_{1 \leqslant j \leqslant n} b_j^{2-p} E|X_j|^p$$
$$\leqslant C \sum_{n=1}^{\infty} b_n^{-p} < \infty,$$

$$\sum_{n=1}^{\infty} b_n^{-2} \max_{1 \leqslant j \leqslant n} \frac{b_j^2 Eg(X_j)I(|X_j| \leqslant b_j)}{g(b_j)} \leqslant C \sum_{n=1}^{\infty} b_n^{-2} \max_{1 \leqslant j \leqslant n} b_j^{2-p} E|X|^p$$
$$\leqslant C \sum_{n=1}^{\infty} b_n^{-p} < \infty,$$

即 (6.3.5)—(6.3.7) 成立. 因此, 由定理 6.3.1 得结论. 证毕.

推论 6.3.2 的证明　在定理 6.3.1中, 取 $g(x) = |x|^r$ 和 $b_n = n^{1/p}$, 其中 $p < r < 2$. 显然 $1 \leqslant b_{2n}/b_n \leqslant 2$, 且 (6.3.3) 和 (6.3.4) 成立. 下面只需要证明 (6.3.5)—(6.3.7) 也成立.

首先, 我们利用 $E|X_1|^p < \infty$ 有

$$\sum_{j=1}^{\infty} j^{-r/p} E|X_1|^r I(|X_1| \leqslant j^{1/p})$$

$$= \sum_{j=1}^{\infty} j^{-r/p} \sum_{n=1}^{j} E|X_1|^r I((n-1)^{1/p} < |X_1| \leqslant n^{1/p})$$

$$\leqslant \sum_{n=1}^{\infty} n^{r/p-1} E|X_1|^p I((n-1)^{1/p} < |X_1| \leqslant n^{1/p}) \sum_{j=n}^{\infty} j^{-r/p}$$

$$\leqslant C \sum_{n=1}^{\infty} E|X_1|^p I((n-1)^{1/p} < |X_1| \leqslant n^{1/p})$$

$$\leqslant CE|X_1|^p < \infty,$$

即

$$\sum_{j=1}^{\infty} j^{-r/p} E|X_1|^r I(|X_1| \leqslant j^{1/p}) < \infty. \tag{6.3.16}$$

由此得

$$\sum_{j=1}^{\infty} \frac{Eg(X_j)I(|X_j| \leqslant b_j)}{g(b_j)} = \sum_{j=1}^{\infty} j^{-r/p} E|X_1|^r I(|X_1| \leqslant j^{1/p}) < \infty,$$

从而 (6.3.5) 成立.

其次, 由于 $\sum_{j=1}^{\infty} P(|X_1| > j^{1/p}) \leqslant CE|X_1|^p < \infty$, 所以我们可以选择一个正实数序列 $\{q(j) : j \geqslant 1\}$ 使得

$$P(|X_1| > j^{1/p}) \leqslant Cj^{-1}q(j), \quad \forall j \geqslant 1,$$

且满足 $\sum_{j=1}^{\infty} j^{-1}q(j) < \infty$, $j^{2/p-1}q(j) \uparrow \infty$. 从而有

$$\sum_{n=1}^{\infty} b_n^{-2} \max_{1 \leqslant j \leqslant n} b_j^2 P(|X_j| > b_j)$$

$$= \sum_{n=1}^{\infty} n^{-2/p} \max_{1 \leqslant j \leqslant n} j^{2/p} P(|X_1| > j^{1/p})$$

$$\leqslant C \sum_{n=1}^{\infty} n^{-2/p} \max_{1 \leqslant j \leqslant n} j^{2/p-1}q(j)$$

$$\leqslant C \sum_{n=1}^{\infty} n^{-2/p} \cdot n^{2/p-1}q(n)$$

$$= C \sum_{n=1}^{\infty} n^{-1}q(n) < \infty,$$

即 (6.3.6) 成立.

最后, 我们利用 (6.3.16) 式, 得

$$\sum_{n=1}^{\infty} b_n^{-2} \max_{1 \leqslant j \leqslant n} \frac{b_j^2 Eg(X_j) I(|X_j| \leqslant b_j)}{g(b_j)}$$

$$= \sum_{n=1}^{\infty} n^{-2/p} \max_{1 \leqslant j \leqslant n} j^{2/p-r/p} E|X_1|^r I(|X_1| \leqslant j^{1/p})$$

$$= \sum_{n=1}^{\infty} n^{-r/p} E|X_1|^r I(|X_1| \leqslant n^{1/p}) < \infty.$$

从而 (6.3.7) 成立. 证毕.

现在我们给出其他相依随机变量序列的强大数律.

定理 6.3.2　假设 $\{X_j : j \geqslant 1\}$ 是负相协随机变量序列, 假设 $g : \mathbb{R} \to \mathbb{R}^+$ 是一个偶函数, 在 $[0, \infty)$ 上非降, $\lim_{x \to +\infty} g(x) = +\infty$, 并且满足下面两个条件之一:

(i) $g(x)/x \searrow$;

(ii) $g(x)/x \nearrow$, $g(x)/x^2 \searrow$, $EX_j = 0$.

又假设 $b_1, b_2, \cdots$ 是一个非降正数序列, 且满足

$$1 \leqslant b_{2n}/b_n \leqslant c < \infty, \quad \forall n \geqslant 1, \tag{6.3.17}$$

$$\sum_{j=1}^{\infty} P(|X_j| > b_j) < \infty, \tag{6.3.18}$$

$$\sum_{j=1}^{\infty} \frac{Eg(X_j) I(|X_j| \leqslant b_j)}{g(b_j)} < \infty, \tag{6.3.19}$$

$$\sum_{n=1}^{\infty} n^{-1} b_n^{-2} \sum_{j=1}^{n} b_j^2 P(|X_j| > b_j) < \infty, \tag{6.3.20}$$

$$\sum_{n=1}^{\infty} n^{-1} b_n^{-2} \sum_{j=1}^{n} \frac{b_j^2 Eg(X_j) I(|X_j| \leqslant b_j)}{g(b_j)} < \infty. \tag{6.3.21}$$

则当 $n \to \infty$ 时, 有

$$S_n/b_n \to 0 \quad \text{a.s..} \tag{6.3.22}$$

证明　与定理 6.3.1 的证明过程一样, 只需要将 (6.3.13) 式中利用相协随机变量的二阶极大矩不等式 (定理 4.6.6) 修改为利用负相协随机变量的二阶极大矩不

等式 (定理 4.5.4) 即可, 具体过程如下:

$$\sum_{n=1}^{\infty} n^{-1} P\left(\max_{1\leqslant k\leqslant n} |\sum_{j=1}^{k}(Z_j - EZ_j)| > b_n\varepsilon\right)$$

$$\leqslant \varepsilon^{-2}\sum_{n=1}^{\infty} n^{-1}b_n^{-2} E \max_{1\leqslant k\leqslant n}\left|\sum_{j=1}^{k}(Z_j - EZ_j)\right|^2$$

$$\leqslant C\sum_{n=1}^{\infty} n^{-1}b_n^{-2}\sum_{j=1}^{n} E(Z_j - EZ_j)^2$$

$$\leqslant C\sum_{n=1}^{\infty} n^{-1}b_n^{-2}\sum_{j=1}^{n} EZ_j^2$$

$$\leqslant C\sum_{n=1}^{\infty} n^{-1}b_n^{-2}\left\{\sum_{j=1}^{n}\frac{b_j^2 Eg(X_j)I(|X_j|\leqslant b_j)}{g(b_j)} + \sum_{j=1}^{n} b_j^2 P(|X_j| > b_j)\right\}$$

$$< \infty,$$

上式最后是利用 (6.3.20) 和 (6.3.21) 得到. 证毕.

定理 6.3.3 假设 $\{X_j : j \geqslant 1\}$ 是 ϕ-混合随机变量序列且 $\sum_{k=0}^{\infty} \phi^{1/2}(2^k) < \infty$, 或者是 ρ-混合随机变量序列且 $\sum_{k=0}^{\infty} \rho(2^k) < \infty$. 假设 $g : \mathbb{R} \to \mathbb{R}^+$ 是一个偶函数, 在 $[0, \infty)$ 上非降, $\lim_{x\to+\infty} g(x) = +\infty$, 并且满足下面两个条件之一:

(i) $g(x)/x \searrow$;

(ii) $g(x)/x \nearrow$, $g(x)/x^2 \searrow$, $EX_j = 0$.

又假设 $b_1, b_2, \cdots$ 是一个非降正数序列, 且满足

$$1 \leqslant b_{2n}/b_n \leqslant c < \infty, \quad \forall n \geqslant 1, \tag{6.3.23}$$

$$\sum_{j=1}^{\infty} P(|X_j| > b_j) < \infty, \tag{6.3.24}$$

$$\sum_{j=1}^{\infty} \frac{Eg(X_j)I(|X_j|\leqslant b_j)}{g(b_j)} < \infty, \tag{6.3.25}$$

$$\sum_{n=1}^{\infty} b_n^{-2} \max_{1\leqslant j\leqslant n} b_j^2 P(|X_j| > b_j) < \infty, \tag{6.3.26}$$

$$\sum_{n=1}^{\infty} b_n^{-2} \max_{1\leqslant j\leqslant n} \frac{b_j^2 Eg(X_j)I(|X_j|\leqslant b_j)}{g(b_j)} < \infty. \tag{6.3.27}$$

则当 $n \to \infty$ 时, 有

$$S_n/b_n \to 0 \quad \text{a.s..} \tag{6.3.28}$$

证明 与定理 6.3.1 的证明过程一样, 只需要将 (6.3.13) 式中利用相协随机变量的二阶极大矩不等式 (定理 4.6.6) 修改为利用 ϕ-混合随机变量的二阶极大矩不等式 (推论 3.1.1), 而对 ρ-混合随机变量则用定理 3.2.2 的二阶极大矩不等式. 具体过程如下:

$$\sum_{n=1}^{\infty} n^{-1} P\left(\max_{1 \leqslant k \leqslant n} \Big| \sum_{j=1}^{k} (Z_j - EZ_j) \Big| > b_n \varepsilon \right)$$

$$\leqslant \varepsilon^{-2} \sum_{n=1}^{\infty} n^{-1} b_n^{-2} E \max_{1 \leqslant k \leqslant n} \left| \sum_{j=1}^{k} (Z_j - EZ_j) \right|^2$$

$$\leqslant C \sum_{n=1}^{\infty} b_n^{-2} \max_{1 \leqslant j \leqslant n} EZ_j^2$$

$$\leqslant C \sum_{n=1}^{\infty} b_n^{-2} \left\{ \max_{1 \leqslant j \leqslant n} b_j^2 \{ E\left(g(X_j)/g(b_j)\right) I(|X_j| \leqslant b_j) + P(|X_j| > b_j) \} \right\}$$

$$< \infty.$$

证毕.

利用这两个定理以及推论 6.3.1 和推论 6.3.2 的类似证明过程, 容易得到如下两个推论.

推论 6.3.3 假设 $\{X_j : j \geqslant 1\}$ 是一个均值为零的随机变量序列, $\sup_{j \geqslant 1} E |X_j|^p < \infty$, $1 \leqslant p \leqslant 2$, 且满足如下条件之一:

(i) $\{X_j : j \geqslant 1\}$ 是负相随机变量序列;

(ii) $\{X_j : j \geqslant 1\}$ 是 ϕ-混合随机变量序列且 $\sum_{k=0}^{\infty} \phi^{1/2}(2^k) < \infty$;

(iii) $\{X_j : j \geqslant 1\}$ 是 ρ-混合随机变量序列且 $\sum_{k=0}^{\infty} \rho(2^k) < \infty$.

则对任意的 $\delta > 1$, 当 $n \to \infty$ 时, 有

$$S_n/(n \log n (\log \log n)^{\delta})^{1/p} \to 0 \quad \text{a.s..} \tag{6.3.29}$$

推论 6.3.4 假设 $\{X_j : j \geqslant 1\}$ 是一个均值为零且同分布的随机变量序列, $E|X_1|^p < \infty$, $1 \leqslant p < 2$, 且满足如下条件之一:

(i) $\{X_j : j \geqslant 1\}$ 是负相随机变量序列;

(ii) $\{X_j : j \geqslant 1\}$ 是 ϕ-混合随机变量序列且 $\sum_{k=0}^{\infty} \phi^{1/2}(2^k) < \infty$;

(iii) $\{X_j : j \geqslant 1\}$ 是 ρ-混合随机变量序列且 $\sum_{k=0}^{\infty} \rho(2^k) < \infty$. 则对任意的 $\delta > 1$, 当 $n \to \infty$ 时, 有

$$S_n/n^{1/p} \to 0 \quad \text{a.s..} \tag{6.3.30}$$

6.4　加权和的强大数律

在本节中, 我们讨论 ρ-混合随机变量序列的加权强大数律, 内容主要来源于 Xing 等 (2021).

定理 6.4.1　假设 $p > 1$ 且 $\{X_i, i \geqslant 1\}$ 是一 ρ-混合随机变量序列, 其中 $EX_i = 0$, $\sup_{i \geqslant 1} E|X_i|^p < \infty$ 以及对于某个 $\theta > 1$ 和 $C > 0$, $\rho(n) \leqslant Cn^{-\theta}$. 如果 $\{a_{ni} : 1 \leqslant i \leqslant n, n \geqslant 1\}$ 是一实数三角阵列且满足

$$\max_{1 \leqslant i \leqslant n} |a_{ni}| \leqslant Cn^{-\delta}, \quad \sum_{i=1}^{n} |a_{ni}| \leqslant C, \tag{6.4.1}$$

其中 $\delta > 1/p$, 那么

$$\sum_{i=1}^{n} a_{ni} X_i \to 0 \quad \text{a.s..} \tag{6.4.2}$$

证明　令

$$X_{ni} = X_i I(|X_i| < n^{1/p} \log n), \quad X'_{ni} = X_i I(|X_i| \geqslant n^{1/p} \log n),$$

$$S_{n1} = \sum_{i=1}^{n} a_{ni} X_{ni}, \quad S_{n2} = \sum_{i=1}^{n} a_{ni} X'_{ni}.$$

则

$$\sum_{i=1}^{n} a_{ni} X_i = [S_{n1} - ES_{n1}] + [S_{n2} - ES_{n2}].$$

于是为了得到 (6.4.2), 只需证明

$$S_{n1} - ES_{n1} \to 0 \quad \text{a.s.,} \quad S_{n2} - ES_{n2} \to 0 \quad \text{a.s..}$$

取 $r > \max\{2, p\}$. 对于任意的 $\varepsilon > 0$, 根据定理 3.2.5, 我们有

$$P\left(|S_{n1} - ES_{n1}| > \varepsilon\right)$$

$$\leqslant CE \left| \sum_{i=1}^{n} a_{ni}[X_{ni} - EX_{ni}] \right|^{r}$$

$$\leqslant C \left\{ n^{\varepsilon} \sum_{i=1}^{n} |a_{ni}|^{r} E|X_{ni} - EX_{ni}|^{r} + \left(\sum_{i=1}^{n} a_{ni}^{2} E[(X_{ni} - EX_{ni})^{2}] \right)^{r/2} \right\}$$

$$\leqslant C \left\{ n^{\varepsilon} (n^{-\delta+1/p} \log n)^{r-1} \sum_{i=1}^{n} |a_{ni}| E|X_{ni}| + \left(n^{-\delta+1/p} \log n \sum_{i=1}^{n} |a_{ni}| E|X_{ni}| \right)^{r/2} \right\}$$

$$\leqslant C \left\{ n^{\varepsilon} n^{-(\delta-1/p)(r-1)} (\log n)^{r-1} + n^{-(\delta-1/p)r/2} (\log n)^{r/2} \right\}.$$

故而对于充分大的 r 有 $\sum_{n=1}^{\infty} P(|S_{n1} - S_{n1}| > \varepsilon) < \infty$. 于是, $S_{n1} - ES_{n1} \to 0$ a.s..

接下来, 我们将证明 $S_{n2} - ES_{n2} \to 0$ a.s.. 显然,

$$|ES_{n2}| \leqslant \sum_{i=1}^{n} |a_{ni}| E|X'_{ni}|$$

$$\leqslant n^{-(p-1)/p} (\log n)^{-(p-1)} \sum_{i=1}^{n} |a_{ni}| E|X'_{ni}|^{p}$$

$$\leqslant Cn^{-(p-1)/p} (\log n)^{-(p-1)} \to 0. \tag{6.4.3}$$

注意到 $\sum_{i=1}^{\infty} P(|X_i| \geqslant i^{1/p} \log i) \leqslant C \sum_{i=1}^{\infty} i^{-1} (\log i)^{-p} < \infty$. 根据 Borel-Cantelli 引理, 我们有

$$\sum_{i=1}^{\infty} i^{-\delta} |X_i| I(|X_i| \geqslant i^{1/p} \log i) < \infty \quad \text{a.s..}$$

再由 Kronecker 引理, 有 $n^{-\delta} \sum_{i=1}^{n} |X_i| I(|X_i| \geqslant i^{1/p} \log i) \to 0$ a.s. 于是

$$|S_{n2}| \leqslant \sum_{i=1}^{n} |a_{ni}| |X'_{ni}|$$

$$\leqslant Cn^{-\delta} \sum_{i=1}^{n} |X_i| I(|X_i| \geqslant n^{1/p} \log n)$$

$$\leqslant Cn^{-\delta} \sum_{i=1}^{n} |X_i| I(|X_i| \geqslant i^{1/p} \log i) \to 0 \quad \text{a.s..} \tag{6.4.4}$$

由(6.4.3)和(6.4.4), 可得 $S_{n2} - ES_{n2} \to 0$ a.s.. 证毕.

定理 6.4.1 的结果可以应用到如下定义的非参数回归估计中. 设 d 是一个自然数以及 A 是一 $\mathbb{R}^d$ 上的紧集. 考虑观测值

$$Y_i = g(x_i) + \varepsilon_i, \quad i = 1, 2, \cdots, n,$$

其中 $x_1, x_2, \cdots, x_n \in A$ 是固定设计点, g 是 A 上的有界实值函数, 而 $\varepsilon_1, \varepsilon_2, \cdots, \varepsilon_n$ 是一组满足 $E\varepsilon_i = 0$, $i = 1, 2, \cdots, n$ 的随机误差. 函数 $g(x)$ 的一般线性光滑估计被定义为

$$g_n(x) = \sum_{i=1}^{n} w_{ni}(x) Y_i, \quad x \in A \subset \mathbb{R}^d, \tag{6.4.5}$$

其中加权函数 $w_{ni}, i = 1, 2, \cdots, n$ 是由固定设计点 $x_1, x_2, \cdots, x_n$ 和观测的样本容量 n 而决定.

为了使得 $g_n(x)$ 是渐近无偏的, 也就是当 $n \to \infty$, $Eg_n(x) \to g(x)$, 我们假设对于所有的 $n \geqslant 1$,

$$\sum_{i=1}^{n} |w_{ni}(x)| \leqslant C, \tag{6.4.6}$$

以及当 $n \to \infty$ 时,

$$\sum_{i=1}^{n} w_{ni}(x) \to 1, \quad \sum_{i=1}^{n} |w_{ni}(x)| I(\|x_i - x\| > a) \to 0, \tag{6.4.7}$$

其中 $a > 0$.

因为 $g_n(x) - Eg_n(x) = \sum_{i=1}^{n} w_{ni}(x)\varepsilon_i$, 所以由定理 6.4.1, 我们可立得如下结果.

推论 6.4.1 假设 $p > 1$ 且 $\{\varepsilon_i, i \geqslant 1\}$ 是一 ρ-混合随机变量序列, 其中 $E\varepsilon_i = 0$, $\sup_{i \geqslant 1} E|\varepsilon_i|^p < \infty$ 以及对于某 $\theta > 1$ 和 $C > 0$, $\rho(n) \leqslant Cn^{-\theta}$. 如果条件 (6.4.6) 和 (6.4.7) 成立且对于某 $\delta > 1/p$,

$$\max_{1 \leqslant i \leqslant n} |w_{ni}| \leqslant Cn^{-\delta}, \tag{6.4.8}$$

那么在函数 g 的每一个连续点 $x \in A$, 我们有

$$g_n(x) \to g(x) \quad \text{a.s..} \tag{6.4.9}$$

推论 6.4.1 改进了 Georgiev (1988) 中的定理 4. 后者使用了如下更具约束性的条件.

(1) $\{\varepsilon_i, i \geqslant 1\}$ 是一独立随机变量序列, 其中对于 $p > 2$, $\sup_{i \geqslant 1} E|\varepsilon_i|^p < \infty$.

(2) 当 $n \to \infty$ 时, $\max_{1 \leqslant i \leqslant n} w_{ni}^2(x) n \log \log n \to 0$. 然而, 对于 $\delta > 1/p$, 当 $\max_{1 \leqslant i \leqslant n} |w_{ni}| \leqslant Cn^{-\delta}$ 时, $\max_{1 \leqslant i \leqslant n} w_{ni}^2(x) n \log \log n$ 不一定收敛到零.

定理 6.4.2　假设 $p \geqslant 2$ 且 $\{X_i, i \geqslant 1\}$ 是一 ρ-混合随机变量序列, 其中 $EX_i = 0$, $\sup_{i \geqslant 1} E|X_i|^p < \infty$ 以及对于某个 $\theta > 1$ 和 $C > 0$, $\rho(n) \leqslant Cn^{-\theta}$. 如果 $\{a_{ni} : 1 \leqslant i \leqslant n, n \geqslant 1\}$ 是一实数三角阵列且满足

$$\max_{1 \leqslant i \leqslant n} |a_{ni}| \leqslant Cn^{-\delta} \quad \text{和} \quad \sum_{i=1}^{n} a_{ni}^2 \leqslant Cn^{-\beta}, \tag{6.4.10}$$

其中 $\delta > 1/p$, $\beta > 0$, 那么 (6.4.2) 成立.

证明　根据定理 6.4.1 的证明过程, 为了得到 (6.4.2), 我们只需给出如下两个不等式就足够了.

$$P\left(|S_{n1} - ES_{n1}| > \varepsilon\right)$$

$$\leqslant C\left\{n^{\varepsilon} n^{-(\delta - 1/p)(r-2)} (\log n)^{r-2} \sum_{i=1}^{n} a_{ni}^2 E|X_{ni}|^2 + \left(\sum_{i=1}^{n} a_{ni}^2 E|X_{ni}|^2\right)^{r/2}\right\}$$

$$\leqslant C\left\{n^{\varepsilon} n^{-(\delta - 1/p)(r-2)} (\log n)^{r-2} + n^{-\beta r/2}\right\}$$

和

$$|ES_{n2}| \leqslant \left(E|S_{n2}|^2\right)^{1/2} \leqslant C\left(\sum_{i=1}^{n} a_{ni}^2 E|X_{ni}'|^2\right)^{1/2} \leqslant Cn^{-\beta/2} \to 0.$$

证毕.

第 7 章　混合高频数据的非参数估计

高频数据是指在连续观测之间的时间间隔很小的时间点上收集的数据. 设 $\{X_t, t \geqslant 0\}$ 是一个随机过程, 在时间点 $t_{i\Delta_n} = i\Delta_n$ $(i = 0, 1, 2, \cdots, n)$ 上获得观察数据 $X_{i\Delta_n}$ $(i = 0, 1, 2, \cdots, n)$, 其中 $\Delta_n > 0$ 为常数序列. 当 $\Delta_n \to 0$ 时, 采样间隔是变化的并且趋于 0, 此时随着样本容量 n 越来越大, 其采样间隔越来越小. 这种采样方式称为高频采样, 其样本数据称为高频数据. 当 $\Delta_n = c$ 时, 采样间隔是固定的, 此时的采样样本数据称为低频数据.

随着科学技术的发展, 高频数据的采集和存储都成为可能, 高频数据的利用也越来越广泛, 所以吸引了各个领域的学者对高频数据的研究. 尤其是在计量经济学和统计学领域中已经获得了许多有意义的研究.

(1) 波动率的估计. 对扩散模型, Andersen 和 Bollerslev(1998) 利用高频数据的二次变差给出了积分波动率估计, 并获得了进一步的广泛研究 (Barndorff-Nielsen and Shephard, 2002a, 2002b; Christensen and Posolskij, 2005). 当高频数据包含市场微观结构噪声时, Ait-Sahalia 等 (2005) 与 Bandi 和 Russell(2008) 利用稀疏取样法消除噪声的影响; Zhang 等 (2005) 提出双尺度估计方法, 而 Zhang (2006) 将其推广到多尺度法; Jacod 等 (2009) 与 Podolskij 和 Vetter(2009a, 2009b) 提出预平均方法, 以降低市场微观结构噪声; Xiu(2010) 证明了一种简单的准似然方法可以达到估计积分波动率的最佳收敛速度. 当包含跳跃时, 消除跳跃影响的方法有: 多次幂变差法 (Barndorff-Nielsen and Shephard, 2006a)、门限技术法 (Mancini, 2009)、多次幂变差与门限技术相结合法 (Corsi et al., 2010). 当既含噪声也含跳跃时, 学者们提出了一些新的估计方法, 可以参见 Fan 和 Wang(2007), 叶绪国和林金官 (2016), Li 等 (2016), Li 和 Guo(2018).

(2) 波动矩阵的估计. Zheng 和 Li(2011) 扩展了双尺度方法并使用一种前滴答法 (a previous tick method) 提出积分波动矩阵估计; 对于高维情况, Wang 和 Zou (2010) 估计了稀疏性条件满足时的波动矩阵; Fan 等 (2012) 从金融工程的角度研究使用高维高频数据的波动矩阵估计; 更多的研究可以参见 Liu 和 Tang(2014) 与 Chang 等 (2022).

(3) 连续 ARMA 模型的估计. 这方面的研究可以参考: Brockwell 等 (2013), Fasen 和 Fuchs (2013), Fasen 和 Zürich (2014).

高频数据是在时间间隔很小的时间点上相继观测收集的数据. 由于采样时

间间隔很小, 所以数据之间一般都存在相依性, 也就是说相依性是高频数据的一个重要特征. 在第 2 章我们也从理论上介绍了许多随机过程具有各种混合相依性. 目前也有文献利用混合相依的性质研究高频数据的统计估计, 例如, Chang 等 (2022) 对于具有 α-混合测量误差的高维连续时间扩散过程, 通过使用高频数据提出了具有局部和阈值的协方差矩阵估计量, 并在两个常用损失函数下导出了估计量的最小最大最优收敛率.

根据 ρ-混合系数的概念,

$$\rho\big(\sigma(X_{i\Delta_n}, i \leqslant j), \sigma(X_{i\Delta_n}, i > j + k)\big) \leqslant \rho(k\Delta_n).$$

对低频数据, Δ_n 是固定值, 此时当 $k \to \infty$ 时有 $\rho(k\Delta_n) \to 0$. 而对高频数据, $\Delta_n \to 0(n \to \infty)$, 此时当 $n \to \infty$ 和 $k \to \infty$ 时 $\rho(k\Delta_n) \to 0$ 不一定成立. 因此混合高频数据的统计理论与混合低频数据的统计理论有实质性差异. 本章我们尝试在混合高频样本下讨论非参数估计的渐近性质.

7.1　混合高频随机样本的不等式

为了研究混合高频样本下统计估计的渐近性质, 我们需要相应的不等式. 为此, 我们先明确一些基本记号. 设在时间点 $t_{i\Delta_n} = i\Delta_n$ $(i = 0, 1, 2, \cdots, n)$ 上获得随机过程 $\{X_t, t \geqslant 0\}$ 的观察样本 $X_{i\Delta_n}$ $(i = 0, 1, 2, \cdots, n)$, 其中 $\Delta_n > 0$ 为采样间隔. 样本的观察时间区间为 $[0, T]$, 其中 $T = n\Delta_n$, 为了使观察样本具有混合性质, 我们需要假设 $n\Delta_n \to \infty$. 令

$$\tau_n = [\Delta_n^{-1}] + 1, \quad \lambda_n = [n/(2\tau_n)] + 1, \tag{7.1.1}$$

$$\xi_j = \sum_{i=(j-1)\tau_n \wedge n+1}^{j\tau_n \wedge n} X_{i\Delta_n}, \quad j = 1, 2, \cdots, 2\lambda_n, \tag{7.1.2}$$

其中 $[x]$ 表示 x 的整数部分, $a \wedge b = \min\{a, b\}$. 显然,

$$2(\lambda_n - 1)\tau_n \leqslant n \leqslant 2\lambda_n\tau_n, \tag{7.1.3}$$

且样本的观察时间区间为 $[0, T]$, 其中 $T = n\Delta_n$. 为了使观察样本具有混合性质, 我们假设 $n\Delta_n \to \infty$.

$$\sum_{i=1}^{n} X_{i\Delta_n} = \sum_{j=1}^{2\lambda_n} \xi_j. \tag{7.1.4}$$

本节的主要结果来源于文献 (Yang et al., 2023).

定理 7.1.1 设 $\{X_t, t \geqslant 0\}$ 是一个 ϕ-混合随机过程，$EX_t = 0, E|X_t|^r < \infty$，其中 $r \geqslant 2$. 又设采样间隔 Δ_n 满足 $n^{-1} \leqslant \Delta_n \leqslant C < \infty$.

(1) 如果

$$\sum_{k=0}^{\infty} \phi^{1/2}(2^k) < \infty, \tag{7.1.5}$$

则存在与 n 无关的正常数 $C = C(r, \phi)$ 使得

$$E\left|\sum_{i=1}^{n} X_{i\Delta_n}\right|^r \leqslant C\left\{E \max_{1 \leqslant j \leqslant 2\lambda_n} |\xi_j|^r + \left(\lambda_n \max_{1 \leqslant j \leqslant 2\lambda_n} E|\xi_j|^2\right)^{r/2}\right\}. \tag{7.1.6}$$

(2) 如果

$$\sum_{k=1}^{\infty} \phi^{1/2}(k) < \infty, \tag{7.1.7}$$

则存在与 n 无关的正常数 $C = C(r, \phi)$ 使得

$$E\left|\sum_{i=1}^{n} X_{i\Delta_n}\right|^r \leqslant C\left\{E \max_{1 \leqslant j \leqslant 2\lambda_n} |\xi_j|^r + \left(\sum_{j=1}^{2\lambda_n} E|\xi_j|^2\right)^{r/2}\right\}. \tag{7.1.8}$$

证明 令

$$Y_j = \xi_{2j-1}, \quad Z_j = \xi_{2j}, \quad j = 1, 2, \cdots, \lambda_n.$$

由 (7.1.4)，我们有

$$\sum_{i=1}^{n} X_{i\Delta_n} = \sum_{j=1}^{\lambda_n} Y_j + \sum_{j=1}^{\lambda_n} Z_j.$$

由于随机变量 Y_j 与 Y_{j+1} 的下标时间间隔 $\tau_n \Delta_n \geqslant 1$，所以 $\{Y_1, Y_2, \cdots, Y_{\lambda_n}\}$ 是低频 ϕ-混合随机变量. 利用推论 3.1.1，有

$$E\left|\sum_{j=1}^{\lambda_n} Y_j\right|^r \leqslant C\left\{E \max_{1 \leqslant j \leqslant \lambda_n+1} |Y_j|^r + \left(\lambda_n \max_{1 \leqslant j \leqslant \lambda_n+1} E|Y_j|^2\right)^{r/2}\right\}$$

$$\leqslant C\left\{E \max_{1 \leqslant j \leqslant \lambda_n+1} |\xi_{2j-1}|^r + \left(\lambda_n \max_{1 \leqslant j \leqslant \lambda_n+1} E|\xi_{2j-1}|^2\right)^{r/2}\right\}$$

$$\leqslant C\left\{E \max_{1 \leqslant j \leqslant 2\lambda_n} |\xi_j|^r + \left(\lambda_n \max_{1 \leqslant j \leqslant 2\lambda_n} E|\xi_j|^2\right)^{r/2}\right\}.$$

同理有

$$E\left|\sum_{j=1}^{\lambda_n} Z_j\right|^r \leqslant C\left\{E\max_{1\leqslant j\leqslant 2\lambda_n}|\xi_j|^r + \left(\lambda_n\max_{1\leqslant j\leqslant 2\lambda_n}E|\xi_j|^2\right)^{r/2}\right\}.$$

因此, 结论 (7.1.6) 成立. 利用推论 3.1.2 以及上面类似过程容易得结论 (7.1.8). 证毕.

注 7.1.1　定理中的条件 $n^{-1}\leqslant\Delta_n\leqslant C<\infty$ 是为了限制 τ_n 在一个合理范围内. 在这个条件下, 有 $1\leqslant\tau_n\leqslant n+1$.

定理 7.1.2　设 $\{X_t,t\geqslant 0\}$ 是一个 ρ-混合随机过程, $EX_t=0,E|X_t|^r<\infty$, 其中 $r>1$. 又设采样间隔 Δ_n 满足 $n^{-1}\leqslant\Delta_n\leqslant C<\infty$.

(1) 如果 $r\geqslant 2$ 且

$$\sum_{k=0}^{\infty}\rho^{2/r}(2^k)<\infty, \tag{7.1.9}$$

则存在与 n 无关的正常数 $C=C(r,\rho)$ 使得

$$E\left|\sum_{i=1}^{n} X_{i\Delta_n}\right|^r \leqslant C\left\{\lambda_n\max_{1\leqslant j\leqslant 2\lambda_n}E|\xi_j|^r + \left(\lambda_n\max_{1\leqslant j\leqslant 2\lambda_n}E|\xi_j|^2\right)^{r/2}\right\}. \tag{7.1.10}$$

(2) 如果

$$\rho(k)=O(k^{-\theta}),\quad \theta>0, \tag{7.1.11}$$

则对任意给定的 $\varepsilon>0$, 存在与 n 无关的正常数 $C=C(r,\rho(\cdot),\theta,\varepsilon)$ 使得

$$E\left|\sum_{i=1}^{n} X_{i\Delta_n}\right|^r \leqslant C\lambda_n^{\varepsilon}\sum_{j=1}^{2\lambda_n}E|\xi_j|^r,\quad 1<r\leqslant 2, \tag{7.1.12}$$

以及

$$E\left|\sum_{i=1}^{n} X_{i\Delta_n}\right|^r \leqslant C\lambda_n^{\varepsilon}\left\{\sum_{j=1}^{2\lambda_n}E|\xi_j|^r + \left(\sum_{j=1}^{2\lambda_n}E|\xi_j|^2\right)^{r/2}\right\}. \tag{7.1.13}$$

证明　利用定理 3.2.1 以及定理 7.1.1 的证明过程容易得结论 (7.1.10). 利用定理 3.2.3, 则可以证明结论 (7.1.12) 和结论 (7.1.13). 证毕.

定理 7.1.3　假设 $\{X_t,t\geqslant 0\}$ 是一个 α-混合随机过程, $EX_t=0,E|X_t|^{r+\delta}<\infty$, 其中 $r>2,\delta>0,2<v\leqslant r+\delta$, 且假设采样间隔 Δ_n 满足 $n^{-1}\leqslant\Delta_n\leqslant C<\infty$. 如果

$$\alpha(k)=O\left(k^{-\theta}\right),\quad \theta>0, \tag{7.1.14}$$

则对任意给定的 $\varepsilon > 0$, 存在正常数 $K = K(\varepsilon, r, \delta, v, \theta, C) < \infty$ 使得

$$E\left|\sum_{i=1}^{n} X_{i\Delta_n}\right|^r \leqslant K\left\{(\lambda_n C_n)^{r/2} \max_{1\leqslant j\leqslant 2\lambda_n} ||\xi_j||_v^r + \lambda_n^{(r-\delta\theta/(r+\delta))\vee(1+\varepsilon)} \max_{1\leqslant j\leqslant 2\lambda_n} ||\xi_j||_{r+\delta}^r\right\},$$
(7.1.15)

其中 $C_n = \left(\sum_{i=0}^{\lambda_n} (i+1)^{2/(v-2)} \alpha(i)\right)^{(v-2)/v}$.

特别地, 如果 $\theta > v/(v-2)$ 和 $\theta \geqslant (r-1)(r+\delta)/\delta$, 则对任意给定的 $\varepsilon > 0$, 有

$$E\left|\sum_{i=1}^{n} X_{i\Delta_n}\right|^r \leqslant K\left\{\lambda_n^{r/2} \max_{1\leqslant j\leqslant 2\lambda_n} ||\xi_j||_v^r + \lambda_n^{1+\varepsilon} \max_{1\leqslant j\leqslant 2\lambda_n} ||\xi_j||_{r+\delta}^r\right\};$$
(7.1.16)

如果 $\theta \geqslant r(r+\delta)/(2\delta)$, 则有

$$E\left|\sum_{i=1}^{n} X_{i\Delta_n}\right|^r \leqslant K\lambda_n^{r/2} \max_{1\leqslant j\leqslant 2\lambda_n} ||\xi_j||_{r+\delta}^r.$$
(7.1.17)

证明 利用定理 3.3.1 得到. 证毕.

定理 7.1.4 假设 $\{X_t, t \geqslant 0\}$ 是一个 α-混合随机过程, $EX_t = 0$, $E|X_t|^{r+\delta} < \infty$, 其中 $r > 2, \delta > 0, 2 < v \leqslant r + \delta$, 且假设采样间隔 Δ_n 满足 $n^{-1} \leqslant \Delta_n \leqslant C < \infty$. 如果

$$\alpha(n) = O\left(n^{-\theta}\right), \quad \theta > 0,$$
(7.1.18)

且 θ 满足

$$\theta > \max\left\{v/(v-2), (r-1)(r+\delta)/\delta\right\},$$
(7.1.19)

则对任意给定的 $\varepsilon > 0$, 存在与 n 无关的正常数 $K = K(\varepsilon, r, \delta, v, \theta, C) < \infty$ 使得

$$E\left|\sum_{i=1}^{n} X_{i\Delta_n}\right|^r \leqslant K\left\{\lambda_n^\varepsilon \sum_{j=1}^{2\lambda_n} E|\xi_j|^r + \sum_{j=1}^{2\lambda_n} ||\xi_j||_{r+\delta}^r + \left(\sum_{j=1}^{2\lambda_n} ||\xi_j||_v^2\right)^{r/2}\right\}.$$
(7.1.20)

证明 利用定理 3.3.2 得到. 证毕.

定理 7.1.5 假设 $\{X_t, t \geqslant 0\}$ 是一个 α-混合随机过程, $EX_t = 0$, $E|X_t|^{r+\delta} < \infty$, 其中 $r > 2, \delta > 0$, 且假设采样间隔 Δ_n 满足 $n^{-1} \leqslant \Delta_n \leqslant C < \infty$. 如果

$$\alpha(n) = O\left(n^{-\theta}\right), \quad \theta > 0,$$
(7.1.21)

且 θ 满足

$$\theta > r(r+\delta)/(2\delta), \tag{7.1.22}$$

则对任意给定的 $\varepsilon > 0$, 存在与 n 无关的正常数 $K = K(\varepsilon, r, \delta, \theta, C) < \infty$ 使得

$$E\left|\sum_{i=1}^{n} X_{i\Delta_n}\right|^r \leqslant K\left\{\lambda_n^{\varepsilon}\sum_{j=1}^{2\lambda_n}E|\xi_j|^r + \left(\sum_{j=1}^{2\lambda_n}\|\xi_j\|_{r+\delta}^2\right)^{r/2}\right\}. \tag{7.1.23}$$

证明　利用定理 3.3.2 得到. 证毕.

推论 7.1.1　假设 $\{X_t, t \geqslant 0\}$ 是一个 α-混合随机过程, $EX_t = 0$, $E|X_t|^{r+\delta_0} < \infty$, $\alpha(n) = O\left(e^{-\theta n}\right)$, 其中 $r > 2, \delta_0 > 0, \theta > 0$, 且假设采样间隔 Δ_n 满足 $n^{-1} \leqslant \Delta_n \leqslant C < \infty$. 则对任意给定的 $\varepsilon > 0$ 和 $\delta \in (0, \delta_0]$, 存在与 n 无关的正常数 $K = K(\varepsilon, r, \delta, \theta, C) < \infty$ 使得

$$E\left|\sum_{i=1}^{n} X_{i\Delta_n}\right|^r \leqslant K\left\{\lambda_n^{\varepsilon}\sum_{j=1}^{2\lambda_n}E|\xi_j|^r + \sum_{j=1}^{2\lambda_n}\|\xi_j\|_{r+\delta}^r + \left(\sum_{j=1}^{2\lambda_n}\|\xi_j\|_{2+\delta}^2\right)^{r/2}\right\}, \tag{7.1.24}$$

$$E\left|\sum_{i=1}^{n} X_{i\Delta_n}\right|^r \leqslant K\left\{\lambda_n^{\varepsilon}\sum_{j=1}^{2\lambda_n}E|\xi_j|^r + \left(\sum_{j=1}^{2\lambda_n}\|\xi_j\|_{r+\delta}^2\right)^{r/2}\right\}. \tag{7.1.25}$$

定理 7.1.6　假设 $\{X_t, t \geqslant 0\}$ 是 ρ-混合随机过程, $EX_t^2 < \infty$, $\rho(t) = O(e^{-\delta t})$, 其中 $\delta > 0$ 是一个实数. 如果当 $n \to \infty$ 时正实数序列 Δ_n 满足

$$\Delta_n \to 0, \quad n\Delta_n/\log n \to \infty, \tag{7.1.26}$$

则存在一个与 n 无关的正常数 C 使得

$$\mathrm{Var}\left(\sum_{i=1}^{n} X_{i\Delta_n}\right) = (1 + Cn^{-1})\sum_{i=1}^{n}\mathrm{Var}(X_{i\Delta_n}) + 2\sum_{i=1}^{n-1}\sum_{j=i+1}^{n\wedge(i+d_n)}\mathrm{Cov}(X_{i\Delta_n}, X_{j\Delta_n}). \tag{7.1.27}$$

其中 $d_n = [2(\delta\Delta_n)^{-1}\log n]$. 对具有几何衰减混合系数的 ϕ-混合随机过程, 这个结论也成立.

证明 为方便起见, 当 $i > n$ 时我们把 $X_{i\Delta_n}$ 看作是零, 即 $X_{i\Delta_n} = X_{i\Delta_n}I(1 \leqslant i \leqslant n)$. 由 (7.1.26), 我们知道当 n 充分大时, 有

$$d_n \leqslant 2(\delta\Delta_n)^{-1}\log n = n \cdot 2(\delta n\Delta_n)^{-1}\log n \leqslant n.$$

从而

$$\begin{aligned}
\mathrm{Var}\left(\sum_{i=1}^{n} X_{i\Delta_n}\right) &= \sum_{i=1}^{n}\mathrm{Var}(X_{i\Delta_n}) + 2\sum_{i=1}^{n-1}\sum_{j=i+1}^{n}\mathrm{Cov}(X_{i\Delta_n}, X_{j\Delta_n}) \\
&= \sum_{i=1}^{n}\mathrm{Var}(X_{i\Delta_n}) + 2\sum_{i=1}^{n-1}\sum_{j=i+1}^{i+d_n}\mathrm{Cov}(X_{i\Delta_n}, X_{j\Delta_n}) \\
&\quad + 2\sum_{i=1}^{n-1}\sum_{j=i+d_n+1}^{n}\mathrm{Cov}(X_{i\Delta_n}, X_{j\Delta_n}).
\end{aligned} \tag{7.1.28}$$

根据 ρ-混合的定义, 有

$$\begin{aligned}
\sum_{i=1}^{n-1}\sum_{j=i+d_n+1}^{n}|\mathrm{Cov}(X_{i\Delta_n}, X_{j\Delta_n})| &\leqslant \sum_{i=1}^{n-1}\sum_{j=i+d_n+1}^{n}\rho((j-i)\Delta_n)||X_{i\Delta_n}||_2||X_{j\Delta_n}||_2 \\
&\leqslant \sum_{i=1}^{n-1}\sum_{k=d_n+1}^{n}\rho(k\Delta_n)||X_{i\Delta_n}||_2||X_{(k+i)\Delta_n}||_2 \\
&\leqslant \sum_{k=d_n+1}^{n}\rho(k\Delta_n)\sum_{i=1}^{n-1}\left\{\frac{1}{2}EX_{i\Delta_n}^2 + \frac{1}{2}EX_{(k+i)\Delta_n}^2\right\} \\
&\leqslant \sum_{k=d_n+1}^{n}e^{-\delta k\Delta_n}\sum_{i=1}^{n}EX_{i\Delta_n}^2,
\end{aligned} \tag{7.1.29}$$

而

$$\sum_{k=d_n+1}^{n}\rho(k\Delta_n) \leqslant C\sum_{k=d_n+1}^{n}e^{-\delta k\Delta_n} \leqslant Cne^{-\delta(d_n+1)\Delta_n} \leqslant Cne^{-2\log n} \leqslant Cn^{-1}. \tag{7.1.30}$$

联合 (7.1.28)—(7.1.30) 得到 (7.1.27). 证毕.

定理 7.1.7 假设 $\{X_{i\Delta_n}, i \geqslant 1\}$ 是 α-混合的随机变量序列, $EX_{i\Delta_n} = 0$, $|X_{i\Delta_n}| \leqslant b_n < \infty$ a.s., 且 $\alpha(t) = O(e^{-\delta t})$, 其中 δ 为正常数, Δ_n 为正实数列. 如果

$$\Delta_n \to 0, \quad n\Delta_n/\log n \to \infty, \tag{7.1.31}$$

则对任意的 $\varepsilon_n > 0$ 和 $M > 0$, 存在与 n 无关的正常数 $C = C(\alpha(\cdot), \delta, M)$ 使得

$$P\left(\left|\sum_{i=1}^{n} X_{i\Delta_n}\right| > n\varepsilon_n\right) \leqslant 4\exp\left(-\frac{Cn\varepsilon_n^2}{\sigma_n^2 + b_n\varepsilon_n\Delta_n^{-1}\log n}\right) + Cb_n\varepsilon_n^{-1}n^{-\delta M},$$

(7.1.32)

其中

$$\sigma_n^2 = n^{-1}\sum_{j=1}^{2\widetilde{\lambda}_n} E|U_j|^2, \quad U_j = \sum_{(j-1)\widetilde{\tau}_n \wedge n < i \leqslant j\widetilde{\tau}_n \wedge n} X_{i\Delta_n},$$

$$\widetilde{\tau}_n = \left[M\Delta_n^{-1}\log n\right], \quad \widetilde{\lambda}_n = \left[n/(2\widetilde{\tau}_n)\right] + 1, \quad j = 1, 2, \cdots, 2\widetilde{\lambda}_n.$$

证明　由条件 (7.1.31) 知, 当 n 适当大时, 有 $1 \leqslant \widetilde{\tau}_n = \left[n\dfrac{M}{n\Delta_n/\log n}\right] \leqslant n/2$. 所以由定理 3.4.1, 得

$$P\left(\left|\sum_{i=1}^{n} X_{i\Delta_n}\right| > n\varepsilon_n\right) \leqslant 4\exp\left(-\frac{n\varepsilon_n^2}{12(3\sigma_n^2 + b_n\widetilde{\tau}_n\varepsilon_n)}\right) + Cb_n\varepsilon_n^{-1}\alpha(\widetilde{\tau}_n\Delta_n)$$

$$\leqslant 4\exp\left(-\frac{Cn\varepsilon_n^2}{\sigma_n^2 + b_n\varepsilon_n\Delta_n^{-1}\log n}\right) + Cb_n\varepsilon_n^{-1}n^{-\delta M}.$$

证毕.

7.2　混合高频样本核密度估计的渐近正态性

假设 X_t 是平稳随机过程, 具有不变密度函数 $f(x)$. $X_{\Delta_n}, X_{2\Delta_n}, \cdots, X_{n\Delta_n}$ 是过程 X_t 的观察样本, 其中采样间隔 $\Delta_n > 0$. 密度函数 $f(x)$ 的核估计为

$$f_n(x) = \frac{1}{nh_n}\sum_{i=1}^{n} K\left(\frac{x - X_{i\Delta_n}}{h_n}\right),$$

其中 $K(u)$ 为核函数, h_n 为窗宽. 令

$$\widetilde{X}_{n,i\Delta_n} = \frac{1}{nh_n}K\left(\frac{x - X_{i\Delta_n}}{h_n}\right), \quad X_{n,i\Delta_n} = \widetilde{X}_{n,i\Delta_n} - E\widetilde{X}_{n,i\Delta_n},$$

则 $f_n(x) = \sum_{i=1}^{n}\widetilde{X}_{n,i\Delta_n}$.

定理 7.2.1 假设如下条件成立:

(1) $\{X_t, t \geqslant 0\}$ 是 ρ-混合的过程, $\rho(t) = O(e^{-\delta t})$, 其中 $\delta > 0$;

(2) 过程 X_t 的一维密度函数 $f(x)$ 和二维密度函数 $f(x,y)$ 均为连续有界函数;

(3) 核函数 $K(u)$ 在 $\mathbb{R}$ 上有界, $\int_{-\infty}^{\infty} K(u)du = 1$, $\int_{-\infty}^{\infty} |K(u)|du < \infty$;

(4) 当 $n \to \infty$ 时, $h_n \to 0$, $\Delta_n \to 0$, $nh_n \to \infty$, $n\Delta_n/\log n \to \infty$, $\Delta_n^{-1} h_n \log n \to 0$.

则

$$\text{Var}(f_n(x)) = \frac{f(x)}{nh_n} \int_{-\infty}^{\infty} K^2(u)du + o\left(\frac{1}{nh_n}\right). \tag{7.2.1}$$

证明 利用定理 7.1.6 和过程的平稳性, 我们得

$$\text{Var}(f_n(x)) = (1 + Cn^{-1}) \sum_{i=1}^{n} \text{Var}(X_{n,i\Delta_n}) + 2 \sum_{i=1}^{n-1} \sum_{j=i+1}^{n \wedge (i+d_n)} \text{Cov}(X_{n,i\Delta_n}, X_{n,j\Delta_n})$$

$$= n(1 + Cn^{-1}) EX_{n,\Delta_n}^2 + 2(n-1) \sum_{j=2}^{d_n} \text{Cov}(X_{n,\Delta_n}, X_{n,j\Delta_n}). \tag{7.2.2}$$

由于 $f(x)$ 连续有界, 所以利用控制收敛定理有

$$\int_{-\infty}^{\infty} K^j(u)f(x - uh_n)du \to f(x) \int_{-\infty}^{\infty} K^j(u)du, \quad j = 1, 2.$$

从而

$$E\widetilde{X}_{n,\Delta_n} = \frac{1}{nh_n} \int_{-\infty}^{\infty} K\left(\frac{x-y}{h_n}\right) f(y)dy$$

$$= \frac{1}{n} \int_{-\infty}^{\infty} K(u)f(x - uh_n)du$$

$$= \frac{1}{n} f(x) + o(n^{-1}),$$

$$E\widetilde{X}_{n,\Delta_n}^2 = \frac{1}{(nh_n)^2} \int_{-\infty}^{\infty} K^2\left(\frac{x-y}{h_n}\right) f(y)dy$$

$$= \frac{1}{n^2 h_n} \int_{-\infty}^{\infty} K^2(u)f(x - uh_n)du$$

$$= \frac{1}{n^2 h_n} f(x) \int_{-\infty}^{\infty} K^2(u)du + o\left(\frac{1}{n^2 h_n}\right).$$

因此

$$EX_{n,\Delta_n}^2 = \frac{1}{n^2 h_n} f(x) \int_{-\infty}^{\infty} K^2(u) du + o\left(\frac{1}{n^2 h_n}\right). \tag{7.2.3}$$

由于 $f(x,y)$ 是连续有界函数, 所以做变换 $u = \dfrac{x-s}{h_n}, v = \dfrac{x-t}{h_n}$ 后利用控制收敛定理有

$$\begin{aligned}
E(\widetilde{X}_{n,i\Delta_n} \widetilde{X}_{n,j\Delta_n}) &= \frac{1}{(nh_n)^2} \int_{-\infty}^{\infty} \int_{-\infty}^{\infty} K\left(\frac{x-s}{h_n}\right) K\left(\frac{x-t}{h_n}\right) f(s,t) dt ds \\
&= \frac{h_n^2}{(nh_n)^2} \int_{-\infty}^{\infty} \int_{-\infty}^{\infty} K(u) K(v) f(x-uh_n, x-vh_n) du dv \\
&= O(n^{-2}).
\end{aligned}$$

从而 $|\mathrm{Cov}(X_{n,\Delta_n}, X_{n,j\Delta_n})| \leqslant Cn^{-2}$. 因此

$$(n-1) \sum_{j=2}^{d_n} |\mathrm{Cov}(X_{n,\Delta_n}, X_{n,j\Delta_n})| \leqslant Cd_n/n = \frac{C\log n}{n\Delta_n} = o\left(\frac{1}{nh_n}\right), \tag{7.2.4}$$

上面最后等式利用了条件 $\Delta_n^{-1} h_n \log n \to 0$. 联合 (7.2.2)—(7.2.4) 式得到结论 (7.2.1). 证毕.

引理 7.2.1　在定理 7.2.1 的条件下, 如果整数序列 a_n 和 b_n 满足 $a_n \geqslant 0, 0 < b_n \leqslant n$, 则有

$$E\left(\sum_{i=a_n+1}^{a_n+b_n} X_{n,i\Delta_n}\right)^2 \leqslant Cb_n(n^2 h_n)^{-1}.$$

证明　利用定理 7.1.2(1) 和过程的平稳性, 有

$$E\left(\sum_{i=a_n+1}^{a_n+b_n} X_{n,i\Delta_n}\right)^2 \leqslant C\lambda_n \max_{1 \leqslant j \leqslant 2\lambda_n} E|\xi_j|^2 \leqslant C\lambda_n E(\xi_1^2),$$

其中 $\lambda_n = [b_n/(2\tau_n)] + 1, \tau_n = [\Delta_n^{-1}] + 1$. 由定理 7.2.1 的证明过程知

$$EX_{n,\Delta_n}^2 \leqslant C(n^2 h_n)^{-1}, \quad |\mathrm{Cov}(X_{n,\Delta_n}, X_{n,j\Delta_n})| \leqslant Cn^{-2}.$$

从而

$$E(\xi_j^2) = \sum_{i=1}^{\tau_n} E(X_{i\Delta_n}^2) + 2 \sum_{1 \leqslant i < j \leqslant \tau_n} \mathrm{Cov}(X_{i\Delta_n}, X_{j\Delta_n})$$

$$\leqslant C\tau_n\{(n^2 h_n)^{-1} + \tau_n n^{-2}\}$$

$$\leqslant C\tau_n(n^2 h_n)^{-1}\{1 + h_n/\Delta_n\}$$

$$\leqslant C\tau_n(n^2 h_n)^{-1}.$$

注意到 $\lambda_n\tau_n \leqslant Cb_n$, 我们获得结论. 证毕.

引理 7.2.2 在定理 7.2.1 的条件下, 如果整数序列 a_n 和 b_n 满足 $a_n \geqslant 0, 0 < b_n \leqslant n$, 则有

$$E\left|\sum_{i=a_n+1}^{a_n+b_n} X_{n,i\Delta_n}\right|^3 \leqslant C\left\{\frac{b_n}{n^3 h_n^2} + \left(\frac{b_n}{n^2 h_n}\right)^{3/2}\right\}.$$

证明 利用定理 7.1.2(1) 和过程的平稳性, 有

$$E\left|\sum_{i=a_n+1}^{a_n+b_n} X_{n,i\Delta_n}\right|^3 \leqslant C\left\{\lambda_n \max_{1\leqslant j\leqslant 2\lambda_n} E|\xi_j|^3 + \left(\lambda_n \max_{1\leqslant j\leqslant 2\lambda_n} E|\xi_j|^2\right)^{3/2}\right\}$$

$$\leqslant C\left\{\lambda_n E|\xi_1|^3 + \left(\lambda_n E|\xi_1|^2\right)^{3/2}\right\}, \tag{7.2.5}$$

其中 $\lambda_n = [b_n/(2\tau_n)] + 1, \tau_n = [\Delta_n^{-1}] + 1, \xi_j = \sum_{i=a_n+(j-1)\tau_n \wedge b_n+1}^{a_n+j\tau_n \wedge b_n} X_{n,i\Delta_n}$. 由引理 7.2.1,

$$\left(\lambda_n E|\xi_1|^2\right)^{3/2} \leqslant C\left(\lambda_n\tau_n(n^2 h_n)^{-1}\right)^{3/2} \leqslant C\left(\frac{b_n}{n^2 h_n}\right)^{3/2}. \tag{7.2.6}$$

显然,

$$E|\xi_1|^3 \leqslant E\left(\sum_{i=1}^{\tau_n} |\widetilde{X}_{n,i\Delta_n}| + \sum_{i=1}^{\tau_n} |E\widetilde{X}_{n,i\Delta_n}|\right)^3$$

$$\leqslant 4E\left(\sum_{i=1}^{\tau_n} |\widetilde{X}_{n,i\Delta_n}|\right)^3 + 4\left(\sum_{i=1}^{\tau_n} |E\widetilde{X}_{n,i\Delta_n}|\right)^3.$$

利用 $E\widetilde{X}_{n,1} = n^{-1}f(x) + o(n^{-1})$ 和条件 $\Delta_n^{-1}h_n \log n \to 0$, 我们有

$$\left(\sum_{i=1}^{\tau_n} |E\widetilde{X}_{n,i\Delta_n}|\right)^3 \leqslant C(\tau_n/n)^3.$$

由于密度函数 $f(x), f(x,y), f(x,y,z)$ 均为连续有界函数, 所以由控制收敛定理容易得

$$E|\widetilde{X}_{n,i\Delta_n}|^3 \leqslant C(n^3 h_n^2)^{-1}, \quad \forall i,$$

$$E|\widetilde{X}_{n,i\Delta_n}\widetilde{X}_{n,j\Delta_n}^2| \leqslant C(n^3 h_n)^{-1}, \quad \forall i < j,$$

$$E|\widetilde{X}_{n,i\Delta_n}\widetilde{X}_{n,j\Delta_n}\widetilde{X}_{n,k\Delta_n}| \leqslant Cn^{-3}, \quad \forall i < j < k.$$

从而

$$E\left(\sum_{i=1}^{\tau_n}|\widetilde{X}_{n,i\Delta_n}|\right)^3 = \sum_{i=1}^{\tau_n}E|\widetilde{X}_{n,i\Delta_n}|^3 + 2\sum_{1\leqslant i<j\leqslant\tau_n}E|\widetilde{X}_{n,i\Delta_n}\widetilde{X}_{n,j\Delta_n}^2|$$

$$+ 6\sum_{1\leqslant i<j<k\leqslant\tau_n}E|\widetilde{X}_{n,i\Delta_n}\widetilde{X}_{n,j\Delta_n}\widetilde{X}_{n,k\Delta_n}|$$

$$\leqslant C\{\tau_n(n^3 h_n^2)^{-1} + \tau_n^2(n^3 h_n)^{-1} + \tau_n^3 n^{-3}\}.$$

因此

$$E|\xi_1|^3 \leqslant C\tau_n\{(n^3 h_n^2)^{-1} + \tau_n(n^3 h_n)^{-1} + \tau_n^2 n^{-3}\}, \tag{7.2.7}$$

联合 (7.2.5)—(7.2.7) 式, 得

$$E\left|\sum_{i=a_n+1}^{a_n+b_n}X_{n,i\Delta_n}\right|^3 \leqslant Cb_n\{(n^3 h_n^2)^{-1} + \tau_n(n^3 h_n)^{-1} + \tau_n^2 n^{-3}\} + C\left(\frac{b_n}{n^2 h_n}\right)^{3/2}.$$

由于

$$\frac{\tau_n(n^3 h_n)^{-1}}{(n^3 h_n^2)^{-1}} \leqslant \frac{Ch_n}{\Delta_n} \to 0, \quad \frac{\tau_n^2 n^{-3}}{\tau_n(n^3 h_n)^{-1}} \leqslant \frac{Ch_n}{\Delta_n} \to 0,$$

所以 $\tau_n^2 n^{-3} \leqslant C\tau_n(n^3 h_n)^{-1} \leqslant C(n^3 h_n^2)^{-1}$, 因此引理结论成立. 证毕.

　　定理 7.2.2　在定理 7.2.1 的条件下, 如果 $n\Delta_n/\log^3 n \to \infty$, 则对 $f(x) \neq 0$ 的连续点 x, 有

$$\frac{\sqrt{nh_n}(f_n(x) - Ef_n(x))}{\sqrt{f(x)\int_{-\infty}^{\infty}K^2(u)du}} \xrightarrow{d} N(0,1).$$

证明 记 $\sigma_n^2 = \text{Var}(f_n(x))$. 由定理 7.2.1, 有

$$\frac{\sqrt{nh_n}(f_n(x) - Ef_n(x))}{\sqrt{f(x)\displaystyle\int_{-\infty}^{\infty} K^2(u)du}}$$

$$= \sigma_n^{-1}(f_n(x) - Ef_n(x)) \times \sqrt{\frac{\sigma_n^2}{(nh_n)^{-1}f(x)\displaystyle\int_{-\infty}^{\infty} K^2(u)du}}$$

$$= \sigma_n^{-1}(f_n(x) - Ef_n(x)) \times (1 + o(1)).$$

因此我们只需要证明

$$\sigma_n^{-1}(f_n(x) - Ef_n(x)) \xrightarrow{d} N(0,1).$$

令 $S_n = \sigma_n^{-1}(f_n(x) - Ef_n(x))$. 我们有 $S_n = \sigma_n^{-1} \sum_{i=1}^{n} X_{n,i\Delta_n}$. 设正整数序列

$$p_n = [n/\log n], \quad q_n = [n/\log^2 n], \quad r_n = \left[n(p_n + q_n)^{-1}\right],$$

其中 $[x]$ 表示 x 的整数部分. 显然 $r_n(p_n + q_n) \leqslant n \leqslant (r_n+1)(p_n + q_n)$, $r_n \sim \log n$, 且当 n 适当大时, 有

$$1 \leqslant p_n, \quad q_n \leqslant n, \quad q_n p_n^{-1} \leqslant 1.$$

因此, S_n 可以被分解为

$$S_n = S_n' + S_n'' + S_n''',$$

其中

$$S_n' = \sum_{j=1}^{r_n} Y_{n,j}, \quad S_n'' = \sum_{j=1}^{r_n} Y_{n,j}', \quad S_n''' = \sigma_n^{-1} \sum_{i=r_n(p_n+q_n)+1}^{n} X_{n,i\Delta_n},$$

$$Y_{n,j} = \sigma_n^{-1} \sum_{i=(j-1)(p_n+q_n)+1}^{(j-1)(p_n+q_n)+p_n} X_{n,i\Delta_n}, \quad Y_{n,j}' = \sigma_n^{-1} \sum_{i=(j-1)(p_n+q_n)+p_n+1}^{j(p_n+q_n)} X_{n,i\Delta_n},$$

$j = 1, \cdots, r_n$.

由引理 7.2.1, 我们有

$$E(S_n'')^2 \leqslant Cnh_n r_n q_n (n^2 h_n)^{-1} \leqslant q_n p_n^{-1} \leqslant C\log^{-1} n \to 0, \tag{7.2.8}$$

$$E(S_n''')^2 \leqslant Cnh_n(p_n + q_n)(n^2 h_n)^{-1} \leqslant Cp_n n^{-1} \leqslant C\log^{-1} n \to 0, \qquad (7.2.9)$$

因此, 余下只需要证明

$$S_n' \xrightarrow{d} N(0,1). \qquad (7.2.10)$$

设 $\{\eta_{n,j}, j = 1, \cdots, r_n\}$ 是独立随机变量序列, $\eta_{n,j}$ 与 $Y_{n,j}$ 有相同的分布 $(j = 1, \cdots, r_n)$. 令 $T_n = \sum_{j=1}^{r_n} \eta_{n,j}$. 设 $F_X(x) = P(X < x)$ 为随机变量 X 的分布函数, $\Phi(x)$ 为标准正态分布函数. 由于

$$F_{S_n'}(x) - \Phi(x) = \{F_{S_n'}(x) - F_{T_n}(x)\} + \{F_{T_n}(x) - F_{T_n/s_n}(x)\}$$
$$+ \{F_{T_n/s_n}(x) - \Phi(x)\},$$

所以为了证明 (7.2.10), 我们只需要证明如下三个事实

$$F_{S_n'}(x) - F_{T_n}(x) \to 0, \qquad (7.2.11)$$

$$F_{T_n}(x) - F_{T_n/s_n}(x) \to 0, \qquad (7.2.12)$$

$$F_{T_n/s_n}(x) - \Phi(x) \to 0. \qquad (7.2.13)$$

(1) 首先证明 (7.2.11) 式. 设 $\varphi_{S_n'}(t)$, $\varphi_{T_n}(t)$ 分别是 S_n', T_n 的特征函数. 显然

$$\varphi_{T_n}(t) = E(\exp\{itT_n\}) = \prod_{j=1}^{r_n} E\exp\{it\eta_{n,j}\} = \prod_{j=1}^{r_n} E\exp\{itY_{n,j}\}.$$

利用 ρ-混合的定义, 有

$$|\varphi_{S_n'}(t) - \varphi_{T_n}(t)| = \left| E\exp\left(it\sum_{j=1}^{r_n} Y_{n,j}\right) - \prod_{j=1}^{r_n} E\exp(itY_{n,j}) \right|$$

$$\leqslant \left| E\exp\left(it\sum_{l=1}^{r_n} Y_{n,j}\right) - E\exp\left(it\sum_{l=1}^{r_n-1} Y_{n,j}\right) E\exp(itY_{n,r_n}) \right|$$

$$+ \left| E\exp\left(it\sum_{l=1}^{r_n-1} Y_{n,j}\right) - \prod_{l=1}^{r_n-1} E\exp(itY_{n,j}) \right|$$

$$\leqslant \rho(q_n\Delta_n) + \left| E\exp\left(it\sum_{l=1}^{r_n-1} Y_{n,j}\right) - \prod_{l=1}^{r_n-1} E\exp(itY_{n,j}) \right|$$

$$\leqslant r_n\rho(q_n\Delta_n) \leqslant Cnp_n^{-1} e^{-\delta q_n\Delta_n}.$$

利用条件 $n\Delta_n / \log^3 n \to \infty$, 有

$$r_n \rho(q_n \Delta_n) \leqslant C n p_n^{-1} e^{-\delta q_n \Delta_n} \leqslant C e^{-\delta n \Delta_n / \log^2 n} \log n \leqslant C n^{-1} \log n \to 0.$$

因此, (7.2.11) 式成立.

(2) 现在证明 (7.2.12) 式. 令 $\Gamma_n = \sum_{1 \leqslant i < j \leqslant r_n} \mathrm{Cov}(Y_{n,i}, Y_{n,j})$. 显然

$$E(S_n')^2 = s_n^2 + 2\Gamma_n.$$

注意 $E(S_n)^2 = 1$, 有

$$E(S_n')^2 = E[S_n - (S_n'' + S_n''')]^2 = 1 + E(S_n'' + S_n''')^2 - 2E[S_n(S_n'' + S_n''')].$$

利用 (7.2.8) 和 (7.2.9), 得

$$\begin{aligned}
|E(S_n')^2 - 1| &= \left| E(S_n'' + S_n''')^2 - 2E[S_n(S_n'' + S_n''')] \right| \\
&\leqslant |E(S_n'')^2 + E(S_n''')^2 + 2E(S_n''S_n''')| + 2|E[S_n(S_n'' + S_n''')]| \\
&\leqslant |E(S_n'')^2 + E(S_n''')^2| + 2(E(S_n'')^2)^{1/2}(E(S_n''')^2)^{1/2} \\
&\quad + 2|E[S_n(S_n'' + S_n''')]| \\
&\leqslant 2(E(S_n'')^2 + E(S_n''')^2) + 2(ES_n^2)^{1/2}(E(S_n'' + S_n''')^2)^{1/2} \\
&\leqslant 2(E(S_n'')^2 + E(S_n''')^2) + 2^{3/2}(E(S_n'')^2 + E(S_n''')^2)^{1/2} \\
&\to 0. \tag{7.2.14}
\end{aligned}$$

利用 ρ-混合的定义, 有

$$\begin{aligned}
|\Gamma_n| &\leqslant C \sum_{1 \leqslant i < j \leqslant r_n} \rho(q_n \Delta_n) \|Y_{n,i}\|_2 \|Y_{n,j}\|_2 \\
&= C \sum_{1 \leqslant i < j \leqslant r_n} \rho(q_n \Delta_n) (E(Y_{n,i})^2)^{1/2} (E(Y_{n,j})^2)^{1/2} \\
&\leqslant C \rho(q_n \Delta_n) \sum_{i=1}^{r_n - 1} \sum_{j=i+1}^{r_n} (EY_{n,i}^2 + EY_{n,j}^2) \\
&\leqslant C \rho(q_n \Delta_n) \sum_{i=1}^{r_n - 1} \left(r_n EY_{n,i}^2 + \sum_{j=i+1}^{r_n} EY_{n,j}^2 \right) \\
&\leqslant C r_n \rho(q_n \Delta_n) \sum_{i=1}^{r_n} EY_{n,i}^2
\end{aligned}$$

$$= o(s_n^2).$$

因此

$$E(S_n')^2 = s_n^2 + 2\Gamma_n = (1 + o(1))s_n^2.$$

结合 (7.2.14) 式, 有

$$s_n^2 \to 1. \tag{7.2.15}$$

这意味着 (7.2.12) 式成立.

(3) 最后证明 (7.2.13) 式. 由于 $T_n = \sum_{j=1}^{r_n} \eta_{n,j}$ 是独立和随机变量, 且 $\text{Var}(T_n) = s_n^2 \to 1$, 所以利用引理 5.1.1, 我们只需要证明

$$\sum_{j=1}^{r_n} E[Y_{n,j}^2 I(|Y_{n,j}| > \gamma)] \to 0, \quad \forall \gamma > 0. \tag{7.2.16}$$

令 $\widetilde{Y}_{n,j} = \sum_{i=(j-1)(p_n+q_n)+1}^{(j-1)(p_n+q_n)+p_n} X_{n,i\Delta_n}$, 则 $Y_{n,j} = \sigma_n^{-1}\widetilde{Y}_{n,j}$. 利用引理 7.2.2, 有

$$\sum_{j=1}^{r_n} E[Y_{n,j}^2 I(|Y_{n,j}| > \gamma)] = \sigma_n^{-2} \sum_{j=1}^{r_n} E[\widetilde{Y}_{n,j}^2 I(|\widetilde{Y}_{n,j}| > \gamma\sigma_n)]$$

$$\leqslant C\sigma_n^{-3} \sum_{j=1}^{r_n} E|\widetilde{Y}_{n,j}|^3$$

$$\leqslant Cr_n\sigma_n^{-3}\left\{\frac{p_n}{n^3 h_n^2} + \left(\frac{p_n}{n^2 h_n}\right)^{3/2}\right\}$$

$$\leqslant C(nh_n)^{3/2}\log n\left\{\frac{1}{n^2 h_n^2 \log n} + \left(\frac{1}{nh_n \log n}\right)^{3/2}\right\}$$

$$\leqslant C(nh_n)^{3/2}\log n\left(\frac{1}{nh_n \log n}\right)^{3/2}$$

$$\leqslant C/\sqrt{\log n} \to 0.$$

因此, (7.2.16) 式成立. 证毕.

定理 7.2.3　在定理 7.2.1 的条件下, 进一步假设密度函数 $f(x)$ 二阶可导且其二阶导数 $f''(x)$ 在 $\mathbb{R}$ 上连续有界, $\int_{-\infty}^{\infty} uK(u)du = 0$, $\int_{-\infty}^{\infty} u^2 K(u)du$ 存在,

$n\Delta_n/\log^3 n \to \infty$, $nh_n^5 \to 0$. 则对 $f(x) \neq 0$ 的点 x, 有

$$\frac{\sqrt{nh_n}(f_n(x) - f(x))}{\sqrt{f(x)\displaystyle\int_{-\infty}^{\infty} K^2(u)du}} \xrightarrow{d} N(0,1).$$

证明 由于

$$\frac{\sqrt{nh_n}(f_n(x) - f(x))}{\sqrt{f(x)\displaystyle\int_{-\infty}^{\infty} K^2(u)du}}$$

$$= \frac{\sqrt{nh_n}(f_n(x) - Ef_n(x))}{\sqrt{f(x)\displaystyle\int_{-\infty}^{\infty} K^2(u)du}} + \frac{\sqrt{nh_n}(Ef_n(x) - f(x))}{\sqrt{f(x)\displaystyle\int_{-\infty}^{\infty} K^2(u)du}},$$

所以由定理 7.2.2 知, 我们只需要证明

$$\sqrt{nh_n}(Ef_n(x) - f(x)) \to 0. \tag{7.2.17}$$

为此, 我们注意到

$$Ef_n(x) - f(x) = \frac{1}{h_n}EK\left(\frac{x - X_0}{h_n}\right) - f(x)$$

$$= \frac{1}{h_n}\int_{-\infty}^{\infty} K\left(\frac{x - y}{h_n}\right)f(y)dy - f(x)$$

$$= \int_{-\infty}^{\infty} K(u)f(x - h_nu)du - f(x), \quad u = (x - y)/h_n$$

$$= \int_{-\infty}^{\infty} K(u)[f(x - h_nu) - f(x)]du.$$

利用 Taylor 展开以及 $\displaystyle\int_{-\infty}^{\infty} uK(u)du = 0$, 有

$$Ef_n(x) - f(x) = \int_{-\infty}^{\infty} K(u)\left[-f'(x)h_nu + \frac{1}{2}f''(x - \theta h_nu)h_n^2u^2\right]du$$

$$= \frac{h_n^2}{2}\int_{-\infty}^{\infty} u^2K(u)f''(x - \theta h_nu)du.$$

由于 $f''(x)$ 连续有界, 所以利用控制收敛定理, 当 $n \to \infty$ 时, 得

$$(Ef_n(x) - f(x))/h_n^2 \to \frac{f''(x)}{2}\Big/\int_{-\infty}^{\infty} u^2 K(u)du.$$

因此

$$Ef_n(x) - f(x) = O(h_n^2).$$

从而

$$\sqrt{nh_n}(Ef_n(x) - f(x)) = O(\sqrt{nh_n^5}) \to 0. \tag{7.2.18}$$

所以 (7.2.17) 式成立. 证毕.

7.3　混合高频样本 NW 核回归估计的渐近正态性

设 (X_t, Y_t) 是二维平稳随机过程, $m(x) = E(Y_t|X_t = x)$ 是 Y_t 关于 X_t 的回归函数. 我们在时间点 $t_i = i\Delta_n(i = 1, 2, \cdots, n)$ 上获得随机过程的观察值

$$(X_{\Delta_n}, Y_{\Delta_n}), (X_{2\Delta_n}, Y_{2\Delta_n}), \cdots, (X_{n\Delta_n}, Y_{n\Delta_n}). \tag{7.3.1}$$

回归函数 $m(x)$ 的 NW 型核回归估计为

$$m_n(x) = \sum_{i=1}^{n} Y_{i\Delta_n} K\left(\frac{x - X_{i\Delta_n}}{h_n}\right)\Big/\sum_{j=1}^{n} K\left(\frac{x - X_{j\Delta_n}}{h_n}\right). \tag{7.3.2}$$

本节使用如下基本假设.

(A.1) 二维平稳随机过程 (X_t, Y_t) 是 ρ-混合的, 其混合系数 $\rho(t) = O(e^{-\delta t})$, 其中 δ 为某个正实数. $E(|Y_0|^{2+\nu}) < \infty$, 其中 $\nu > 0$. 函数 $m(x), \sigma^2(x) = \mathrm{Var}(Y_0|X_0 = x)$ 和 $g(x) = E(|Y_0|^{2+\nu}|X_0 = x)$ 均为连续函数.

(A.2) $f(x)$ 和 $f(x, y)$ 是随机过程 X_t 的一维密度函数和二维密度函数, 它们均为连续有界函数.

(A.3) 核函数 $K(u)$ 在 $\mathbb{R}$ 上有界, $\int_{-\infty}^{\infty} K(u)du = 1$, $\int_{-\infty}^{\infty} |K(u)|du < \infty$, $\lim_{|u|\to\infty} |uK(u)| = 0$, $\int_{-\infty}^{\infty} u^2|K(u)|du < \infty$.

(A.4) 当 $n \to \infty$ 时, $h_n \to 0$, $\Delta_n \to 0$, $nh_n \to \infty$, $n\Delta_n/\log n \to \infty$, $\Delta_n^{-1}(h_n^{1/3} + h_n^{\nu/3})\log n \to 0$.

令

$$A_n(x) = \frac{1}{nh_n} \sum_{i=1}^n Y_{i\Delta_n} K\left(\frac{x - X_{i\Delta_n}}{h_n}\right), \quad f_n(x) = \frac{1}{nh_n} \sum_{j=1}^n K\left(\frac{x - X_{j\Delta_n}}{h_n}\right),$$

则 $m_n(x) = A_n(x)/f_n(x)$.

$$m_n(x) - m(x) = \frac{1}{f_n(x)}\{A_n(x) - m(x)f_n(x)\}$$

$$= \frac{1}{f_n(x)}\{A_n(x) - EA_n(x) - m(x)(f_n(x) - Ef_n(x))$$

$$+ (EA_n(x) - m(x)f(x)) - m(x)(Ef_n(x) - f(x))\}. \quad (7.3.3)$$

记 $W_n(x) = A_n(x) - EA_n(x) - m(x)\big(f_n(x) - Ef_n(x)\big)$. 为了证明 $m_n(x) - m(x)$ 的渐近正态性, 我们首先证明 $W_n(x)$ 的渐近正态性. 为此令

$$Z_{n,i\Delta_n} = \widetilde{Z}_{n,i\Delta_n} - E\widetilde{Z}_{n,i\Delta_n}, \quad \widetilde{Z}_{n,i\Delta_n} = K\left(\frac{x - X_{i\Delta_n}}{h_n}\right)(Y_{i\Delta_n} - m(x)). \quad (7.3.4)$$

则 $W_n(x) = \frac{1}{nh_n} \sum_{i=1}^n Z_{n,i\Delta_n}$.

定理 7.3.1 在 (A.1)—(A.4) 条件下, 有

$$\mathrm{Var}(W_n(x)) = \frac{1}{nh_n}\sigma^2(x)f(x)\int_{-\infty}^{\infty} K^2(u)du + o((nh_n)^{-1}). \quad (7.3.5)$$

为了证明这个定理, 我们需要如下引理.

引理 7.3.1 在 (A.3) 和 (A.4) 条件下, 如果 $\xi(x)$ 是连续函数且 $E|\xi(X)| < \infty$, 则

$$E\left\{K\left(\frac{x - X_{i\Delta_n}}{h_n}\right)\xi(X_{i\Delta_n})\right\} = h_n\xi(x)f(x) + o(h_n), \quad (7.3.6)$$

$$E\left\{\left|K\left(\frac{x - X_{i\Delta_n}}{h_n}\right)\right|\xi(X_{i\Delta_n})\right\} = h_n\xi(x)f(x)\int_{-\infty}^{\infty}|K(u)|du + o(h_n), \quad (7.3.7)$$

$$E\left\{K^2\left(\frac{x - X_{i\Delta_n}}{h_n}\right)\xi(X_{i\Delta_n})\right\} = h_n\xi(x)f(x)\int_{-\infty}^{\infty}K^2(u)du + o(h_n). \quad (7.3.8)$$

证明 由条件 (A.3) 有

$$\frac{1}{h_n}E\left\{K\left(\frac{x - X_{i\Delta_n}}{h_n}\right)\xi(X_{i\Delta_n})\right\} - \xi(x)f(x)$$

$$= \frac{1}{h_n} \int_{-\infty}^{\infty} K\left(\frac{x-z}{h_n}\right) \xi(z) f(z) dz - \xi(x) f(x) \int_{-\infty}^{\infty} K(z) dz$$

$$= \frac{1}{h_n} \int_{-\infty}^{\infty} K(u/h_n) \big(\xi(x-u) f(x-u) - \xi(x) f(x)\big) du.$$

由函数 $\xi(x) f(x)$ 的连续性知, 对任意给定的 $\varepsilon > 0$, 存在充分小的 $b > 0$ 使得当 $|u| < b$ 时, 有 $|\xi(x-u) f(x-u) - \xi(x) f(x)| < \varepsilon/(2c_0)$, 其中 $c_0 = \int_{-\infty}^{\infty} |K(u)| du < \infty$. 因此

$$\frac{1}{h_n} \left| \int_{|u|<b} K(u/h_n) \big(\xi(x-u) f(x-u) - \xi(x) f(x)\big) du \right|$$

$$\leqslant \frac{\varepsilon}{2 h_n c_0} \int_{|u|<b} |K(u/h_n)| du$$

$$= \frac{\varepsilon}{2c_0} \int_{|z|<b/h_n} |K(z)| dz$$

$$< \varepsilon/2.$$

另外,

$$\frac{1}{h_n} \left| \int_{|u| \geqslant b} K(u/h_n) \big(\xi(x-u) f(x-u) - \xi(x) f(x)\big) du \right|$$

$$\leqslant \frac{1}{h_n} \int_{|u| \geqslant b} |K(u/h_n)| |\xi(x-u) f(x-u)| du + \frac{|\xi(x)| f(x)}{h_n} \int_{|u| \geqslant b} |K(u/h_n)| du$$

$$\leqslant \frac{1}{h_n} \sup_{|u| \geqslant b} |K(u/h_n)| \int_{|u| \geqslant b} |\xi(x-u) f(x-u)| du + |\xi(x)| f(x) \int_{|z| \geqslant b/h_n} |K(z)| dz$$

$$\leqslant \frac{1}{b} \sup_{|u| \geqslant b} \frac{|u|}{h_n} |K(u/h_n)| \int_{-\infty}^{\infty} |\xi(z)| f(z) dz + |\xi(x)| f(x) \int_{|z| \geqslant b/h_n} |K(z)| dz$$

$$\leqslant \frac{E|\xi(X)|}{b} \sup_{|z| \geqslant b/h_n} |z K(z)| + |\xi(x)| f(x) \int_{|z| \geqslant b/h_n} |K(z)| dz$$

$$\to 0.$$

因此, 存在 $N > 0$ 使得当 $n > N$ 时有

$$\left| \frac{1}{h_n} E \left\{ K\left(\frac{x - X_{i\Delta_n}}{h_n}\right) \xi(X_{i\Delta_n}) \right\} - \xi(x) f(x) \right| < \varepsilon.$$

这意味着结论 (7.3.6) 成立. (7.3.7) 和 (7.3.8) 的证明是类似的. 证毕.

定理 7.3.1 的证明 利用引理 7.3.1, 我们有

$$E\widetilde{Z}_{n,i\Delta_n} = E\left\{K\left(\frac{x - X_{i\Delta_n}}{h_n}\right)(m(X_{i\Delta_n}) - m(x))\right\} = o(h_n),$$

$$
\begin{aligned}
E\widetilde{Z}_{n,i\Delta_n}^2 &= E\left\{K^2\left(\frac{x - X_{i\Delta_n}}{h_n}\right)(Y_{i\Delta_n} - m(x))^2\right\} \\
&= E\left\{K^2\left(\frac{x - X_{i\Delta_n}}{h_n}\right)(Y_{i\Delta_n} - m(X_{i\Delta_n}))^2\right\} \\
&\quad + E\left\{K^2\left(\frac{x - X_{i\Delta_n}}{h_n}\right)(m(X_{i\Delta_n}) - m(x))^2\right\} \\
&\quad + 2E\left\{K^2\left(\frac{x - X_{i\Delta_n}}{h_n}\right)(Y_{i\Delta_n} - m(X_{i\Delta_n}))(m(X_{i\Delta_n}) - m(x))\right\} \\
&= E\left\{K^2\left(\frac{x - X_{i\Delta_n}}{h_n}\right)\sigma^2(X_{i\Delta_n})\right\} \\
&\quad + E\left\{K^2\left(\frac{x - X_{i\Delta_n}}{h_n}\right)(m(X_{i\Delta_n}) - m(x))^2\right\} \\
&= h_n\sigma^2(x)f(x)\int_{-\infty}^{\infty} K^2(u)du + o(h_n),
\end{aligned}
$$

上式用到 $E\{(Y_{i\Delta_n} - m(X_{i\Delta_n}))^2 | X_{i\Delta_n}\} = \mathrm{Var}(Y_{i\Delta_n} | X_{i\Delta_n}) = \sigma^2(X_{i\Delta_n})$. 因此,
我们有

$$\mathrm{Var}(Z_{n,i\Delta_n}) = h_n\sigma^2(x)f(x)\int_{-\infty}^{\infty} K^2(u)du + o(h_n). \tag{7.3.9}$$

对 $i < j$,

$$
\begin{aligned}
E(\widetilde{Z}_{n,i\Delta_n}\widetilde{Z}_{n,j\Delta_n}) &= E\left\{K\left(\frac{x - X_{i\Delta_n}}{h_n}\right)K\left(\frac{x - X_{j\Delta_n}}{h_n}\right)\right. \\
&\qquad \left. \times (Y_{i\Delta_n} - m(x))(Y_{j\Delta_n} - m(x))\right\} \\
&= E\left\{K\left(\frac{x - X_{i\Delta_n}}{h_n}\right)K\left(\frac{x - X_{j\Delta_n}}{h_n}\right)Y_{i\Delta_n}Y_{j\Delta_n}\right\} \\
&\quad + m(x)E\left\{K\left(\frac{x - X_{i\Delta_n}}{h_n}\right)K\left(\frac{x - X_{j\Delta_n}}{h_n}\right)Y_{i\Delta_n}\right\} \\
&\quad + m(x)E\left\{K\left(\frac{x - X_{i\Delta_n}}{h_n}\right)K\left(\frac{x - X_{j\Delta_n}}{h_n}\right)Y_{j\Delta_n}\right\}
\end{aligned}
$$

$$+ m^2(x) E \left\{ K \left(\frac{x - X_{i\Delta_n}}{h_n} \right) K \left(\frac{x - X_{j\Delta_n}}{h_n} \right) \right\}.$$

由于密度函数 $f(x, y)$ 连续有界. 所以由控制收敛定理有

$$E \left\{ K \left(\frac{x - X_{i\Delta_n}}{h_n} \right) K \left(\frac{x - X_{j\Delta_n}}{h_n} \right) \right\}$$

$$= \int_{-\infty}^{\infty} \int_{-\infty}^{\infty} K \left(\frac{x - u}{h_n} \right) K \left(\frac{x - v}{h_n} \right) f(u, v) du dv$$

$$= h_n^2 \int_{-\infty}^{\infty} \int_{-\infty}^{\infty} K(u) K(v) f(x - h_n u, x - h_n v) du dv$$

$$= h_n^2 \left(f(x, x) \int_{-\infty}^{\infty} \int_{-\infty}^{\infty} K(u) K(v) du dv + o(1) \right)$$

$$= O(h_n^2).$$

令 $\widetilde{Y}_{i\Delta_n} = Y_{i\Delta_n} I(|Y_{i\Delta_n}| \leqslant h_n^{-r})$, $\widehat{Y}_{i\Delta_n} = Y_{i\Delta_n} I(|Y_{i\Delta_n}| > h_n^{-r})$. 我们有

$$\left| E \left\{ K \left(\frac{x - X_{i\Delta_n}}{h_n} \right) K \left(\frac{x - X_{j\Delta_n}}{h_n} \right) Y_{j\Delta_n} \right\} \right|$$

$$\leqslant E \left| K \left(\frac{x - X_{i\Delta_n}}{h_n} \right) K \left(\frac{x - X_{j\Delta_n}}{h_n} \right) (\widetilde{Y}_{j\Delta_n} + \widehat{Y}_{j\Delta_n}) \right|$$

$$\leqslant h_n^{-r} E \left| K \left(\frac{x - X_{i\Delta_n}}{h_n} \right) K \left(\frac{x - X_{j\Delta_n}}{h_n} \right) \right|$$

$$+ h_n^{r(1+\nu)} E \left\{ \left| K \left(\frac{x - X_{j\Delta_n}}{h_n} \right) \right| |Y_{j\Delta_n}|^{2+\nu} \right\}$$

$$\leqslant C h_n^{2-r} + h_n^{r(1+\nu)} E \left\{ \left| K \left(\frac{x - X_{j\Delta_n}}{h_n} \right) \right| g(X_{j\Delta_n}) \right\}$$

$$\leqslant C(h_n^{2-r} + h_n^{1+r(1+\nu)}),$$

$$E \left\{ K \left(\frac{x - X_{i\Delta_n}}{h_n} \right) K \left(\frac{x - X_{j\Delta_n}}{h_n} \right) Y_{i\Delta_n} Y_{j\Delta_n} \right\}$$

$$= E \left\{ K \left(\frac{x - X_{i\Delta_n}}{h_n} \right) K \left(\frac{x - X_{j\Delta_n}}{h_n} \right) \right.$$

$$\left. \times \left(\widetilde{Y}_{i\Delta_n} \widetilde{Y}_{j\Delta_n} + \widetilde{Y}_{i\Delta_n} \widehat{Y}_{j\Delta_n} + \widehat{Y}_{i\Delta_n} \widetilde{Y}_{j\Delta_n} + \widehat{Y}_{i\Delta_n} \widehat{Y}_{j\Delta_n} \right) \right\}$$

$$= I_{1,n} + I_{2,n} + I_{3,n} + I_{4,n},$$

$$|I_{1,n}| \leqslant h_n^{-2r} E\left|K\left(\frac{x-X_{i\Delta_n}}{h_n}\right)K\left(\frac{x-X_{j\Delta_n}}{h_n}\right)\right| \leqslant Ch_n^{2-2r},$$

$$|I_{2,n}| \leqslant Ch^{-r} E\left\{\left|K\left(\frac{x-X_{j\Delta_n}}{h_n}\right)\right||\widehat{Y}_j|\right\}$$

$$\leqslant Ch^{r\nu} E\left\{\left|K\left(\frac{x-X_{j\Delta_n}}{h_n}\right)\right||Y_j|^{2+\nu}\right\}$$

$$\leqslant Ch_n^{1+r\nu},$$

$$|I_{3,n}| \leqslant Ch_n^{1+r\nu},$$

$$|I_{4,n}| \leqslant E^{1/2}\left\{K^2\left(\frac{x-X_{i\Delta_n}}{h_n}\right)Y_{i\Delta_n}^2 I(|Y_{i\Delta_n}| > h_n^{-r})\right\}$$

$$E^{1/2}\left\{K^2\left(\frac{x-X_{j\Delta_n}}{h_n}\right)Y_j^2 I(|Y_j| > h_n^{-r})\right\}$$

$$\leqslant h_n^{r\nu} E\left\{K^2\left(\frac{x-X_{i\Delta_n}}{h_n}\right)|Y_{i\Delta_n}|^{2+\nu}\right\}$$

$$= h_n^{r\nu} E\left\{K^2\left(\frac{x-X_{i\Delta_n}}{h_n}\right)g(X_{i\Delta_n})\right\}$$

$$= o(h_n^{1+r\nu}).$$

联合上面各式, 并取 $r = 1/3$, 有

$$|E(\widetilde{Z}_{n,i\Delta_n}\widetilde{Z}_{n,j\Delta_n})| \leqslant C\{h_n^{2-2r} + h_n^{1+r\nu} + h_n^{2-r} + h_n^{1+r(1+\nu)} + h_n^2\}$$

$$\leqslant Ch_n\{h_n^{1-2r} + h_n^{r\nu} + h_n^{1-r} + h_n^{r(1+\nu)} + h_n\}$$

$$\leqslant Ch_n\{h_n^{1/3} + h_n^{\nu/3}\}.$$

因此

$$|\mathrm{Cov}(Z_{n,i\Delta_n}, Z_{n,j\Delta_n})| = |\mathrm{Cov}(\widetilde{Z}_{n,i\Delta_n}, \widetilde{Z}_{n,j\Delta_n})| \leqslant Ch_n\{h_n^{1/3} + h_n^{\nu/3}\}.$$

令 $d_n = [2(\delta\Delta_n)^{-1}\log n]$. 由条件 $\Delta_n^{-1}(h_n^{1/3} + h_n^{\nu/3})\log n \to 0$, 有

$$\frac{1}{(nh_n)^2}\sum_{i=1}^{n-1}\sum_{j=i+1}^{i+d_n}|\mathrm{Cov}(Z_{n,i\Delta_n}, Z_{n,j\Delta_n})| \leqslant \frac{Cd_n}{nh_n}(h_n^{1/3} + h_n^{\nu/3}) = o\left((nh_n)^{-1}\right).$$

$$(7.3.10)$$

利用定理 7.1.6 以及 (7.3.9) 和 (7.3.10) 式, 得

$$\mathrm{Var}(W_n(x)) = \frac{1 + Cn^{-1}}{(nh_n)^2} \sum_{i=1}^{n} \mathrm{Var}(Z_{n,i\Delta_n})$$

$$+ \frac{2}{(nh_n)^2} \sum_{i=1}^{n-1} \sum_{j=i+1}^{n \wedge (i+d_n)} \mathrm{Cov}(Z_{n,i\Delta_n}, Z_{n,j\Delta_n})$$

$$= \frac{\sigma^2(x)f(x)}{nh_n} \int_{-\infty}^{\infty} K^2(u)du + o\left((nh_n)^{-1}\right).$$

因此, 定理的结论成立. 证毕.

　　引理 7.3.2　在定理 7.3.1 的条件下, 如果整数序列 a_n 和 b_n 满足 $a_n \geqslant 0, 0 < b_n \leqslant n$, 则有

$$E \left(\sum_{i=a_n+1}^{a_n+b_n} Z_{n,i\Delta_n} \right)^2 \leqslant Cb_nh_n.$$

　　证明　利用定理 7.1.2(1) 和过程的平稳性, 有

$$E \left(\sum_{i=a_n+1}^{a_n+b_n} Z_{n,i\Delta_n} \right)^2 \leqslant C\lambda_n \max_{1 \leqslant j \leqslant 2(\lambda_n+1)} E|\xi_j|^2 \leqslant C\lambda_n E(\xi_1^2),$$

其中 $\tau_n = [\Delta_n^{-1}] + 1, \lambda_n = [b_n/(2\tau_n)]$. 由定理 7.3.1 的证明过程知

$$EZ_{n,\Delta_n}^2 \leqslant Ch_n, \quad |\mathrm{Cov}(Z_{n,i\Delta_n}, Z_{n,j\Delta_n})| \leqslant Ch_n(h_n^{1/3} + h_n^{\nu/3}).$$

由条件知 $\tau_n(h_n^{1/3} + h_n^{\nu/3}) \to 0$, 从而有

$$E(\xi_1^2) = \sum_{i=1}^{\tau_n} E(Z_{i\Delta_n}^2) + 2 \sum_{1 \leqslant i < j \leqslant \tau_n} \mathrm{Cov}(Z_{i\Delta_n}, Z_{j\Delta_n})$$

$$\leqslant C\tau_nh_n \left\{ 1 + \tau_n(h_n^{1/3} + h_n^{\nu/3}) \right\}$$

$$\leqslant C\tau_nh_n.$$

注意到 $\lambda_n\tau_n \leqslant Cb_n$, 我们获得结论. 证毕.

　　引理 7.3.3　在定理 7.3.1 的条件下, 如果整数序列 a_n 和 b_n 满足 $a_n \geqslant 0, 0 < b_n \leqslant n$, 并且 $(b_n\Delta_n^{2(1+1/\nu)}h_n)^{-1} \log^{2(1+1/\nu)} n \to 0$, 则有

$$E \left| \sum_{i=a_n+1}^{a_n+b_n} Z_{n,i\Delta_n} \right|^{2+\nu} \leqslant C(b_nh_n)^{1+\nu/2}.$$

证明 利用定理 7.1.2(1) 和过程的平稳性, 有

$$E \left| \sum_{i=a_n+1}^{a_n+b_n} Z_{n,i\Delta_n} \right|^{2+\nu} \leqslant C \left\{ \lambda_n \max_{1 \leqslant j \leqslant 2\lambda_n} E|\xi_j|^{2+\nu} + \left(\lambda_n \max_{1 \leqslant j \leqslant 2\lambda_n} E|\xi_j|^2 \right)^{1+\nu/2} \right\}$$

$$\leqslant C \left\{ \lambda_n E|\xi_1|^{2+\nu} + \left(\lambda_n E|\xi_1|^2 \right)^{1+\nu/2} \right\}, \tag{7.3.11}$$

其中 $\tau_n = [\Delta_n^{-1}] + 1, \lambda_n = [b_n/(2\tau_n)] + 1, \xi_j = \sum_{i=a_n+(j-1)\tau_n \wedge b_n+1}^{a_n+j\tau_n \wedge b_n} Z_{n,i\Delta_n}$. 由引理 7.3.2, 有

$$\left(\lambda_n E|\xi_1|^2 \right)^{1+\nu/2} \leqslant C(\lambda_n \tau_n h_n)^{1+\nu/2} \leqslant C(b_n h_n)^{1+\nu/2}. \tag{7.3.12}$$

注意到

$$E|Z_{n,i\Delta_n}|^{2+\nu} \leqslant CE|\widetilde{Z}_{n,i\Delta_n}|^{2+\nu}$$

$$= CE \left| K \left(\frac{x - X_{i\Delta_n}}{h_n} \right) (Y_{i\Delta_n} - m(x)) \right|^{2+\nu}$$

$$\leqslant CE \left\{ \left| K \left(\frac{x - X_{i\Delta_n}}{h_n} \right) \right| (|Y_{i\Delta_n}|^{2+\nu} + |m(x)|^{2+\nu}) \right\}$$

$$\leqslant Ch_n.$$

我们有

$$\lambda_n E|\xi_1|^{2+\nu} \leqslant \lambda_n \tau_n^{1+\nu} \sum_{i=a_n+(k-1)\tau_n \wedge b_n+1}^{a_n+k\tau_n \wedge b_n} E|Z_{n,i\Delta_n}|^{2+\nu}$$

$$\leqslant C\lambda_n \tau_n^{2+\nu} h_n \leqslant Cb_n \tau_n^{1+\nu} h_n. \tag{7.3.13}$$

由条件 $(b_n \Delta_n^{2(1+1/\nu)} h_n)^{-1} \log^{2(1+1/\nu)} n \to 0$, 有

$$\frac{b_n \tau_n^{1+\nu} h_n}{(b_n h_n)^{1+\nu/2}} = \frac{\tau_n^{1+\nu}}{(b_n h_n)^{\nu/2}} = \left(\frac{\log^{2(1+1/\nu)} n}{b_n \Delta_n^{2(1+1/\nu)} h_n} \right)^{\nu/2} \to 0,$$

从而 $b_n \tau_n^{1+\nu} h_n \leqslant C(b_n h_n)^{1+\nu/2}$. 联合 (7.3.11)—(7.3.13) 式得结论. 证毕.

定理 7.3.2 在 (A.3) 和 (A.4) 条件下, 如果

$$nh_n/\log n \to \infty, \quad n\Delta_n/\log^3 n \to \infty, \quad (n\Delta_n^{2(1+1/\nu)} h_n)^{-1} \log^{3+2/\nu} n \to 0,$$

则有

$$W_n(x)/\sqrt{\text{Var}(W_n(x))} \xrightarrow{d} N(0,1). \tag{7.3.14}$$

证明　记 $\sigma_n^2 = \text{Var}(W_n(x))$, $S_n = \sigma_n^{-1} W_n(x)$. 设正整数序列

$$p_n = [n/\log n], \quad q_n = [n/\log^2 n], \quad r_n = \left[n(p_n + q_n)^{-1}\right],$$

其中 $[x]$ 表示 x 的整数部分. 显然 $r_n(p_n + q_n) \leqslant n \leqslant (r_n + 1)(p_n + q_n)$, 且当 n 适当大时, 有

$$1 \leqslant p_n, \quad q_n \leqslant n, \quad q_n p_n^{-1} \leqslant 1, \quad r_n \sim \log n.$$

因此, S_n 可以被分解为

$$S_n = S_n' + S_n'' + S_n''',$$

其中

$$S_n' = \sum_{j=1}^{r_n} Y_{n,j}, \quad S_n'' = \sum_{j=1}^{r_n} Y_{n,j}', \quad S_n''' = \frac{1}{nh_n\sigma_n} \sum_{i=r_n(p_n+q_n)+1}^{n} Z_{n,i\Delta_n},$$

$$Y_{n,j} = \frac{1}{nh_n\sigma_n} \sum_{i=(j-1)(p_n+q_n)+1}^{(j-1)(p_n+q_n)+p_n} Z_{n,i\Delta_n}, \quad Y_{n,j}' = \frac{1}{nh_n\sigma_n} \sum_{i=(j-1)(p_n+q_n)+p_n+1}^{j(p_n+q_n)} Z_{n,i\Delta_n},$$

$j = 1, \cdots, r_n$.

由引理 7.3.2, 我们有

$$E(S_n'')^2 \leqslant C(nh_n\sigma_n)^{-2} r_n q_n h_n \leqslant C(nh_n)^{-1} r_n q_n h_n$$

$$\leqslant q_n p_n^{-1} \leqslant C \log^{-1} n \to 0, \tag{7.3.15}$$

$$E(S_n''')^2 \leqslant C(nh_n\sigma_n)^{-2} (p_n + q_n) h_n \leqslant C(nh_n)^{-1} p_n h_n$$

$$\leqslant C p_n n^{-1} \leqslant C \log^{-1} n \to 0, \tag{7.3.16}$$

因此, 余下只需要证明

$$S_n' \xrightarrow{d} N(0, 1). \tag{7.3.17}$$

设 $\{\eta_{n,j}, j = 1, \cdots, r_n\}$ 是独立随机变量序列, $\eta_{n,j}$ 与 $Y_{n,j}$ 有相同的分布 $(j = 1, \cdots, r_n)$. 令 $T_n = \sum_{j=1}^{r_n} \eta_{n,j}$. 设 $F_X(x) = P(X < x)$ 为随机变量 X 的分布函数, $\Phi(x)$ 为标准正态分布函数. 由于

$$F_{S_n'}(x) - \Phi(x) = \{F_{S_n'}(x) - F_{T_n}(x)\} + \{F_{T_n}(x) - F_{T_n/s_n}(x)\}$$

$$+ \{F_{T_n/s_n}(x) - \Phi(x)\},$$

所以为了证明 (7.3.17), 我们只需要证明如下三个事实

$$F_{S'_n}(x) - F_{T_n}(x) \to 0, \tag{7.3.18}$$

$$F_{T_n}(x) - F_{T_n/s_n}(x) \to 0, \tag{7.3.19}$$

$$F_{T_n/s_n}(x) - \Phi(x) \to 0. \tag{7.3.20}$$

(1) 首先证明 (7.3.18) 式. 设 $\varphi_{S'_n}(t)$, $\varphi_{T_n}(t)$ 分别是 S'_n, T_n 的特征函数. 显然

$$\varphi_{T_n}(t) = E(\exp\{itT_n\}) = \prod_{j=1}^{r_n} E\exp\{it\eta_{n,j}\} = \prod_{j=1}^{r_n} E\exp\{itY_{n,j}\}.$$

利用 ρ-混合的定义, 有

$$
\begin{aligned}
|\varphi_{S'_n}(t) - \varphi_{T_n}(t)| &= \left| E\exp\left(it\sum_{j=1}^{r_n} Y_{n,j}\right) - \prod_{j=1}^{r_n} E\exp(itY_{n,j}) \right| \\
&\leqslant \left| E\exp\left(it\sum_{j=1}^{r_n} Y_{n,j}\right) - E\exp\left(it\sum_{j=1}^{r_n-1} Y_{n,j}\right) E\exp\left(itY_{n,r_n}\right) \right| \\
&\quad + \left| E\exp\left(it\sum_{j=1}^{r_n-1} Y_{n,j}\right) - \prod_{j=1}^{r_n-1} E\exp\left(itY_{n,j}\right) \right| \\
&\leqslant \rho(q_n\Delta_n) + \left| E\exp\left(it\sum_{j=1}^{r_n-1} Y_{n,j}\right) - \prod_{j=1}^{r_n-1} E\exp\left(itY_{n,j}\right) \right| \\
&\leqslant r_n\rho(q_n\Delta_n) \leqslant Ce^{-\delta n\Delta_n/\log^2 n}\log n \\
&\leqslant Cn^{-1}\log n \to 0.
\end{aligned}
$$

因此, (7.3.18) 式成立.

(2) 现在证明 (7.3.19) 式. 令 $\Gamma_n = \sum_{1\leqslant i<j\leqslant r_n} \mathrm{Cov}(Y_{n,i}, Y_{n,j})$. 显然

$$E(S'_n)^2 = s_n^2 + 2\Gamma_n.$$

注意 $E(S_n)^2 = 1$, 有

$$E(S'_n)^2 = E[S_n - (S''_n + S'''_n)]^2 = 1 + E(S''_n + S'''_n)^2 - 2E[S_n(S''_n + S'''_n)].$$

利用 (7.3.15) 和 (7.3.16), 得

$$\left| E(S'_n)^2 - 1 \right| = \left| E(S''_n + S'''_n)^2 - 2E[S_n(S''_n + S'''_n)] \right|$$

$$\leqslant 2(E(S_n'')^2 + E(S_n''')^2) + 2(ES_n^2)^{1/2}(E(S_n'' + S_n''')^2)^{1/2}$$

$$\leqslant 2(E(S_n'')^2 + E(S_n''')^2) + 2^{3/2}(E(S_n'')^2 + E(S_n''')^2)^{1/2}$$

$$\to 0. \tag{7.3.21}$$

利用 ρ-混合的定义, 有

$$|\Gamma_n| \leqslant C \sum_{1 \leqslant i < j \leqslant r_n} \rho(q_n)||Y_{n,i}||_2||Y_{n,j}||_2$$

$$\leqslant C\rho(q_n\Delta_n) \sum_{i=1}^{r_n-1} \sum_{j=i+1}^{r_n} (EY_{n,i}^2 + EY_{n,j}^2)$$

$$\leqslant C\rho(q_n\Delta_n) \sum_{i=1}^{r_n-1} \left(r_n EY_{n,i}^2 + \sum_{j=i+1}^{r_n} EY_{n,j}^2 \right)$$

$$\leqslant Cr_n\rho(q_n\Delta_n) \sum_{i=1}^{r_n} EY_{n,i}^2$$

$$\leqslant Cr_n\rho(q_n\Delta_n)s_n^2$$

$$= o(s_n^2).$$

因此

$$E(S_n')^2 = s_n^2 + 2\Gamma_n = (1 + o(1))s_n^2.$$

结合 (7.3.21) 式, 有

$$s_n^2 \to 1. \tag{7.3.22}$$

这意味着 (7.3.19) 式成立.

(3) 最后证明 (7.3.20) 式. 由于 $T_n = \sum_{j=1}^{r_n} \eta_{n,j}$ 是独立和随机变量, 且 $\mathrm{Var}(T_n) = s_n^2 \to 1$, 所以利用引理 5.1.1, 我们只需要证明

$$\sum_{j=1}^{r_n} E[Y_{n,j}^2 I(|Y_{n,j}| > \gamma)] \to 0, \quad \forall \gamma > 0. \tag{7.3.23}$$

令 $\widetilde{Y}_{n,j} = \sum_{i=(j-1)(p_n+q_n)+1}^{(j-1)(p_n+q_n)+p_n} Z_{n,i\Delta_n}$, 则 $Y_{n,j} = \dfrac{1}{nh_n\sigma_n}\widetilde{Y}_{n,j}$, 且

$$\sum_{j=1}^{r_n} E[Y_{n,j}^2 I(|Y_{n,j}| > \gamma)] = \frac{1}{(nh_n\sigma_n)^2} \sum_{j=1}^{r_n} E[\widetilde{Y}_{n,j}^2 I(|\widetilde{Y}_{n,j}| > \gamma nh_n\sigma_n)]$$

$$\leqslant C(nh_n\sigma_n)^{-(2+\nu)}\sum_{j=1}^{r_n}E|\widetilde{Y}_{n,j}|^{2+\nu}$$

$$\leqslant Cr_n(nh_n\sigma_n)^{-(2+\nu)}E|\widetilde{Y}_{n,1}|^{2+\nu}.$$

注意到

$$(p_n\Delta_n^{2(1+1/\nu)}h_n)^{-1}\log^{2(1+1/\nu)}n \leqslant C(n\Delta_n^{2(1+1/\nu)}h_n)^{-1}\log^{3+2/\nu}n \to 0.$$

利用引理 7.3.3, 我们有

$$r_n(nh_n\sigma_n)^{-(2+\nu)}E|\widetilde{Y}_{n,1}|^{2+\nu}$$

$$\leqslant Cr_n(nh_n)^{-(1+\nu/2)}(p_nh_n)^{1+\nu/2}$$

$$\leqslant Cnp_n^{-1}(p_n/n)^{1+\nu/2}$$

$$= C(p_n/n)^{\nu/2}$$

$$\leqslant C\log^{-\nu/2}n \to 0.$$

因此, (7.3.23) 式成立. 证毕.

引理 7.3.4 如果 $m(x)$ 和 $f(x)$ 都有连续有界的一、二阶导数, 则

$$EA_n(x) - m(x)f(x) = O(h_n^2), \tag{7.3.24}$$

$$Ef_n(x) - f(x) = O(h_n^2), \tag{7.3.25}$$

证明 显然

$$EA_n(x) = \frac{1}{h_n}E\left\{Y_{\Delta_n}K\left(\frac{x-X_{\Delta_n}}{h_n}\right)\right\}$$

$$= \frac{1}{h_n}E\left\{m(X_{\Delta_n})K\left(\frac{x-X_{\Delta_n}}{h_n}\right)\right\}$$

$$= \frac{1}{h_n}\int_{-\infty}^{\infty}K\left(\frac{x-z}{h_n}\right)m(z)f(z)dz$$

$$= \int_{-\infty}^{\infty}K(u)m(x-h_nu)f(x-h_nu)du.$$

令 $s(x) = m(x-h_nu)f(x-h_nu)$. 由于 $m(x)$ 和 $f(x)$ 都有连续有界的一、二阶导数, 所以由 Taylor 展开式和控制收敛定理有

$$\int_{-\infty}^{\infty}K(u)m(x-h_nu)f(x-h_nu)du$$

$$= \int_{-\infty}^{\infty} K(u)\{s(x) + s'(x)h_n u + \frac{1}{2}s''(x + \theta h_n u)h_n^2 u^2\}du$$

$$= s(x) + \frac{1}{2}h_n^2 \int_{-\infty}^{\infty} K(u)s''(x + \theta h_n u)u^2 du$$

$$= s(x) + O(h_n^2).$$

因此 (7.3.24) 式成立. 同理有

$$Ef_n(x) = \frac{1}{h_n} \int_{-\infty}^{\infty} K\left(\frac{x-z}{h_n}\right) f(z)dz$$

$$= \int_{-\infty}^{\infty} K(u)f(x - h_n u)du$$

$$= f(x) + O(h_n^2),$$

即 (7.3.25) 式成立. 证毕.

定理 7.3.3　在条件 (A.1)—(A.4) 下, 如果 $m(x)$ 和 $f(x)$ 都有连续有界的一、二阶导数, $nh_n/\log n \to \infty$, $n\Delta_n/\log^3 n \to \infty$, $nh_n^5 \to 0$, 则对 $f(x) \neq 0$ 的点 x, 有

$$\frac{\sqrt{f(x)}\sqrt{nh_n}(m_n(x) - m(x))}{\sqrt{\sigma^2(x) \int_{-\infty}^{\infty} K^2(u)du}} \to N(0,1). \tag{7.3.26}$$

证明　由定理 7.3.1 知

$$\frac{\sqrt{f(x)}\sqrt{nh_n}(m_n(x) - m(x))}{\sqrt{\sigma^2(x) \int_{-\infty}^{\infty} K^2(u)du}} = \frac{\sqrt{nh_n}\sqrt{\mathrm{Var}(W_n(x))}}{\sqrt{\sigma^2(x)f(x) \int_{-\infty}^{\infty} K^2(u)du}} \frac{f(x)(m_n(x) - m(x))}{\sqrt{\mathrm{Var}(W_n(x))}}$$

$$= (1 + o(1))\frac{f(x)(m_n(x) - m(x))}{\sqrt{\mathrm{Var}(W_n(x))}}.$$

由引理 7.3.4, 有

$$\frac{EA_n(x) - m(x)f(x)}{\sqrt{\mathrm{Var}(W_n(x))}} = O\left(\sqrt{nh_n^5}\right) = o(1),$$

$$\frac{m(x)\left(Ef_n(x) - f(x)\right)}{\sqrt{\mathrm{Var}(W_n(x))}} = O\left(\sqrt{nh_n^5}\right) = o(1).$$

回顾 (7.3.3) 式, 有

$$\frac{f(x)(m_n(x) - m(x))}{\sqrt{\mathrm{Var}(W_n(x))}} = \frac{f(x)}{f_n(x)} \frac{W_n(x)}{\sqrt{\mathrm{Var}(W_n(x))}} + o(1). \tag{7.3.27}$$

由于 $f_n(x) \xrightarrow{P} f(x)$, 所以由定理 7.3.2, 得

$$\frac{f(x)}{f_n(x)} \frac{W_n(x)}{\sqrt{\mathrm{Var}(W_n(x))}} \to N(0,1),$$

从而得结论. 证毕.

7.4 扩散过程的非参数核估计

7.4.1 扩散过程的基本条件

假设随机过程 $\{X_t\}$ 满足一维时齐扩散过程

$$dX_t = \mu(X_t) + \sigma(X_t)dW_t, \tag{7.4.1}$$

其中 W_t 是标准布朗运动, $\mu(x)$ 是漂移函数, $\sigma(x)$ 是扩散函数.

现在我们对模型需要引入一些基本假设条件.

(A.1) (a) 假设过程具有初始条件 $X_0 \in L^2$, 且与 $\{W_t, t \geqslant 0\}$ 独立;

(b) 设 (l, r) 是随机过程 X_t 的状态空间, 其中 $-\infty \leqslant l < r \leqslant \infty$, $\mu(x)$ 和 $\sigma(x)$ 为在 (l, r) 上的可测函数, 且 $\mu(x)$ 和 $\sigma(x)$ 至少有连续二阶导数, 满足局部 Lipschitz 条件和局部线性增长条件, 即对 (l, r) 中任意一个紧子集 J, 都存在正常数 C_1^J, C_2^J, 使得对于任意的 $x, y \in J$, 都有

$$|\mu(x) - \mu(y)| + |\sigma(x) - \sigma(y)| \leqslant C_1^J |x - y|$$

和

$$|\mu(x)| + |\sigma(x)| \leqslant C_2^J (1 + |x|).$$

(c) 在 (l, r) 上, 都有 $\sigma(x) > 0$.

设尺度密度函数 (scale density function) 为

$$s(z) = \exp\left\{ -\int_{z_0}^{z} \frac{2\mu(x)}{\sigma^2(x)} dx \right\},$$

其中 z_0 是状态空间中的任意一个点, 即 $z_0 \in (l, r)$, 而尺度函数 (scale function) 为

$$S(u) = \int_{z_0}^{u} s(z)dz,$$

且速度密度函数 (speed density function) 为

$$m(x) = \frac{1}{\sigma^2(x)s(x)}.$$

(A.2) 尺度函数满足

$$\lim_{u \to l} S(u) = -\infty, \quad \lim_{u \to r} S(u) = \infty.$$

(A.3) 速度密度函数满足 $\int_l^r m(x)dx < \infty.$

(A.4) $X_0 = x$ 具有 P^0 分布.

(A.5) $\mu(x)$ 和 $\sigma(x)$ 满足

$$\limsup_{x \to r} \left(\frac{\mu(x)}{\sigma(x)} - \frac{\sigma'(x)}{2} \right) < 0, \quad \liminf_{x \to l} \left(\frac{\mu(x)}{\sigma(x)} - \frac{\sigma'(x)}{2} \right) > 0.$$

由 Klebaner(2012) 的定理 5.4 知, 条件 (A.1) 保证了随机微分方程 (7.4.1) 存在唯一强解. 由 Skorokhod(1989) 的定理 16 知. 条件 (A.1)—(A.3) 保证了随机过程 X_t 是遍历的. 由 Klebaner (2012) 结论知, 条件 (A.1)—(A.4) 保证了过程 X_t 是平稳的, 且不变分布 P^0 关于 Lebesgue 测度的密度函数 $p(x) = m(x)/\int_l^r m(u)du.$ 由 Chen 等 (2010) 的结论知, 条件 (A.1)—(A.3), (A.5) 保证了过程 X_t 是 ρ-混合的 (从而是 α-混合的), 且混合是以几何速度衰减, 即存在常数 $C > 0$ 和 $\delta > 0$ 使得

$$\rho(t) \leqslant C \exp(-\delta t), \quad \alpha(t) \leqslant C \exp(-\delta t). \tag{7.4.2}$$

7.4.2　未知函数的非参数核估计

设时齐扩散过程 X_t 在时间观察点 $t_i = i\Delta_n (i = 0, 1, 2, \cdots, n)$ 上获得观察值

$$X_0, X_{\Delta_n}, X_{2\Delta_n}, \cdots, X_{n\Delta_n}.$$

由 Itô 公式容易证明出

$$E\left(\frac{X_{(i+1)\Delta_n} - X_{i\Delta_n}}{\Delta_n} \Big| X_{i\Delta_n} \right) = \mu(X_{i\Delta_n}) + O(\Delta_n), \tag{7.4.3}$$

$$E\left(\frac{(X_{(i+1)\Delta_n} - X_{i\Delta_n})^2}{\Delta_n} \Big| X_{i\Delta_n} \right) = \sigma^2(X_{i\Delta_n}) + O(\Delta_n). \tag{7.4.4}$$

根据 NW 核回归估计方法得到漂移函数 $\mu(x)$ 和扩散函数 $\sigma^2(x)$ 的非参数核估计分别为

$$\widehat{\mu}_n(x) = \frac{\sum_{i=1}^{n} K\left(\dfrac{X_{i\Delta_n} - x}{h_n}\right) \dfrac{X_{(i+1)\Delta_n} - X_{i\Delta_n}}{\Delta_n}}{\sum_{i=1}^{n} K\left(\dfrac{X_{i\Delta_n} - x}{h_n}\right)}, \tag{7.4.5}$$

$$\widehat{\sigma}_n^2(x) = \frac{\sum_{i=1}^{n} K\left(\dfrac{X_{i\Delta_n - x}}{h_n}\right) \dfrac{(X_{(i+1)\Delta_n} - X_{i\Delta_n})^2}{\Delta_n}}{\sum_{i=1}^{n} K\left(\dfrac{X_{i\Delta_n} - x}{h_n}\right)}, \tag{7.4.6}$$

其中 $K(\cdot)$ 是核函数, h_n 是窗宽.

现在我们来看一个实际应用数据. 选择 2016 年 3 月 8 日至 2022 年 4 月 29 日的沪深 300 指数的日收盘价作为样本数据, 样本容量为 1497, 所有数据来源于同花顺数据库. 设沪深 300 指数的日收盘价格为 P_t, 则 $X_t = \log(P_t)$ 为日对数价格, 而日对数收益率为

$$\Delta X_t = \log(P_t) - \log(P_{t-1}).$$

图 7.4.1 的左边是日收盘价时序图, 右边为日对数收益率时序图. 日收盘价格变化波动起伏比较大, 是非平稳的时间序列数据; 而日对数收益率是平稳的, 大部分是在 0 附近上下小范围波动.

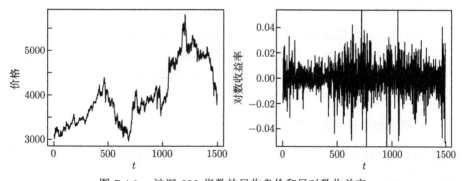

图 7.4.1 沪深 300 指数的日收盘价和日对数收益率

在 $x \in (-0.06, 0.06)$ 内, 计算漂移函数估计 $\widehat{\mu}_n(x)$ 和扩散系数估计 $\widehat{\sigma}_n^2(x)$, 得到如图 7.4.2 所示的估计线.

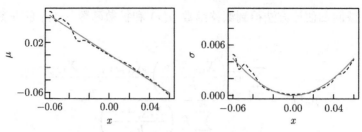

图 7.4.2   漂移函数估计和扩散系数估计

图 7.4.2 的左图为漂移函数的估计线 (虚线), 可以看出漂移函数的估计线近似为递减的线性函数, 利用最小平方偏差原理可以得到相应的拟合直线 (实线)

$$\mu(x) = 0.001250406 - 1.035871966x.$$

因此, 沪深 300 指数的日对数价格的漂移函数具有均值回复的特征.

图 7.4.2 的右图为扩散函数的估计线 (虚线), 可以看出扩散函数的估计线几乎关于原点对称, 近似为抛物曲线. 当对数收益率为零时, 相应的风险是最小的. 当绝对收益率增大时, 其相应的风险也增大. 这种变化趋势符合金融产品风险与收益的一般规律. 利用最小平方偏差原理可以得到扩散函数的估计线的拟合曲线 (实线)

$$\sigma(x) = 0.8665294x^{1.8767543}.$$

综上所述, 我们得到沪深 300 指数的日对数价格服从如下 CKLS 扩散过程

$$dX_t = (0.001250406 - 1.035871966X_t)dt + 0.8665294x^{1.8767543}dW_t.$$

这个应用实例告诉我们: 非参数估计不需要事先假设模型形式, 它可以根据数据结构估计出模型的特征, 然后根据这些特征利用最小平方偏差原理容易拟合相应的参数模型, 最终的参数模型比非参数模型更容易给出实际的金融或经济方面的解释.

7.4.3 扩散函数估计的渐近正态性

为了讨论扩散函数估计的渐近正态性, 我们还需要对核函数、窗宽和采样间隔作如下假设.

(A.6) (a) 核函数 $K(u)$ 在 $\mathbb{R} = (-\infty, \infty)$ 上对称有界, $\int_{\mathbb{R}} K(u)du = 1$, $\lim_{|u| \to \infty} u|K(u)| = 0$, $\int_{\mathbb{R}} u^2|K(u)|du < \infty$, $K_2 = \int_{\mathbb{R}} K^2(u)du < \infty$;

(b) 漂移函数 $\mu(x)$ 和扩散函数 $\sigma(x)$ 均为有界函数, 密度函数 $p(x), p_{(i,j)}(x,y)$ 和 $p_{(i,j,l)}(x,y,z)$ 有二阶连续有界的偏导数, 其中 $p_{(i,j)}(x,y)$ 是 (X_i, X_j) 的联合密度函数, $p_{(i,j,l)}(x,y,z)$ 是 (X_i, X_j, X_l) 的联合密度函数, $i < j < l$.

(A.7) 存在正整数序列 $p := p_n < n$ 和 $q := q_n < n$ 使得 $p + q \leqslant n$, 且当 $n \to \infty$ 时, 有

$$qp^{-1} \to 0, \quad pn^{-1} \to 0, \quad np^{-1}e^{-q\delta\Delta_n} \to 0.$$

(A.8) (a) $\Delta_n \to 0, h_n \to 0, n\Delta_n/\log n \to \infty$.

(b) $\Delta_n^{-2}h_n^3 \log^2(1/\Delta_n)\log n \to 0$, $h_n \log(1/\Delta_n)\log n \to 0$.

(c) $(ph_n)^{-1}\log^2(1/\Delta_n) \to 0$.

(d) $h_n\Delta_n^{-1}\log n \to 0$, $nh_n^3/\log n \to \infty$, $nh_n^5 \to 0$, $nh_n\Delta_n^2 \to 0$.

记

$$p_n(x) = \frac{1}{nh_n}\sum_{i=1}^{n} K\left(\frac{X_{i\Delta_n} - x}{h_n}\right), \tag{7.4.7}$$

$$B_n(x) = \frac{1}{nh_n}\sum_{i=1}^{n} K\left(\frac{X_{i\Delta_n} - x}{h_n}\right)\frac{\left(X_{(i+1)\Delta_n} - X_{i\Delta_n}\right)^2}{\Delta_n}. \tag{7.4.8}$$

则 $\widehat{\sigma}_n^2(x)$ 可以被写成 $\widehat{\sigma}_n^2(x) = B_n(x)/p_n(x)$. 显然

$$\widehat{\sigma}_n^2(x) - \sigma^2(x) = \frac{1}{p_n(x)}\{B_n(x) - \sigma^2(x)p_n(x)\}$$

$$= \frac{1}{p_n(x)}\big\{B_n(x) - EB_n(x) - \sigma^2(x)(p_n(x) - Ep_n(x))$$

$$+ EB_n(x) - \sigma^2(x)p(x) - \sigma^2(x)(Ep_n(x) - p(x))\big\}.$$

令

$$W_n(x) = B_n(x) - EB_n(x) - \sigma^2(x)(p_n(x) - Ep_n(x)),$$

$$\widetilde{Z}_{n,i\Delta_n} = K\left(\frac{X_{i\Delta_n} - x}{h_n}\right)\left\{\frac{\left(X_{(i+1)\Delta_n} - X_{i\Delta_n}\right)^2}{\Delta_n} - \sigma^2(x)\right\},$$

$$Z_{n,i\Delta_n} = \widetilde{Z}_{n,i\Delta_n} - E\widetilde{Z}_{n,i\Delta_n}.$$

则有 $W_n(x) = \dfrac{1}{nh_n}\sum_{i=1}^{n} Z_{n,i\Delta_n}$. 在条件 A.1—A.6 和 A.8(a) 下, 利用后面的引理 7.4.1 有

$$\text{Var}(W_n(x)) = \frac{2K_2\sigma^4(x)p(x)}{nh_n} + o\left(\frac{1}{nh_n}\right). \tag{7.4.9}$$

定理 7.4.1　假设条件 (A.1)—(A.7) 和 A.8(a)—(c) 成立, 则有

$$\sup_u \left| P\left(\frac{W_n(x)}{\sqrt{\operatorname{Var}(W_n(x))}} \leqslant u \right) - \Phi(u) \right|$$

$$\leqslant C \left\{ (np^{-1}e^{-\delta q \Delta_n})^{\frac{1}{4}} + (qp^{-1})^{\frac{1}{3}} + (pn^{-1})^{\frac{1}{3}} \right\},$$

其中 $\Phi(u)$ 为标准正态分布 N(0,1) 的分布函数.

推论 7.4.1　假设条件 (A.1)—(A.6) 成立, 且 $h_n = c_1 n^{-\nu}$ 和 $\Delta_n = c_2 n^{-\nu} \log^2 n$, 其中 $0 < \nu < 1$. 则有

$$\sup_u \left| P\left(\frac{W_n(x)}{\sqrt{\operatorname{Var}(W_n(x))}} \leqslant u \right) - \Phi(u) \right| \leqslant C n^{-(1-v)/6}.$$

这个结果表明: 当 ν 充分小时. 渐近正态的收敛速度接近 $n^{-1/6}$. 如果选择最优窗宽 $h_{\text{opt}} = C n^{-1/5}$, 则渐近正态的收敛速度为 $n^{-2/15}$. 推论 7.4.1 的条件要求窗宽 h_n 趋于零的速度快于时间间隔 Δ_n 趋于零的速度.

通过估计 $EB_n(x) \to \sigma^2(x)p(x)$ 和 $Ep_n(x) \xrightarrow{P} p(x)$ 的速度, 然后根据定理 7.4.1, 我们可以得到如下结论.

定理 7.4.2　假设条件 (A.1)—(A.8) 成立, 则有

$$\sup_u \left| P\left(\frac{\sqrt{p(x)}\,(\widehat{\sigma}_n^2(x) - \sigma^2(x))}{\sqrt{\operatorname{Var}(W_n(x))}} \leqslant u \right) - \Phi(u) \right|$$

$$\leqslant C \left\{ (np^{-1}e^{-\delta q \Delta_n})^{\frac{1}{4}} + (qp^{-1})^{\frac{1}{3}} + (pn^{-1})^{\frac{1}{3}} + (nh_n^5)^{1/2} + (nh_n \Delta_n^2)^{1/2} + h_n \right\}.$$

7.4.4　定理的证明

令 $S_n = W_n(x)/\sqrt{\operatorname{Var}(W_n(x))}$, $F_n(u) = P(S_n < u)$. 则定理 7.4.1 的结论可以写成

$$\sup_u |F_n(u) - \Phi(u)| \leqslant C \left\{ (np^{-1}e^{-\delta q \Delta_n})^{\frac{1}{4}} + (qp^{-1})^{\frac{1}{3}} + (pn^{-1})^{\frac{1}{3}} \right\}. \qquad (7.4.10)$$

我们将使用大小块方法证明这个结论. 令 $k = [n/(p+q)]$, 则 S_n 可以被分块表示为 $S_n = S_n' + S_n'' + S_n'''$, 其中

$$S_n' = \sum_{m=1}^k y_{n,m}, \quad S_n'' = \sum_{m=1}^k y_{n,m}', \quad S_n''' = y_{n,k+1},$$

$$y_{n,m} = \sum_{i=k_m}^{k_m+p-1} Z_{n,i}/(nh_n\sqrt{\text{Var}(W_n(x))}),$$

$$y'_{n,m} = \sum_{i=l_m}^{l_m+q-1} Z_{n,i}/(nh_n\sqrt{\text{Var}(W_n(x))}),$$

$$y'_{n,k+1} = \sum_{i=k(p+q)+1}^{n} Z_{n,i}/(nh_n\sqrt{\text{Var}(W_n(x))}),$$

$$k_m = (m-1)(p+q)+1, \quad l_m = (m-1)(p+q)+p+1, \quad m = 1,\cdots,k.$$

引理 7.4.1 在条件 (A.1)—(A.6) 和 (A.8)(a)—(b) 下, 我们有

$$\text{Var}\left(\sum_{i=1}^{n} Z_{n,i}\right) = 2nh_nK_2\sigma^4(x)p(x) + o(nh_n). \tag{7.4.11}$$

进一步, 对任意整数 $a_n \geqslant 0, 0 < b_n \leqslant n$, 我们有

$$E\left(\sum_{i=a_n+1}^{a_n+b_n} Z_{n,i}\right)^2 = 2b_nh_nK_2\sigma^4(x)p(x) + o(b_nh_n). \tag{7.4.12}$$

证明 记 $\mathcal{F}_i = \sigma(X_t, t \leqslant i\Delta_n)$. 由 (7.4.4) 式和控制收敛定理, 我们有

$$E(\widetilde{Z}_{n,i}) = E[E(\widetilde{Z}_{n,i}|\mathcal{F}_i)]$$

$$= E\left[K\left(\frac{X_{j\Delta_n}-x}{h_n}\right)(\sigma^2(X_{j\Delta_n}) + O(\Delta_n) - \sigma^2(x))\right]$$

$$= \int_{-\infty}^{\infty} K\left(\frac{y-x}{h_n}\right)(\sigma^2(y) - \sigma^2(x))p(y)dy + O(h_n\Delta_n)$$

$$= h_n\int_{-\infty}^{\infty} K(u)(\sigma^2(x+h_nu) - \sigma^2(x))p(x+h_nu)du + O(h_n\Delta_n)$$

$$= h_n^2\int_{-\infty}^{\infty} K(u)(\sigma^2)'(x+\theta h_nu)p(x+h_nu)du + O(h_n\Delta_n)$$

$$= O(h_n^2 + h_n\Delta_n). \tag{7.4.13}$$

同理我们有

$$EK^2\left(\frac{X_{i\Delta_n}-x}{h_n}\right) = h_nK_2p(x) + o(h_n),$$

$$EK^2\Big(\frac{X_{j\Delta_n} - x}{h_n}\Big)\sigma^4(X_{j\Delta_n}) = h_n K_2 \sigma^4(x)p(x) + o(h_n),$$

$$EK^2\Big(\frac{X_{j\Delta_n} - x}{h_n}\Big)\sigma^2(X_{j\Delta_n}) = h_n K_2 \sigma^2(x)p(x) + o(h_n).$$

因此

$$E(\widetilde{Z}_{n,i}^2) = E\left[K^2\left(\frac{X_{i\Delta_n} - x}{h_n}\right)\frac{\big(X_{(i+1)\Delta_n} - X_{i\Delta_n}\big)^4}{\Delta_n^2}\right]$$

$$+ \sigma^4(x)EK^2\left(\frac{X_{i\Delta_n} - x}{h_n}\right) - 2\sigma^2(x)$$

$$E\left[K^2\left(\frac{X_{i\Delta_n} - x}{h_n}\right)\frac{\big(X_{(i+1)\Delta_n} - X_{i\Delta_n}\big)^2}{\Delta_n}\right]$$

$$= E\left[K^2\left(\frac{X_{j\Delta_n} - x}{h_n}\right)\big(3\sigma^4(X_{j\Delta_n}) + O(\Delta_n)\big)\right] + \sigma^4(x)EK^2\left(\frac{X_{i\Delta_n} - x}{h_n}\right)$$

$$- 2\sigma^2(x)E\left[K^2\left(\frac{X_{j\Delta_n} - x}{h_n}\right)\big(\sigma^2(X_{j\Delta_n}) + O(\Delta_n)\big)\right]$$

$$= 3h_n K_2 \sigma^4(x)p(x) + h_n K_2 \sigma^4(x)p(x) - 2h_n K_2 \sigma^4(x)p(x) + o(h_n)$$

$$= 2h_n K_2 \sigma^4(x)p(x) + o(h_n).$$

于是

$$E(Z_{n,i}^2) = 2h_n K_2 \sigma^4(x)p(x) + o(h_n),$$

以及

$$\sum_{i=1}^n EZ_{n,i}^2 = 2nh_n K_2 \sigma^4(x)p(x) + o(h_n). \tag{7.4.14}$$

当 $i < j$ 时, 我们有

$$E(\widetilde{Z}_{n,i}\widetilde{Z}_{n,j})$$

$$= E[\widetilde{Z}_{n,i}E(\widetilde{Z}_{n,j}|\mathcal{F}_j)]$$

$$= E\left[\widetilde{Z}_{n,i}K\left(\frac{X_{j\Delta_n} - x}{h_n}\right)\big(\sigma^2(X_{j\Delta_n}) + O(\Delta_n) - \sigma^2(x)\big)\right]$$

$$= O\left(\log(1/\Delta_n)\right)E\left[K\left(\frac{X_{i\Delta_n} - x}{h_n}\right)K\left(\frac{X_{j\Delta_n} - x}{h_n}\right)\right.$$

$$\times \left(\sigma^2(X_{j\Delta_n}) + O(\Delta_n) - \sigma^2(x) \right) \Big].$$

由条件 (A.6) 和控制收敛定理得

$$E\left[K\left(\frac{X_{i\Delta_n} - x}{h_n} \right) K\left(\frac{X_{j\Delta_n} - x}{h_n} \right) \right]$$

$$= \int_{-\infty}^{\infty} \int_{-\infty}^{\infty} K\left(\frac{y - x}{h_n} \right) K\left(\frac{z - x}{h_n} \right) p(y, z) dy dz$$

$$= h_n^2 \int_{-\infty}^{\infty} \int_{-\infty}^{\infty} K(u) K(v) p(x + h_n u, x + h_n v) du dv$$

$$= h_n^2 p(x, x) \int_{-\infty}^{\infty} \int_{-\infty}^{\infty} K(u) K(v) du dv + o(h_n^2),$$

以及

$$E\left[K\left(\frac{X_{i\Delta_n} - x}{h_n} \right) K\left(\frac{X_{j\Delta_n} - x}{h_n} \right) \left(\sigma^2(X_{j\Delta_n}) - \sigma^2(x) \right) \right]$$

$$= h_n^2 \int_{-\infty}^{\infty} \int_{-\infty}^{\infty} K(u) K(v) (\sigma^2(x + h_n v) - \sigma^2(x)) p(x + h_n u, x + h_n v) du dv$$

$$= h_n^3 \int_{-\infty}^{\infty} \int_{-\infty}^{\infty} v K(u) K(v) (\sigma^2)'(x + \theta h_n v) p(x + h_n u, x + h_n v) du dv$$

$$= O(h_n^3).$$

因此

$$E(\widetilde{Z}_{n,i} \widetilde{Z}_{n,j}) = O\left(h_n^3 + h_n^2 \Delta_n \right) \log(1/\Delta_n),$$

从而

$$E(Z_{n,i} Z_{n,j}) = E(\widetilde{Z}_{n,i} \widetilde{Z}_{n,j}) - E(\widetilde{Z}_{n,i}) E(\widetilde{Z}_{n,j}) = O\left(h_n^3 + h_n^2 \Delta_n \right) \log(1/\Delta_n).$$

由条件 (A.8)(b) 有 $\Delta_n^{-1}(h_n^2 + h_n \Delta_n) \log(1/\Delta_n) \log n \to 0$. 于是

$$\sum_{i=1}^{n-1} \sum_{j=i+1}^{n \wedge (i+d_n)} E(Z_{n,i} Z_{n,j}) = O\left(h_n^3 + h_n^2 \Delta_n \right) n d_n \log(1/\Delta_n)$$

$$= O\left(h_n^3 + h_n^2 \Delta_n \right) n \Delta_n^{-1} \log(1/\Delta_n) \log n$$

$$= o(n h_n). \tag{7.4.15}$$

因此, 利用定理 7.1.6 以及 (7.4.14) 式和 (7.4.15) 式, 我们立即得到结论 (7.4.11). 从上面的证明过程容易知道结论 (7.4.12) 成立. 证毕.

引理 7.4.2 假设条件 (A.1)—(A.7) 和 (A.8)(a)—(b) 成立, 则有

$$P\left(|S_n''| > (qp^{-1})^{1/3}\right) \leqslant C(qp^{-1})^{1/3},$$

$$P\left(|S_n'''| > (pn^{-1})^{1/3}\right) \leqslant C(pn^{-1})^{1/3}.$$

证明 由引理 7.4.1 有

$$E\left|\sum_{m=1}^{k}\sum_{i=l_m}^{l_m+q-1} Z_{n,i}\right|^2 \leqslant Ckqh_n \leqslant Cnqp^{-1}h_n,$$

$$E\left|\sum_{i=k(p+q)+1}^{n} Z_{n,i}\right|^2 \leqslant C(n-k(p+q))h_n \leqslant Cph_n.$$

因此

$$E|S_n''|^2 \leqslant C(nh_n)^{-1}E\left|\sum_{m=1}^{k}\sum_{i=l_m}^{l_m+q-1} Z_{n,i}\right|^2 \leqslant C(nh_n)^{-1}nqp^{-1}h_n \leqslant Cqp^{-1},$$

$$E|S_n'''|^2 \leqslant C(nh_n)^{-1}E\left|\sum_{i=k(p+q)+1}^{n} Z_{n,i}\right|^2 \leqslant Cpn^{-1}.$$

从而由 Markov 不等式得到引理的结论. 证毕.

记 $s_n^2 = \sum_{m=1}^{k} \mathrm{Var}(y_{n,m})$.

引理 7.4.3 假设条件 (A.1)—(A.7) 和 (A.8)(a)—(b) 成立, 则有

$$|s_n^2 - 1| \leqslant C\left\{(qp^{-1})^{\frac{1}{2}} + (pn^{-1})^{\frac{1}{2}} + e^{-\delta q\Delta_n}\right\}.$$

证明 令 $\Gamma_n = \sum_{1\leqslant i < j \leqslant k} \mathrm{Cov}(y_{ni}, y_{nj})$. 显然 $E(S_n)^2 = 1$, $s_n^2 = E(S_n')^2 - 2\Gamma_n$ 和 $E(S_n')^2 = 1 + E(S_n'' + S_n''')^2 - 2E[S_n(S_n'' + S_n''')]$. 因此由引理 7.4.2 有 $|E(S_n')^2 - 1| \leqslant C\{(qp^{-1})^{1/2} + (pn^{-1})^{1/2}\}$, 而且

$$E|y_{n,i}|^2 \leqslant C(nh_n)^{-1}ph_n = Cpn^{-1}. \tag{7.4.16}$$

另一方面

$$|\Gamma_n| \leqslant \sum_{1\leqslant i < j \leqslant k} |\mathrm{Cov}(y_{n,i}, y_{n,j})|$$

$$\leqslant \sum_{1 \leqslant i < j \leqslant k} \rho((j-i)q\Delta_n)\|y_{n,i}\|_2\|y_{n,j}\|_2$$

$$\leqslant Cn^{-1}pke^{-\delta q\Delta_n}(1-e^{-\delta kq\Delta_n})(1-e^{-\delta q\Delta_n})^{-1}$$

$$\leqslant Ce^{-\delta q\Delta_n},$$

上面最后的不等式是由 $q\Delta_n \to \infty$ 得到, 而这个结论是隐含在条件 $np^{-1}e^{-\delta q\Delta_n} \to 0$ 中. 因此

$$|s_n^2 - 1| \leqslant |E(S_n')^2 - 1| + 2|\Gamma_n| \leqslant C\{(qp^{-1})^{\frac{1}{2}} + (pn^{-1})^{\frac{1}{2}} + e^{-\delta q\Delta_n}\}.$$

证毕.

假设 $\{\eta_{n,m}, m = 1, \cdots, k\}$ 是独立随机变量, 而且 $\eta_{n,m}$ 与 $y_{n,m}$ 有相同的分布 $(m = 1, \cdots, k)$. 记 $T_n = \sum_{m=1}^{k}\eta_{n,m}$. 设 $\widetilde{F}_n(u)$, $G_n(u)$ 和 $\widetilde{G}_n(u)$ 分别是 S_n', T_n/s_n 和 T_n 的分布函数. 显然, $\sum_{m=1}^{k}\mathrm{Var}(\eta_{n,m}) = s_n^2$, $\widetilde{G}_n(u) = G_n(u/s_n)$.

引理 7.4.4 假设条件 (A.1)—(A.7) 和 (A.8)(a)—(c) 成立, 则有

$$\sup_{u}|G_n(u) - \Phi(u)| \leqslant C(pn^{-1})^{1/2}.$$

证明 根据独立随机变量的 Berry-Esseen 定理, 我们只需估计 $\sum_{m=1}^{k}E|\eta_{n,m}|^3$ 的上界. 显然,

$$\sum_{m=1}^{k}E|\eta_{n,m}|^3 = \sum_{m=1}^{k}E|y_{n,m}|^3 = \left(nh_n\sqrt{\mathrm{Var}(W_n(x))}\right)^{-3}\sum_{m=1}^{k}E\left|\sum_{i=k_m}^{k_m+p-1}Z_{n,i}\right|^3.$$

利用定理 7.1.2 和平稳性, 我们有

$$E\left|\sum_{i=1}^{n}Z_{n,i}\right|^3 \leqslant C\left\{\lambda_n\max_{1\leqslant j\leqslant 2\lambda_n}E|\xi_j|^3 + \left(\lambda_n\max_{1\leqslant j\leqslant 2\lambda_n}E|\xi_j|^2\right)^{3/2}\right\}$$

$$\leqslant C\left\{\lambda_n E|\xi_1|^3 + \left(\lambda_n E|\xi_1|^2\right)^{3/2}\right\}.$$

其中 $\tau_n = [\Delta_n^{-1}] + 1, \lambda_n = [p/(2\tau_n)] + 1, \xi_j = \sum_{i=k_m+(j-1)\tau_n\wedge p+1}^{k_m+j\tau_n\wedge p}Z_{n,i}$. 因此

$$\sum_{m=1}^{k}E|\eta_{n,m}|^3 \leqslant C(nh_n)^{-3/2}k\left\{\lambda_n E|\overline{\xi}_1|^3 + \left(\lambda_n E|\overline{\xi}_1|^2\right)^{3/2}\right\},$$

其中 $\overline{\xi}_j = \sum_{i=1}^{\tau_n}Z_{n,i}$.

利用不等式: $|x+y|^r \leqslant |y|^r + rx|y|^{r-1}\mathrm{sgn}(y) + 2^r r^2 x^2 |y|^{r-2} + 2^r |x|^r, x,y \in \mathbb{R}, r > 2$, 容易得到

$$E\left|\sum_{i=1}^{\tau_n} \widetilde{Z}_{n,i\Delta_n}\right|^3 = E\left|\sum_{i=1}^{\tau_n-1} \widetilde{Z}_{n,i\Delta_n} + \widetilde{Z}_{n,\tau_n\Delta_n}\right|^3$$

$$\leqslant \left|\sum_{i=1}^{\tau_n-1} \widetilde{Z}_{n,i\Delta_n}\right|^3 + 3\widetilde{Z}_{n,\tau_n\Delta_n}\left(\sum_{i=1}^{\tau_n-1} \widetilde{Z}_{n,i\Delta_n}\right)^2 \mathrm{sgn}\left(\sum_{i=1}^{\tau_n-1} \widetilde{Z}_{n,i\Delta_n}\right)$$

$$+ 72\widetilde{Z}_{n,\tau_n\Delta_n}^2\left|\sum_{i=1}^{\tau_n-1} \widetilde{Z}_{n,i\Delta_n}\right| + 8\left|\widetilde{Z}_{n,\tau_n\Delta_n}\right|^3$$

$$\leqslant \cdots$$

$$\leqslant 3\sum_{j=2}^{\tau_n} \widetilde{Z}_{n,j\Delta_n}\left(\sum_{i=1}^{j-1} \widetilde{Z}_{n,i\Delta_n}\right)^2 \mathrm{sgn}\left(\sum_{i=1}^{\tau_n-1} \widetilde{Z}_{n,i\Delta_n}\right)$$

$$+ 72\sum_{j=2}^{\tau_n} \widetilde{Z}_{n,j\Delta_n}^2\left|\sum_{i=1}^{j-1} \widetilde{Z}_{n,i\Delta_n}\right| + 8\sum_{i=1}^{\tau_n} \left|\widetilde{Z}_{n,\tau_n\Delta_n}\right|^3.$$

由 Lévy 连续模, 我们有

$$\sum_{i=1}^{\tau_n} E|\widetilde{Z}_{n,i\Delta_n}|^3 \leqslant C\log(1/\Delta_n)\sum_{i=1}^{\tau_n} E\widetilde{Z}_{n,i\Delta_n}^2 \leqslant C\tau_n h_n \log(1/\Delta_n)$$

和

$$\sum_{j=2}^{\tau_n} E\left[\widetilde{Z}_{n,j\Delta_n}^2 \left|\sum_{i=1}^{j-1} \widetilde{Z}_{n,i\Delta_n}\right|\right]$$

$$\leqslant C\log^3(1/\Delta_n)\sum_{j=2}^{\tau_n}\sum_{i=1}^{j-1} E\left|K^2\left(\frac{X_{j\Delta_n}-x}{h_n}\right)K\left(\frac{X_{i\Delta_n}-x}{h_n}\right)\right|$$

$$\leqslant C\tau_n^2 h_n^3 \log^3(1/\Delta_n).$$

由 (7.4.4) 式, 得

$$\sum_{j=2}^{\tau_n} E\left[\widetilde{Z}_{n,j\Delta_n}\left(\sum_{i=1}^{j-1} \widetilde{Z}_{n,i\Delta_n}\right)^2 \mathrm{sgn}\left(\sum_{i=1}^{\tau_n-1} \widetilde{Z}_{n,i\Delta_n}\right)\Bigg| \mathcal{F}_j\right]$$

$$= \sum_{j=2}^{\tau_n} K\left(\frac{X_{j\Delta_n} - x}{h_n}\right)\left(\sigma^2(X_{j\Delta_n}) + O(\Delta_n) - \sigma^2(x)\right)$$

$$\times \left(\sum_{i=1}^{j-1} \widetilde{Z}_{n,i\Delta_n}\right)^2 \mathrm{sgn}\left(\sum_{i=1}^{\tau_n-1} \widetilde{Z}_{n,i\Delta_n}\right),$$

以及

$$\sum_{j=2}^{\tau_n} \left| E\left[\widetilde{Z}_{n,j\Delta_n}\left(\sum_{i=1}^{j-1} \widetilde{Z}_{n,i\Delta_n}\right)^2 \mathrm{sgn}\left(\sum_{i=1}^{\tau_n-1} \widetilde{Z}_{n,i\Delta_n}\right)\right]\right|$$

$$\leqslant C\sum_{j=2}^{\tau_n} E\left\{\left|K\left(\frac{X_{j\Delta_n}-x}{h_n}\right)\left(\sigma^2(X_{j\Delta_n}) + O(\Delta_n) - \sigma^2(x)\right)\right|\left(\sum_{i=1}^{j-1}\widetilde{Z}_{n,i\Delta_n}\right)^2\right\}$$

$$\leqslant C\sum_{j=2}^{\tau_n} E\left\{\left|K\left(\frac{X_{j\Delta_n}-x}{h_n}\right)\left(\sigma^2(X_{j\Delta_n}) + O(\Delta_n) - \sigma^2(x)\right)\right|\sum_{i=1}^{j-1}\widetilde{Z}_{n,i\Delta_n}^2\right\}$$

$$+ C\sum_{j=2}^{\tau_n} E\left\{\left|K\left(\frac{X_{j\Delta_n}-x}{h_n}\right)\left(\sigma^2(X_{j\Delta_n}) + O(\Delta_n) - \sigma^2(x)\right)\right|\right.$$

$$\left. \times \sum_{1\leqslant i\neq l\leqslant j-1} \widetilde{Z}_{n,i\Delta_n}\widetilde{Z}_{n,l\Delta_n}\right\}$$

$$\leqslant C\tau_n^2(h_n^3 + h_n^2\Delta_n)\log^2(1/\Delta_n) + C\tau_n^3(h_n^4 + h_n^3\Delta_n)\log^2(1/\Delta_n).$$

因此, 由条件 (A.8)(b), 有

$$E\left|\sum_{i=1}^{\tau_n}\widetilde{Z}_{n,i\Delta_n}\right|^3 \leqslant C\left\{\tau_n h_n\log(1/\Delta_n) + \tau_n^2 h_n^3\log^3(1/\Delta_n)\right.$$

$$+ \tau_n^2(h_n^3 + h_n^2\Delta_n)\log^2(1/\Delta_n) + \tau_n^3(h_n^4 + h_n^3\Delta_n)\log^2(1/\Delta_n)\Big\}$$

$$\leqslant C\Big\{1 + h_n^2\Delta_n^{-1}\log^2(1/\Delta_n)\log n$$

$$+ (h_n^2 + h_n\Delta_n)\Delta_n^{-1}\log(1/\Delta_n)\log n$$

$$+ (h_n^3 + h_n^2\Delta_n)\Delta_n^{-2}\log(1/\Delta_n)\log^2 n\Big\}\tau_n h_n\log(1/\Delta_n)$$

$$\leqslant C\tau_n h_n\log(1/\Delta_n).$$

由 (7.4.13) 有

$$\sum_{i=1}^{\tau_n} |E\widetilde{Z}_{n,i\Delta_n}| \leqslant C(h_n + \Delta_n)\tau_n h_n.$$

在条件 (A.8)(b) 下，

$$\frac{(h_n + \Delta_n)^3(\tau_n h_n)^3}{\tau_n h_n \log(1/\Delta_n)} \leqslant \frac{C(h_n + \Delta_n)^3 h_n^2 \log^2 n}{\Delta_n^2 \log(1/\Delta_n)} \leqslant \frac{C(\Delta_n^{-2} h_n^3 + \Delta_n)h_n^2 \log^2 n}{\log(1/\Delta_n)} \to 0.$$

因此

$$E|\bar{\xi}_1|^3 = E\left|\sum_{i=1}^{\tau_n} Z_{n,i\Delta_n}\right|^3$$

$$\leqslant 4E\left|\sum_{i=1}^{\tau_n} \widetilde{Z}_{n,i\Delta_n}\right|^3 + 4\left(\sum_{i=1}^{\tau_n} |E\widetilde{Z}_{n,i\Delta_n}|\right)^3$$

$$\leqslant C\tau_n h_n \log(1/\Delta_n).$$

由引理 7.4.1, 有

$$E|\bar{\xi}_1|^2 = E\left(\sum_{i=1}^{\tau_n} Z_{n,i\Delta_n}\right)^2 \leqslant C\tau_n h_n.$$

于是, 由条件 A.8(c), 有

$$\sum_{m=1}^{k} E|y_{n,m}|^3 \leqslant C(nh_n)^{-3/2} k\left\{\lambda_n \tau_n h_n \log(1/\Delta_n) + (\lambda_n \tau_n h_n)^{3/2}\right\}$$

$$\leqslant C(nh_n)^{-3/2} k\left\{ph_n \log(1/\Delta_n) + (ph_n)^{3/2}\right\}$$

$$\leqslant C(nh_n)^{-3/2} k(ph_n)^{3/2}$$

$$\leqslant Cn^{-3/2} kp^{3/2}$$

$$\leqslant C(pn^{-1})^{1/2}.$$

引理 7.4.3 意味着 $s_n^2 \to 1$, 所以

$$\frac{1}{s_n^3} \sum_{m=1}^{k} E|\eta_{n,m}|^3 \leqslant C(pn^{-1})^{1/2}.$$

根据 Berry-Esseen 不等式我们得到所需要的结论. 证毕.

引理 7.4.5 假设条件 (A.1)—(A.7) 和 (A.8)(a)—(b) 成立, 则有

$$\sup_u |\widetilde{F}_n(u) - \widetilde{G}_n(u)| \leqslant C \left\{ (np^{-1}e^{-\delta q\Delta_n})^{1/4} + (pn^{-1})^{1/2} \right\}.$$

证明 假设 $\varphi(t)$ 和 $\psi(t)$ 分别是 S'_n 和 T_n 的特征函数. 显然

$$\psi(t) = E(\exp\{itT_n\}) = \prod_{m=1}^{k} E\exp\{it\eta_{n,m}\} = \prod_{m=1}^{k} E\exp\{ity_{n,m}\},$$

且 (7.4.16) 意味着 $E|y_{n,i}|^2 \leqslant Cn^{-1}p$.

利用定理 3.5.2, 有

$$
\begin{aligned}
|\varphi(t) - \psi(t)| &= \left| E\exp\left(it\sum_{m=1}^{k} y_{n,m} \right) - \prod_{m=1}^{k} E\exp(ity_{n,m}) \right| \\
&\leqslant C|t|\rho(q\Delta_n) \sum_{m=1}^{k} (E|y_{n,m}|^2)^{1/2} \\
&\leqslant C|t|e^{-\delta q\Delta_n}np^{-1}(pn^{-1})^{1/2} \\
&\leqslant C|t|(np^{-1}e^{-\delta q\Delta_n})^{1/2}.
\end{aligned}
$$

因此

$$\int_{-T}^{T} \left| \frac{\varphi(t) - \psi(t)}{t} \right| dt \leqslant C(np^{-1}e^{-\delta q\Delta_n})^{1/2}T.$$

由于 $\widetilde{G}_n(u) = G(u/s_n)$, 所以

$$\sup_u |\widetilde{G}_n(u+y) - \widetilde{G}_n(u)|$$

$$\leqslant \sup_u |G_n((u+y)/s_n) - G_n(u/s_n)|$$

$$\leqslant \sup_u |G_n((u+y)/s_n) - \Phi((u+y)/s_n)| + \sup_u |\Phi((u+y)/s_n) - \Phi(u/s_n)|$$

$$\quad + \sup_u |G_n(u/s_n) - \Phi(u/s_n)|$$

$$\leqslant 2\sup_u |G_n(u) - \Phi(u)| + \sup_u |\Phi((u+y)/s_n) - \Phi(u/s_n)|$$

$$\leqslant C\{(pn^{-1})^{1/2} + |y|/s_n\}$$

$$\leqslant C\{(pn^{-1})^{1/2} + |y|\}.$$

因此

$$T \sup_{u} \int_{|y| \leqslant \frac{c}{T}} |\widetilde{G}_n(u+y) - \widetilde{G}_n(u)| dy \leqslant CT \int_{|y| \leqslant \frac{c}{T}} \left[(pn^{-1})^{1/2} + |y| \right] dy$$

$$= CT \left[\int_{|y| \leqslant \frac{c}{T}} (pn^{-1})^{1/2} dy + \int_{|y| \leqslant \frac{c}{T}} |y| dy \right]$$

$$= CT \left[(pn^{-1})^{1/2} 2c/T + 2 \int_0^{c/T} y dy \right]$$

$$= CT \left[(pn^{-1})^{1/2} 2c/T + c^2/T^2 \right]$$

$$\leqslant C \left\{ (pn^{-1})^{1/2} + 1/T \right\}.$$

选择 $T = \left(np^{-1} e^{-\delta q \Delta_n} \right)^{-1/4}$, 且利用 Esseen 不等式有

$$\sup_u |\widetilde{F}_n(u) - \widetilde{G}_n(u)| \leqslant \int_{-T}^{T} \left| \frac{\varphi(t) - \psi(t)}{t} \right| dt + T \sup_u \int_{|y| \leqslant \frac{c}{T}} |\widetilde{G}_n(u+y) - \widetilde{G}_n(u)| dy$$

$$\leqslant C \left\{ \left(np^{-1} e^{-\delta q \Delta_n} \right)^{1/2} T + (pn^{-1})^{1/2} + 1/T \right\}$$

$$\leqslant C \left\{ \left(np^{-1} e^{-\delta q \Delta_n} \right)^{1/4} + (pn^{-1})^{1/2} \right\}.$$

证毕.

引理 7.4.6 假设 $\{\zeta_n : n \geqslant 1\}$ 和 $\{\eta_n : n \geqslant 1\}$ 是两个随机变量序列,$\{\gamma_n : n \geqslant 1\}$ 是一个正实数序列, 满足 $\gamma_n \to 0$(当 $n \to \infty$ 时). 如果

$$\sup_u |F_{\zeta_n}(u) - \Phi(u)| \leqslant C \gamma_n,$$

则如下两个结论成立:

(1) 对任意的 $\varepsilon > 0$, 有

$$\sup_u |F_{\zeta_n + \eta_n}(u) - \Phi(u)| \leqslant C \{ \gamma_n + \varepsilon + P(|\eta_n| \geqslant \varepsilon) \}.$$

(2) 如果 $\eta_n \xrightarrow{P} 1$, 则对任意的 $\varepsilon > 0$, 有

$$\sup_u |F_{\zeta_n \eta_n}(u) - \Phi(u)| \leqslant C \{ \gamma_n + \varepsilon + P(|\eta_n - 1| \geqslant \varepsilon) \}.$$

证明 结论 (1) 是 Yang(2003) 中的引理 3.7. 结论 (2) 的证明也是类似于结论 (1) 的证明. 证毕.

定理 7.4.1 的证明　显然,

$$\sup_u |\widetilde{F}_n(u) - \Phi(u)|$$

$$\leqslant \sup_u |\widetilde{F}_n(u) - \widetilde{G}_n(u)| + \sup_u |\widetilde{G}_n(u) - \Phi(u/s_n)| + \sup_u |\Phi(u/s_n) - \Phi(u)|.$$

由引理 7.4.5 有

$$\sup_u |\widetilde{F}_n(u) - \widetilde{G}_n(u)| \leqslant C \left\{ (np^{-1}e^{-\delta q\Delta_n})^{1/4} + (pn^{-1})^{1/2} \right\},$$

而由引理 7.4.4 有

$$\sup_u |\widetilde{G}_n(u) - \Phi(u/s_n)| = \sup_u |G_n(u/s_n) - \Phi(u/s_n)|$$

$$= \sup_u |G_n(u) - \Phi(u)|$$

$$\leqslant C(pn^{-1})^{1/2}.$$

利用中值定理和引理 7.4.3, 有

$$\sup_u |\Phi(u/s_n) - \Phi(u)| \leqslant C|s_n^2 - 1| \leqslant C \left\{ (qp^{-1})^{\frac{1}{2}} + (pn^{-1})^{\frac{1}{2}} + e^{-\delta q\Delta_n} \right\}.$$

注意到 $e^{-\delta q\Delta_n} \leqslant (e^{-\delta q\Delta_n})^{1/2} \leqslant (np^{-1}e^{-\delta q\Delta_n})^{1/4}$, 我们可以得到

$$\sup_u |\widetilde{F}_n(u) - \Phi(u)| \leqslant C \left\{ (np^{-1}e^{-\delta q\Delta_n})^{\frac{1}{4}} + (qp^{-1})^{\frac{1}{2}} + (pn^{-1})^{\frac{1}{2}} \right\}.$$

因此由引理 7.4.2 和引理 7.4.6(1), 我们得到

$$\sup_u |F_n(u) - \Phi(u)| \leqslant C \left\{ (np^{-1}e^{-\delta q\Delta_n})^{\frac{1}{4}} + (qp^{-1})^{\frac{1}{3}} + (pn^{-1})^{\frac{1}{3}} \right\}.$$

证毕.

引理 7.4.7　在条件 (A.1)—(A.6) 下, 如果 $h_n \to 0, \Delta_n \to 0$, 则有

$$EB_n(x) - \sigma^2(x)p(x) = O(h_n^2 + \Delta_n).$$

证明　由 (7.4.4) 式, 有

$$EB_n(x) - \sigma^2(x)p(x)$$

$$= \frac{1}{nh_n} \sum_{i=1}^n E\left[K\left(\frac{X_{i\Delta_n} - x}{h_n} \right) \left(\sigma^2(X_{i\Delta_n}) + O(\Delta_n) \right) \right] - \sigma^2(x)p(x)$$

$$= \frac{1}{h_n} \int_{-\infty}^{\infty} K\left(\frac{y-x}{h_n}\right) \sigma^2(y)p(y)dy - \sigma^2(x)p(x) + O(\Delta_n)$$

$$= \int_{-\infty}^{\infty} K(u)[\sigma^2(x+uh_n)p(x+uh_n) - \sigma^2(x)p(x)]du + O(\Delta_n).$$

令 $g(x) = \sigma^2(x)p(x)$. 利用 Taylor 展开式得

$$\int_{-\infty}^{\infty} K(u)[g(x+uh_n) - g(x)]du$$

$$= \int_{-\infty}^{\infty} K(u)[g'(x)uh_n + \frac{1}{2}g''(x+\theta h_n u)u^2 h_n^2]du$$

$$= \frac{h_n^2}{2} \int_{-\infty}^{\infty} u^2 K(u)g''(x+\theta u h_n)du.$$

于是由控制收敛定理得到

$$\int_{-\infty}^{\infty} u^2 K(u)g''(x+\theta u h_n)du \to g''(x) \int_{-\infty}^{\infty} u^2 K(u)du.$$

因此结论成立. 证毕.

引理 7.4.8　在条件 (A.1)—(A.6) 下, 如果 $h_n \to 0, \Delta_n \to 0, \Delta_n^{-1} h_n \log n \to 0$ 以及 $nh_n^3/\log n \to \infty$, 则有

$$Ep_n(x) - p(x) = O(h_n^2), \tag{7.4.17}$$

$$P\left(|p_n(x) - p(x)| > h_n\right) = O(n^{-2}). \tag{7.4.18}$$

证明　利用 Taylor 展开式和由控制收敛定理, 我们有

$$Ep_n(x) - p(x) = E\left[\frac{1}{nh_n} \sum_{i=1}^{n} K\left(\frac{X_{i\Delta_n} - x}{h_n}\right)\right] - p(x)$$

$$= \frac{1}{h_n} \int_{-\infty}^{\infty} K\left(\frac{y-x}{h_n}\right) p(y)dy - p(x)$$

$$= \int_{-\infty}^{\infty} K(u)p(x+uh_n)du - p(x).$$

$$= \int_{-\infty}^{\infty} K(u) \left[p'(x) + \frac{1}{2}p''(x+\theta h_n u)h_n^2 u^2\right] du$$

$$= \frac{h_n^2}{2} \int_{-\infty}^{\infty} u^2 K(u)p''(x+\theta h_n u)du$$

$$= \frac{1}{2}h_n^2 p''(x) \int_{-\infty}^{\infty} u^2 K(u) du + o(h_n^2).$$

所以 (7.4.17) 式成立.

下面我们来证明 (7.4.18) 式. 令 $G_{i\Delta_n} = K\left(\frac{X_{i\Delta_n} - x}{h_n}\right) - EK\left(\frac{X_{i\Delta_n} - x}{h_n}\right)$.

由于 $EG_{i\Delta_n} = 0, |G_{i\Delta_n}| \leqslant C$, 所以利用定理 7.1.7, 有

$$P\left(|p_n(x) - p(x)| > h_n\right) = P(|p_n(x) - Ep_n(x)| > h_n/2)$$

$$= P\left(\left|\sum_{i=1}^{n} G_{i\Delta_n}\right| > nh_n^2/2\right)$$

$$\leqslant 4\exp\left(-\frac{Cnh_n^4}{\sigma_n^2 + h_n^2\Delta_n^{-1}\log n}\right) + Ch_n^{-2}n^{-\delta M}, \quad (7.4.19)$$

其中 $\sigma_n^2 = n^{-1}\sum_{j=1}^{2(\lambda_n+1)} E|U_j|^2$,

$$E|U_j|^2 = \sum_{(j-1)\tau_n \wedge n < i \leqslant j\tau_n \wedge n} EG_{i\Delta_n}^2 + 2 \sum_{(j-1)\tau_n \wedge n < i < l \leqslant j\tau_n \wedge n} E(G_{i\Delta_n}G_{l\Delta_n}).$$

显然

$$\left|EK\left(\frac{X_{i\Delta_n} - x}{h_n}\right)\right| \leqslant Ch_n, \quad \left|EK\left(\frac{X_{i\Delta_n} - x}{h_n}\right)K\left(\frac{X_{l\Delta_n} - x}{h_n}\right)\right| \leqslant Ch_n^2,$$

且 $|E(G_{i\Delta_n}G_{l\Delta_n})| \leqslant Ch_n^2$. 另外, $EG_{i\Delta_n}^2 \leqslant EK^2\left(\frac{X_{i\Delta_n} - x}{h_n}\right) \leqslant Ch_n$. 所以我们有

$$E|U_j|^2 \leqslant C\left\{\tau_n h_n + \tau_n^2 h_n^2\right\} \leqslant C\tau_n h_n\left\{1 + \frac{h_n\log n}{\Delta_n}\right\} \leqslant C\tau_n h_n.$$

因此, $\sigma_n^2 \leqslant Cn^{-1}\lambda_n\tau_n h_n \leqslant Ch_n$. 代入 (7.4.19) 式, 且取 $M > 3/\delta$, 有

$$P\left(|p_n(x) - p(x)| > h_n\right) \leqslant 4\exp\left(-\frac{Cnh_n^4}{h_n + h_n^2\Delta_n^{-1}\log n}\right) + Ch_n^{-2}n^{-\delta M}$$

$$\leqslant 4\exp\left(-\frac{Cnh_n^3}{1 + h_n\Delta_n^{-1}\log n}\right) + Cn^{-\delta M+1}$$

$$\leqslant 4\exp\left(-Cnh_n^3\right) + Cn^{-2}.$$

因此, 由条件 $nh_n^3/\log n \to \infty$ 我们得到结论 (7.4.18). 证毕.

定理 7.4.2 的证明 显然,

$$\frac{\sqrt{p(x)}\,(\widehat{\sigma}_n^2(x) - \sigma^2(x))}{\sqrt{\mathrm{Var}(W_n(x))}}$$

$$= \frac{p(x)}{p_n(x)}\left\{\frac{W_n(x)}{\sqrt{\mathrm{Var}(W_n(x))}} + \frac{EB_n(x) - \sigma^2(x)p(x)}{\sqrt{\mathrm{Var}(W_n(x))}} + \frac{\sigma^2(x)(p(x) - Ep_n(x))}{\sqrt{\mathrm{Var}(W_n(x))}}\right\}.$$

联合定理 7.4.1, 引理 7.4.7, 引理 7.4.8 和引理 7.4.6, 我们得到所需要的结论. 证毕.

推论 7.4.1 的证明 令 $p = [n^{(\nu+1)/2}]$, $q = [n^\nu]$. 注意到 $h_n = c_1 n^{-\nu}$, $\Delta_n = c_2 n^{-\nu}\log^2 n$, 其中 $0 < \nu < 1$, 我们有 $q \sim n^\nu/c_2$, $(\nu+1)/2 > \nu$, 并且条件 (A.7) 和 (A.8)(a)—(c) 满足. 另外,

$$(qp^{-1})^{1/3} = O(n^{(\nu-(\nu+1)/2)/3}) = O(n^{-(1-\nu)/6}),$$

$$(pn^{-1})^{1/3} = O(n^{((\nu+1)/2-1)/3}) = O(n^{-(1-\nu)/6}),$$

$$\left(np^{-1}e^{-\delta q\Delta_n}\right)^{1/4} = O(ne^{-\delta\log^2 n})^{1/4} = o(n^{-1}).$$

因此, 推论的结论成立. 证毕.

第 8 章 混合样本下回归模型小波估计

8.1 半参数回归模型的小波估计

小波分析 (wavelet analysis) 的起源可追溯到 20 世纪初, 但小波理论的形成与发展还是 20 世纪 80 年代后期, 也就是自 1986 年以来由于 Meyer, Daubechies Mallat 等的奠基工作而迅速发展起来的一门新兴学科. 如今它已广泛应用于信号处理、图形处理、数据压缩、量子场论、地震勘探、话音识别与合成、音乐、雷达、CT 成像、彩色复印、天体识别、机器视觉、机械故障诊断与控、分形以及数字电视等科技领域.

但小波理论应用于统计模型分析的研究开始于 20 世纪 90 年代, 由于小波的优良特性, 对待估函数要求较低, 小波估计有误差小、收敛速度快、小波估计量容易通过快速算法实现等优点, 因而小波估计吸引了当时许多学者的兴趣. 如 Antoniadis 等 (1994), Donoho 和 Johnstone (1995) 等学者应用小波理论构造回归函数估计、密度函数估计、分布函数估计, 并研究了它们的渐近性质.

21 世纪以来, 国内外许多学者对各类统计模型小波估计的极限性质进行了大量的研究. 钱伟民和柴根象 (1999), 钱伟民 (2000) 对半参数回归模型小波估计进行了研究; 薛留根 (2002, 2003) 在 ϕ-混合条件下研究非参数回归函数小波估计的各种相合性、收敛速度; Bezandry 等 (2005) 通过小波变换方法构造了密度和风险率函数, 并研究其相合性; Lin 等 (2008) 构造了回归函数的 Bootstrap 小波估计, 并讨论 Bootstrap 小波估计在弱相依过程中非参数回归模型的渐近正态等性质; Varron(2008), Evarist 和 Richard (2009) 分别讨论了小波密度估计的一致收敛性; 李永明等 (2008), 李永明和韦程东 (2009) 在 α-混合和 φ-混合样本下, 分别研究了非参数回归函数小波估计的渐近正态性和 Berry-Esseen 界等性质; Li 等 (2011) 研究了 ϕ-混合序列生成的线性随机误差下回归函数小波估计的一致渐近正态性; Wei 和 Li (2012) 研究了 α-混合序列生成的线性随机误差下半参数回归模型小波估计的一致渐近正态性; Ding 等 (2020) 在 END 序列误差下研究了回归函数小波估计的相合性.

考虑如下的半参数回归模型

$$Y_i = x_i\beta + g(t_i) + \varepsilon_i, \quad i = 1, \cdots, n, \tag{8.1.1}$$

其中 β 是感兴趣的未知的参数, $\{(x_i, t_i)\}$ 是非随机的设计点, $\{Y_i\}$ 是响应变量, $g(\cdot)$ 是定义在闭区间 $[0,1]$ 上的未知函数, $\{\varepsilon_i\}$ 是随机误差.

对于半参数回归模型 (8.1.1), 我们采用二步估计方法, 给出未知量 β 和 $g(\cdot)$ 的小波估计.

先假设 β 给定, 由 $Ee_i = 0$ 得

$$g(t_i) = E(Y_i - x_i\beta), \quad i = 1, \cdots, n.$$

从而 $g(\cdot)$ 的一个自然估计为

$$g_n(t) \triangleq g_n(t, \beta) = \sum_{j=1}^{n}(Y_j - x_j\beta)\int_{A_j} E_m(t, s)ds, \tag{8.1.2}$$

其中 $A_j = [s_{j-1}, s_j]$ 是区间 $[0,1]$ 的划分, $t_j \in A_j$, 且 $0 \leqslant t_1 \leqslant \cdots \leqslant t_n \leqslant 1$, 小波核 $E_m(t, s)$ 为

$$E_m(t, s) = 2^m E_0(2^m t, 2^m s), \quad E_0(t, s) = \sum_{j \in Z} \varphi(t - j)\varphi(s - j),$$

此处 $m = m(n) > 0$ 是仅仅依赖于 n 的整数, $\varphi(\cdot)$ 是紧集上的刻度函数. 记

$$\tilde{x}_i = x_i - \sum_{j=1}^{n} x_j \int_{A_j} E_m(t_i, s)ds, \quad \tilde{y}_i = Y_i - \sum_{j=1}^{n} Y_j \int_{A_j} E_m(t_i, s)ds, \quad S_n^2 = \sum_{i=1}^{n} \tilde{x}_i^2.$$

为了估计 β, 我们通过求解如下极小值解

$$SS(\beta) = \sum_{i=1}^{n}[Y_i - x_i\beta - g_n(t_i, \beta)]^2 = \sum_{i=1}^{n}(\tilde{y}_i - \tilde{x}_i\beta)^2, \tag{8.1.3}$$

得到 β 的估计为

$$\hat{\beta}_n = S_n^{-2} \sum_{i=1}^{n} \tilde{x}_i \tilde{y}_i. \tag{8.1.4}$$

把 (8.1.4) 代入 (8.1.2), 得 $g(\cdot)$ 的估计为

$$\hat{g}_n(t) \triangleq \hat{g}_n(t, \hat{\beta}_n) = \sum_{i=1}^{n}(Y_i - x_i\hat{\beta}_n)\int_{A_i} E_m(t, s)ds. \tag{8.1.5}$$

我们将基于 α-混合序列误差, 在适当的条件下, 建立半参数回归模型 (8.1.1) 中未知参数 β 和未知函数 $g(\cdot)$ 的小波估计 (8.1.4) 和 (8.1.5) 的 r-阶矩相合性、强相合性和渐近正态性.

8.2 回归模型小波估计的矩相合性

定理 8.2.1 设半参数回归模型 (8.1.1) 中误差 $\varepsilon_i = \sum_{j=-\infty}^{\infty} a_j e_{i-j}$, 且 $\sum_{j=-\infty}^{\infty} |a_j| < \infty$, 而 $\{e_j, j = 0, \pm 1, \pm 2, \cdots\}$ 是同分布均值为零的 α-混合序列. 又设存在 $r \geqslant 2$, $\tau > 0$, 使得 $\sup_t E|e_t|^{r+\tau} < \infty$, 且 $\alpha(n) = O(n^{-\theta})$, $\theta > r(r+\tau)/(2\tau)$. 则对由 (8.1.5) 式定义的 $\hat{g}_n(t)$, 有

$$\lim_{n\to\infty} E|\hat{g}_n(t) - g(t)|^r = 0, \quad t \in C(g). \tag{8.2.1}$$

定理证明前, 我们给出如下引理.

引理 8.2.1 (Walter, 1994; 薛留根, 2003) 设 $\varphi \in S_q$, 则

(i) $\int_0^1 E_m(t, s) ds \to 1$, 对 $t \in [0, 1]$ 一致成立, $m \to \infty$;

(ii) $\sup_{m \geqslant 1} \int_0^1 |E_m(t, s)| ds < C < \infty$;

(iii) $\int_0^1 |E_m(t, s)| I(|t_i - t| > \varepsilon) ds \to 0$, 对 $x \in [0, 1]$ 一致成立, $\varepsilon, m \to \infty$;

(iv) $\sum_{i=1}^n \left(\int_{A_i} E_m(t, s) ds \right)^2 \to 0$;

(v) $\max_{1 \leqslant i \leqslant n} \sum_{j=1}^n \int_{A_j} |E_m(t_i, s)| ds = O(1)$.

引理 8.2.2 (胡舒合等, 2003) 设 $\xi_i; -\infty \leqslant i \leqslant \infty$ 为随机变量序列, $\sum_{j=-\infty}^{\infty} \xi_i$ a.s. 有定义, 则

$$\left(E \left| \sum_{j=-\infty}^{\infty} \xi_i \right|^p \right)^{\frac{1}{p}} \leqslant \sum_{j=-\infty}^{\infty} (E|\xi_j|^p)^{\frac{1}{p}}, \quad \forall p \geqslant 1 \tag{8.2.2}$$

定理 8.2.1 的证明 对 $t \in C(g)$, $\delta > 0$, 由 (8.1.1) 和 (8.1.5) 式知

$$\left| E\hat{g}_n(t) - g(t) \right|$$

$$= \left| E \left[\sum_{i=1}^n (Y_i - x_i \hat{\beta}_n) \int_{A_i} E_m(t, s) ds \right] - g(t) \right|$$

$$= \left| E \sum_{i=1}^n \int_{A_i} E_m(t, s) ds (g(t_i) - g(t)) \right|$$

$$\leqslant \sum_{i=1}^n \left| \int_{A_i} E_m(t, s) ds \right| |g(t_i) - g(t)| I(|t_i - t| \leqslant \delta)$$

$$+ \sum_{i=1}^{n} \left| \int_{A_i} E_m(t,s)ds \right| |g(t_i) - g(t)| I(|t_i - t| > \delta)$$

$$+ |g(t)| \sum_{i=1}^{n} \left| \int_{A_i} E_m(t,s)ds - 1 \right|.$$

由于 t 为 $g(\cdot)$ 的连续点, 则对任意的 $\varepsilon > 0$, 存在 $\sigma > 0$, 当 $|t' - t| < \sigma$ 时, $|g(t') - g(t)| < \varepsilon$, 从而当 $0 < \delta < \sigma$ 时, 有

$$\left| E\hat{g}_n(t) - g(t) \right| \leqslant \varepsilon \sum_{i=1}^{n} \left| \int_{A_i} E_m(t,s)ds \right| + |g(t)| \sum_{i=1}^{n} \left| \int_{A_i} E_m(t,s)ds - 1 \right|$$

$$+ \sum_{i=1}^{n} \left| \int_{A_i} E_m(t,s)ds \right| (g(t_i) - g(t)) I(|t_i - t| > \delta). \quad (8.2.3)$$

由引理 8.2.1 及 $\varepsilon > 0$ 的任意性得

$$\lim_{n \to \infty} E\hat{g}_n(t) = g(t), \quad t \in C(g). \quad (8.2.4)$$

记 $T_{nj} = \sum_{i=1}^{n} \left(\int_{A_i} E_m(t,s)ds \right) e_{i-j}$, 由引理 8.2.2 得

$$E\left| \hat{g}_n(t) - E\hat{g}_n(t) \right|^r$$

$$= E \left| \sum_{i=1}^{n} g(t_i) \int_{A_i} E_m(t,s)ds + \sum_{i=1}^{n} \varepsilon_i \int_{A_i} E_m(t,s)ds - \sum_{i=1}^{n} g(t_i) \int_{A_i} E_m(t,s)ds \right|^r$$

$$= E \left| \sum_{i=1}^{n} \int_{A_i} E_m(t,s)ds \sum_{j=-\infty}^{\infty} a_j e_{i-j} \right|^r = E \left| \sum_{j=-\infty}^{\infty} a_j T_{nj} \right|^r$$

$$\leqslant \left[\sum_{j=-\infty}^{\infty} |a_j| (E|T_{nj}|^r)^{\frac{1}{r}} \right]^r \quad (8.2.5)$$

而对任意的 $\varepsilon > 0$, 由定理 3.3.3(Yang, 2007), 记 $B_{mi} = \int_{A_i} E_m(t,s)ds$, 得

$$E|T_{nj}|^r \leqslant C \left\{ n^\varepsilon \sum_{i=1}^{n} \left(B_{mi} \right)^r E|e_{i-j}|^r + \left(\sum_{i=1}^{n} \left(B_{mi} \right)^2 E\|e_{i-j}\|_{r+\tau}^2 \right)^{r/2} \right\}. \quad (8.2.6)$$

由 (8.2.5) 和 (8.2.6) 式得

$$E\left| \hat{g}_n(t) - E\hat{g}_n(t) \right|^r$$

$$\leqslant \left[\sum_{j=-\infty}^{\infty} |a_j| \left\{ n^{\varepsilon} \sum_{i=1}^{n} (B_{mi})^r E|e_{i-j}|^r + \left(\sum_{i=1}^{n} (B_{mi})^2 E\|e_{i-j}\|_{r+\tau}^2 \right)^{r/2} \right\}^{\frac{1}{r}} \right]^r$$

$$\leqslant \left[\sum_{j=-\infty}^{\infty} |a_j| \left\{ \sup_t E|e_t|^r n^{\varepsilon} \sum_{i=1}^{n} (B_{mi})^r + (\sup_t E|e_t|^{r+\tau})^{\frac{2}{r+\tau}} \left(\sum_{i=1}^{n} (B_{mi})^2 \right)^{r/2} \right\}^{\frac{1}{r}} \right]^r,$$

$$(8.2.7)$$

由 (8.2.7) 式, 引理 8.2.1(i), (ii) 和 (iv), 以及 $\sup_t E|e_t|^{r+\tau} < \infty$, 对 $r \geqslant 2$, 取适当的 ε, 有

$$\lim_{n \to \infty} E\big|\hat{g}_n(t) - E\hat{g}_n(t)\big|^r = 0. \qquad (8.2.8)$$

利用 C_r 不等式, 得

$$E\big|\hat{g}_n(t) - g(t)\big|^r \leqslant 2^{r-1} \Big[E\big|\hat{g}_n(t) - E\hat{g}_n(t)\big|^r + \big|E\hat{g}_n(t) - g(t)\big|^r \Big]. \qquad (8.2.9)$$

联合 (8.2.4), (8.2.8) 和 (8.2.9) 式, 得 (8.2.1). 证毕.

定理 8.2.2 对于半参数回归模型 (8.1.1), 在定理 8.2.1 的条件下, 如果

$$\sum_{i=1}^{n} |\tilde{x}_i|/S_n \leqslant c < +\infty,$$

且存在 $r \geqslant 2$ 使得 $\max_{1 \leqslant i \leqslant n} E|\varepsilon_i|^r/S_n^r \to 0$, 则

$$\lim_{n \to \infty} E|\hat{\beta}_n - \beta|^r = 0. \qquad (8.2.10)$$

证明 根据 (8.1.4) 中的估计量 $\hat{\beta}_n$, 得

$$\hat{\beta}_n - \beta = S_n^{-2} \sum_{i=1}^{n} \tilde{x}_i \varepsilon_i + S_n^{-2} \sum_{i=1}^{n} \tilde{x}_i \big(g(t_i) - \hat{g}_n(t_i)\big) =: I_{n1} + I_{n2}. \qquad (8.2.11)$$

利用 C_r 不等式, 得

$$E\big|\hat{\beta}_n - \beta\big|^r \leqslant 2^{r-1} \big(E|I_{n1}|^r + E|I_{n2}|^r \big). \qquad (8.2.12)$$

再由 Minkovski 不等式及定理 8.2.2 的条件, 有

$$E|I_{n1}|^r \leqslant S_n^{-2r} \left[\sum_{i=1}^{n} \big(E|\tilde{x}_i \varepsilon_i|^r \big)^{1/r} \right]^r \leqslant S_n^{-2r} \max_{1 \leqslant i \leqslant n} E|\varepsilon_i|^r \left[\sum_{i=1}^{n} |\tilde{x}_i| \right]^r \to 0.$$

$$(8.2.13)$$

又由于

$$\max_{1 \leqslant i \leqslant n} \left| \sum_{j=1}^{n} \int_{A_j} E_m(t_i, s) ds(g(t_j) - g(t_i)) I(|t_j - t_i| > \delta, \forall \delta > 0) \right| \to 0,$$

类似于 (8.2.4) 和 (8.2.8) 的推导, 分别得

$$\left| E\hat{g}_n(t_i) - g(t_i) \right| \to 0, \quad E \left| \hat{g}_n(t_i) - E\hat{g}_n(t_i) \right|^r \to 0.$$

由此得

$$E|I_{n2}|^r \to 0. \tag{8.2.14}$$

联合 (8.2.12)—(8.2.14) 式, 证得 (8.2.10). 证毕.

8.3 回归模型小波估计的强相合性

8.3.1 假设条件和引理

下面先给出一些假设条件.

(C1) $g(\cdot)$ 满足 $[0,1]$ 区间上 r-阶利普希茨条件, 且 $g(\cdot) \in H^{\nu}$, 此处 H^{ν} 是 $\nu > 1/2$ 阶 Sobolev 空间.

(C2) 刻度函数 $\varphi(\cdot)$ 有紧支撑, 且是 q-阶正则的 (q 正整数).

(C3) $|\hat{\varphi}(\xi) - 1| = O(\xi)$, $\xi \to 0$, 此处 $\hat{\varphi}$ 是 φ 的傅里叶变换.

(C4) $\max_{1 \leqslant i \leqslant n} |s_i - s_{i-1}| = O(n^{-1})$, $\max_{1 \leqslant i \leqslant n} |\tilde{x}_i| = O(2^m)$.

(C5) 当 n 足够大时, $C_1 \leqslant S_n^2/n \leqslant C_2$.

(C6) $\sum_{i=1}^{n} x_i \int_{A_i} E_m(t, s) ds \leqslant \lambda$ 对 $t \in [0,1]$ 成立, 其中 λ 表示与 t 有关的常数.

引理 8.3.1 (Li and Guo, 2009) 设 $\varphi \in S_q$, 在条件 (C1)—(C4) 下, 有

(i) $\left| \int_{A_i} E_m(t, s) ds \right| = O(\frac{2^m}{n})$, $1 \leqslant i \leqslant n$;

(ii) $\sup_m \int_0^1 |E_m(t, s) ds| \leqslant C$.

引理 8.3.2 (孙燕和柴根象, 2004) 设 $\varphi \in S_q$, 在条件 (C1)—(C5) 下, 有

$$\sup_{0 \leqslant t \leqslant 1} \left| \sum_{i=1}^{n} g(t_i) \int_{A_i} E_m(t, s) ds - g(t) = O(\eta_m) + O(n^{-r}) \right|,$$

其中

$$
\eta_m = \begin{cases} (2^m)^{-v+\frac{1}{2}}, & 1/2 < v < 3/2, \\ \sqrt{m}/2^m, & v = 3/2, \\ 1/2^m & v > 3/2. \end{cases}
$$

引理 8.3.3 (胡舒合, 1992) 设 $\{X_i, i \in N\}$ 为 α-混合序列, 满足 $\alpha(n) = O(\rho^n), 0 < \rho < 1$, $EX_i = 0, |X_i| \leqslant 1$. 令 $0 < \theta < 1$, $r = 2/(1-\theta)$, $\sigma = \sup\left(E^{\frac{1}{r}}|X_i|^r, i \in N\right)$ 满足 $n^{\frac{1}{2}}\sigma \leqslant 1$. 则存在仅依赖于混合系数的常数 C_1 和 C_2, 对任意的 $\varepsilon > 0$, 有

$$
P\left(\sum_{i=1}^n |X_i| > \varepsilon\right) \leqslant C_1 \theta^{-1} \exp\left\{\frac{-C_2 \varepsilon^{\frac{1}{2}}}{n^{\frac{1}{4}}\sigma^{\frac{1}{2}}}\right\}.
$$

引理 8.3.4 (Shao, 1993) 设 $1 < r < \infty$, $\{X_i, i \geqslant 1\}$ 为 α-混合序列, $EX_i = 0, \sup_n E|X_i|_r \infty$, 对某一 $\beta > \dfrac{r}{r-1}$, $\alpha(n) = O(\log^{-\beta} n)$. 则

$$
\frac{1}{n}\sum_{i=1}^n X_i \to 0 \quad \text{a.s..}
$$

8.3.2 主要结论的证明

定理 8.3.1 (汪书润和凌能祥, 2009) 对于半参数回归模型 (8.1.1), 设误差 $\{\varepsilon_i, i \geqslant 1\}$ 为 α-混合序列, 且 $E|\varepsilon_i|^p < \infty$, $p > 2$, $\alpha(n) = O(\rho^n), 0 < \rho < 1$.

(i) 设条件 (C1)—(C5) 满足, 且 $\dfrac{2^{4m}n^b}{n^{1/2}} \to 0$, $0 < b < 1/2$. 则

$$
\hat{\beta}_n \to \beta \quad \text{a.s..} \tag{8.3.1}
$$

(ii) 设条件 (C1)—(C6) 满足, 且 $\dfrac{2^{2m}n^b}{n^{1/2}} \to 0$, $0 < b < 1/2$. 则

$$
\hat{g}_n(t) \to g(t) \quad \text{a.s..} \tag{8.3.2}
$$

证明 (i) 根据 (8.1.4) 中的估计量 $\hat{\beta}_n$, 令

$$
\tilde{\varepsilon}_i = \varepsilon_i - \sum_{j=1}^n \varepsilon_j \int_{A_j} E_m(t_i, s)ds, \quad \tilde{g}_i = g(t_i) - \sum_{j=1}^n g(t_j) \int_{A_j} E_m(t_i, s)ds,
$$

得

$$
\hat{\beta}_n - \beta = S_n^{-2}\sum_{i=1}^n \tilde{x}_i \varepsilon_i - S_n^{-2}\sum_{i=1}^n \tilde{x}_i \sum_{j=1}^n \varepsilon_j \int_{A_j} E_m(t_i, s)ds + S_n^{-2}\sum_{i=1}^n \tilde{x}_i \tilde{g}_i.
$$

$$=: I_{n1} + I_{n2} + I_{n3}. \tag{8.3.3}$$

先证明 $I_{n1} \to 0$ a.s.. 由于

$$|I_{n1}| = \left| \sum_{i=1}^{n} (S_n^{-2} \tilde{x}_i) \varepsilon_i \right| =: \left| \sum_{i=1}^{n} d_{ni} \varepsilon_i \right|. \tag{8.3.4}$$

由条件 (C4) 和 (C5) 可知

$$\max_{1 \leqslant i \leqslant n} |d_{ni}| = O(2^m/n). \tag{8.3.5}$$

令

$$\varepsilon_i' = \varepsilon_i I\left(|d_{ni}\varepsilon_i| \leqslant n^{-(\frac{1}{2}+b)} \right) - E\varepsilon_i I\left(|d_{ni}\varepsilon_i| \leqslant n^{-(\frac{1}{2}+b)} \right),$$

$$\varepsilon_i'' = \varepsilon_i I\left(|d_{ni}\varepsilon_i| \geqslant n^{-(\frac{1}{2}+b)} \right) - E\varepsilon_i I\left(|d_{ni}\varepsilon_i| \geqslant n^{-(\frac{1}{2}+b)} \right),$$

则

$$I_{n1} = \sum_{i=1}^{n} (S_n^{-2} \tilde{x}_i) \varepsilon_i \leqslant \left| \sum_{i=1}^{n} d_{ni} \varepsilon_i' \right| + \left| \sum_{i=1}^{n} d_{ni} \varepsilon_i'' \right| =: I_{n11} + I_{n12}. \tag{8.3.6}$$

利用引理 8.3.3 和 Borel-Cantelli 引理可知

$$I_{n11} \to 0 \quad \text{a.s..} \tag{8.3.7}$$

对于 I_{n12}, 由于

$$I_{n11} \leqslant \max_{1 \leqslant n} |d_{ni}| \sum_{i=1}^{n} |\varepsilon_i''| \leqslant C \frac{2^m}{n} n^{\frac{1}{2}+b} \sum_{i=1}^{n} (\varepsilon_i^2 + E\varepsilon_i^2) \leqslant C \frac{2^m n^b}{n^{\frac{1}{2}}} \left(\frac{1}{n} \sum_{i=1}^{n} \varepsilon_i^2 + E\varepsilon_i^2 \right),$$

注意到 $E|\varepsilon_i|^p < \infty$, $p > 2$, 由引理 8.3.4 有

$$\frac{1}{n} \sum_{i=1}^{n} (\varepsilon_i^2 - E\varepsilon_i^2) \to 0 \quad \text{a.s.,} \quad \text{即} \quad \limsup_n \frac{1}{n} \sum_{i=1}^{n} \varepsilon_i^2 < \infty \quad \text{a.s..}$$

从而 $I_{n12} \to 0$, a.s., 由此, 再由 (8.3.6) 和 (8.3.7) 式, 证得

$$I_{n1} \to 0 \quad \text{a.s..} \tag{8.3.8}$$

再证明 $I_{n2} \to 0$ a.s.. 由于

$$|I_{n2}| = \sum_{j=1}^{n} \left(\sum_{i=1}^{n} S_n^{-2} \tilde{x}_i \int_{A_j} E_m(t_i, s) ds \right) \varepsilon_j =: \sum_{j=1}^{n} \bar{d}_{nj} \varepsilon_j \quad \text{a.s..}$$

由引理 8.3.1(i) 可知, $\max_{1\leqslant j\leqslant n}\bar{d}_{nj}\leqslant C\dfrac{2^2m}{n}$, 类似于 (8.3.8) 式的证明, 得

$$I_{n2}\to 0 \quad \text{a.s..} \tag{8.3.9}$$

由条件 (C5) 和引理 8.3.2, 可得

$$|I_{n3}|\leqslant S_n^{-2}\sum_{i=1}^{n}|\tilde{x}_i|\max_{1\leqslant i\leqslant n}|\tilde{g}_i|=O(\eta_m)+O(n^{-r}) \quad \text{a.s..} \tag{8.3.10}$$

联合 (8.3.3) 和 (8.3.8)—(8.3.10) 式, 可得 (8.3.1) 式成立.

(ii) 对任意的 $t\in[0,1]$, 有

$$\hat{g}_n(t)-g(t)=\big(\hat{g}_n(t)-g_n(t)\big)+\big(g_n(t)-Eg_n(t)\big)+\big(Eg_n(t)-g(t)\big)$$

$$=I_{n4}+I_{n5}+I_{n6}. \tag{8.3.11}$$

由于 $I_{n4}=\sum_{i=1}^{n}x_i(\beta-\hat{\beta}_n)\displaystyle\int_{A_i}E_m(t,s)ds$, 利用条件 (C6) 和 (8.3.1) 式, 可得

$$I_{n4}\to 0 \quad \text{a.s..} \tag{8.3.12}$$

又由于 $I_{n5}=\left|\sum_{i=1}^{n}\varepsilon_i\displaystyle\int_{A_i}E_m(t,s)ds\right|$, 利用引理 8.3.1(i) 知

$$\max_{1\leqslant i\leqslant n}\left|\int_{A_i}E_m(t,s)ds\right|=O(2^m/n).$$

类似于 (8.3.8) 式的证明, 可得

$$I_{n5}\to 0 \quad \text{a.s..} \tag{8.3.13}$$

又由引理 8.3.2, 可得

$$|Eg_n(t)-g(t)|=\left|\sum_{i=1}^{n}g(t_i)\int_{A_i}E_m(t,s)ds-g(t)\right|\to 0, \quad \forall t\in[0,1]. \tag{8.3.14}$$

联合 (8.3.11)—(8.3.14) 式, 可得 (8.3.2) 式成立. 证毕.

8.4　回归模型小波估计的渐近正态性

对于半参数回归模型 (8.1.1), 本节在随机误差 $\{\varepsilon_i\}$ 是由 α-混合序列生成的线性过程误差下, 即 $\varepsilon_i=\sum_{j=-\infty}^{\infty}a_je_{i-j}$, 此处 $\sum_{j=-\infty}^{\infty}|a_j|<\infty$, $\{e_j,j=0,\pm1,\pm2,\cdots\}$ 是同分布均值为零的 α-混合序列时, 我们建立半参数回归模型小波估计的一致渐近正态及其收敛速度.

8.4.1　假设条件和主要结论

下面先给出一些假设条件.

(A1) (i) 设 $\varepsilon_i = \sum_{j=-\infty}^{\infty} a_j e_{i-j}$, 其中 $\sum_{j=-\infty}^{\infty} |a_j| < \infty$, 而 $\{e_j, j = 0, \pm 1, \pm 2, \cdots\}$ 是同分布均值为零的 α-混合随机变量序列.

(ii) 对于 $\delta > 0$, $E|e_0|^{2+\delta} < \infty$, 且 α-混合系数为 $\alpha(n) = O(n^{-\lambda})$, $\lambda > (2+\delta)/\delta$.

(A2) 存在定义在 $[0,1]$ 上的函数 $h(\cdot)$, 使得 $x_i = h(t_i) + u_i$ 且

(i) $\lim_{n\to\infty} n^{-1} \sum_{i=1}^{n} u_i^2 = \Sigma_0$ $(0 < \Sigma_0 < \infty)$; (ii) $\max_{1\leqslant i\leqslant n} |u_i| = O(1)$;

(iii) 对于 $(1, \cdots, n)$ 的任意置换 $(j_1, \cdots, j_n)$,

$$\limsup_{n\to\infty} \frac{1}{\sqrt{n}\log n} \max_{1\leqslant m\leqslant n} \left| \sum_{i=1}^{m} u_{j_i} \right| < \infty.$$

(A3) 对于 $\{\varepsilon_i\}$ 的谱密度函数 $f(\omega)$, $0 < c_1 \leqslant f(\omega) \leqslant c_2 < \infty$, $\omega \in (-\pi, \pi]$.

(A4) $g(\cdot)$ 和 $h(\cdot)$ 满足 $[0,1]$ 区间上 1 阶利普希茨条件, 且 $h(\cdot) \in H^\nu$, $\nu > \frac{3}{2}$, 此处 H^ν 是 ν 阶 Sobolev 空间.

(A5) 刻度函数 $\varphi(\cdot)$ 是 γ-阶正则的 (γ 正整数) 且具有紧支撑, 满足 1 阶利普希茨条件, $|\hat{\varphi}(\xi) - 1| = O(\xi)$, $\xi \to 0$, 此处 $\hat{\varphi}$ 是 φ 的傅里叶变换.

(A6) $\max_{1\leqslant i\leqslant n} |s_i - s_{i-1}| = O(n^{-1})$.

(A7) 存在正常数 d_1, 使得 $\min_{1\leqslant i\leqslant n}(t_i - t_{i-1}) \geqslant \dfrac{d_1}{n}$.

为了书写和叙述方便, 我们给出下面一些记号.

设 $p = p(n)$, $q = q(n)$ 为正整数使得 $p + q \leqslant 3n$, $qp^{-1} \leqslant c < \infty$. 令

$$\sigma_{n1}^2 = \mathrm{Var}\left(\sum_{i=1}^{n} u_i \varepsilon_i \right), \quad \sigma_{n2}^2 = \mathrm{Var}\left(\sum_{i=1}^{n} \varepsilon_i \int_{A_i} E_m(t,s)ds \right),$$

$$u(n) = \sum_{j=n}^{\infty} \alpha^{\delta/(2+\delta)}(j);$$

$$\gamma_{1n} = qp^{-1}, \quad \gamma_{2n} = pn^{-1}, \quad \gamma_{3n} = n\left(\sum_{|j|>n} |a_j| \right)^2, \quad \gamma_{4n} = np^{-1}\alpha(q);$$

$$\lambda_{1n} = qp^{-1}2^m, \quad \lambda_{2n} = pn^{-1}2^m, \quad \lambda_{3n} = \gamma_{3n}, \quad \lambda_{4n} = \gamma_{4n},$$

$$\lambda_{5n} = 2^{-m/2} + \sqrt{2^m/n}\log n;$$

$$\mu_n(\rho, p) = \sum_{i=1}^{3} \gamma_{in}^{1/3} + u(q) + \gamma_{2n}^{\rho} + \gamma_{4n}^{1/4};$$

$$\upsilon_n(m) = 2^{-\frac{2m}{3}} + (2^m/n)^{1/3} \log^{2/3} n + 2^{-m} \log n + n^{1/2} 2^{-2m}.$$

本节的主要结果如下.

定理 8.4.1 假设条件 (A1)—(A7) 成立. 如果 ρ 满足

$$0 < \rho \leqslant 1/2, \ \rho < \min\left\{\frac{\delta}{2}, \ \frac{\delta\lambda - (2+\delta)}{2\lambda + (2+\delta)}\right\}, \tag{8.4.1}$$

则有

$$\sup_u \left| P\left(\frac{S_n^2(\hat{\beta}_n - \beta)}{\sigma_{n1}} \leqslant u\right) - \Phi(u) \right| \leqslant C_1(\mu_n(\rho, p) + \upsilon_n(m)).$$

推论 8.4.1 在定理 8.4.1的条件下, 则

$$\left| P\left(\frac{S_n^2(\hat{\beta}_n - \beta)}{\sigma_{n1}} \leqslant u\right) - \Phi(u) \right| = o(1).$$

推论 8.4.2 在定理 8.4.1 的条件下, 如果 $\sup_{n \geqslant 1} n^{7/8} (\log n)^{-9/8} \sum_{|j|>n} |a_j| < \infty$, $\rho = 1/3$, $2^m = O(n^{2/5})$, 且 $\lambda \geqslant \max\left\{\frac{2+\delta}{\delta}, \frac{7\delta+14}{6\delta-2}\right\}$, $\delta > 1/3$, 则对 $t \in [0,1]$,

$$\left| P\left(\frac{S_n^2(\hat{\beta}_n - \beta)}{\sigma_{n1}} \leqslant u\right) - \Phi(u) \right| \leqslant C_2\left(n^{-\frac{\lambda}{6\lambda+7}}\right). \tag{8.4.2}$$

定理 8.4.2 在定理 8.4.1 的条件下, 令 $n^{-1}2^m \to 0$, 则对 $t \in [0,1]$

$$\sup_u \left| P\left(\frac{\hat{g}_n(t) - E\hat{g}_n(t)}{\sigma_{n2}} \leqslant u\right) - \Phi(u) \right|$$

$$\leqslant C_3\left(\sum_{i=1}^{3} \lambda_{in}^{1/3} + u(q) + \lambda_{2n}^{\rho} + \lambda_{4n}^{1/4} + \lambda_{5n}^{(2+\delta)/(3+\delta)}\right).$$

推论 8.4.3 在定理 8.4.2 的条件下, 则

$$\sup_u \left| \mathrm{P}\left(\frac{\hat{g}_n(t) - E\hat{g}_n(t)}{\sigma_{n2}} \leqslant u\right) - \Phi(u) \right| = o(1).$$

推论 8.4.4 在定理 8.4.2 的条件下, 如果 $\rho = 1/3$, $\delta > 2/3$, 则 $n^{-1}2^m = O(n^{-\theta})$, $\dfrac{\lambda + 1}{2\lambda + 1} < \theta \leqslant 3/4$, 且 $\lambda > \dfrac{(2 + \delta)(9\theta - 2)}{2\theta(3\delta - 2) + 2}$. 从而

$$\sup_u \left| P\left(\frac{\hat{g}_n(t) - E\hat{g}_n(t)}{\sigma_{n2}} \leqslant u \right) - \Phi(u) \right| \leqslant C_4 \left(n^{-\min\left\{ \frac{\lambda(2\theta - 1) + (\theta - 1)}{6\lambda + 7}, \frac{4\lambda + 4}{22\lambda + 11} \right\}} \right).$$

$$(8.4.3)$$

注 8.4.1 令 $\tilde{h}(t) = h(t) - \sum_{j=1}^n h(t_j) \int_{A_j} E_m(t, s)ds$, 在条件 (A4)—(A7) 下, 由 Antoniadis 等 (1994) 定理 3.1 中 (11) 式证明得 $\sup_t |\tilde{h}(t)| = O(n^{-1} + 2^{-m})$. 类似地, 令 $\tilde{g}(t) = g(t) - \sum_{j=1}^n g(t_j) \int_{A_j} E_m(t, s)ds$, 则有 $\sup_t |\tilde{g}(t)| = O(n^{-1} + 2^{-m})$.

注 8.4.2 (i) 由推论 8.4.2, 当 λ 充分大时, 估计 $\hat{\beta}_n$ 的一致渐近正态的收敛速度接近 $O(n^{-\frac{1}{6}})$.

(ii) 由推论 8.4.4, 当 λ 充分大且 $\theta = 3/4$ 时, 估计 $\hat{g}_n(\cdot)$ 的一致渐近正态的收敛速度接近 $O(n^{-1/12})$.

8.4.2　相关引理及辅助结论

下面给出在本节要用到的小波核性质以及随机序列的相关不等式.

引理 8.4.1 (Li and Guo, 2009) 在条件 (A5)—(A6) 下, 有

(i) $\left| \int_{A_i} E_m(t, s)ds \right| = O\left(\dfrac{2^m}{n} \right), 1 \leqslant i \leqslant n;$

(ii) $\sum_{i=1}^n \left(\int_{A_i} E_m(t, s)ds \right)^2 = O\left(\dfrac{2^m}{n} \right);$

(iii) $\sup_m \int_0^1 |E_m(t, s)ds| \leqslant C;$

(iv) $\sum_{i=1}^n \left| \int_{A_i} E_m(t, s)ds \right| \leqslant C.$

引理 8.4.2 (薛留根, 2002) 在条件 (A5) 和 (A7) 下, 有

(i) $\max_{1 \leqslant i \leqslant n} \sum_{j=1}^n \int_{A_j} |E_m(t_i, s)|ds \leqslant C;$

(ii) $\max_{1 \leqslant i \leqslant n} \sum_{j=1}^n \int_{A_i} |E_m(t_j, s)|ds \leqslant C.$

引理 8.4.3 (Yang, 2000) 设 $\{X_j : j \geqslant 1\}$ 是 α 混合随机变量, $E|X_i|^{2+\delta} <$

∞, $\delta > 0$, 令 $\{b_j : j \geqslant 1\}$ 是实数列. 则有

$$E\left(\sum_{j=1}^{n} b_j X_j\right)^2 \leqslant \left(1 + 20\sum_{m=1}^{n} \alpha^{\delta/(2+\delta)}(m)\right)\sum_{j=1}^{n} b_j^2 \|X_j\|_{2+\delta}^2, \quad \forall n \geqslant 1.$$

引理 8.4.4 (Li et al., 2011) 假设 $\{\zeta_n : n \geqslant 1\}$, $\{\eta_n : n \geqslant 1\}$ 和 $\{\xi_n : n \geqslant 1\}$ 是随机变量序列, $\{\gamma_n : n \geqslant 1\}$ 是一正常数列, 且 $\gamma_n \to 0$. 如果 $\sup_u |F_{\zeta_n}(u) - \Phi(u)| \leqslant C\gamma_n$, 则对任意的 $\varepsilon_1 > 0$, $\varepsilon_2 > 0$,

$$\sup_u \left|F_{\zeta_n+\eta_n+\xi_n}(u) - \Phi(u)\right| \leqslant C\{\gamma_n + \varepsilon_1 + \varepsilon_2 + P(|\eta_n| \geqslant \varepsilon_1) + P(|\xi_n| \geqslant \varepsilon_2)\}.$$

下面再给出基于 $\hat{\beta}_n$ 的辅助结论.

根据 (8.1.4) 中的估计量 $\hat{\beta}_n$, 记

$$S_{n\beta} =: \sigma_{n1}^{-1} S_n^2(\hat{\beta}_n - \beta)$$

$$= \sigma_{n1}^{-1}\sum_{i=1}^{n} \tilde{x}_i \varepsilon_i - \sigma_{n1}^{-1}\sum_{i=1}^{n} \tilde{x}_i \sum_{j=1}^{n} \varepsilon_j \int_{A_j} E_m(t_i, s)ds + \sigma_{n1}^{-1}\sum_{i=1}^{n} \tilde{x}_i \tilde{g}_i$$

$$=: S_{n1} + S_{n2} + S_{n3}, \tag{8.4.4}$$

其中

$$S_{n1} = \sigma_{n1}^{-1}\sum_{i=1}^{n} u_i \varepsilon_i + \sigma_{n1}^{-1}\sum_{i=1}^{n} \tilde{h}_i \varepsilon_i - \sigma_{n1}^{-1}\sum_{i=1}^{n} \varepsilon_i \sum_{j=1}^{n} u_j \int_{A_j} E_m(t_i, s)ds$$

$$= S_{n11} + S_{n12} + S_{n13} \tag{8.4.5}$$

和

$$|S_{n2}| \leqslant \left|\sigma_{n1}^{-1}\sum_{i=1}^{n} u_i \left(\sum_{j=1}^{n} \varepsilon_j \int_{A_j} E_m(t_i, s)ds\right)\right|$$

$$+ \left|\sigma_{n1}^{-1}\sum_{i=1}^{n} \tilde{h}_i \left(\sum_{j=1}^{n} \varepsilon_j \int_{A_j} E_m(t_i, s)ds\right)\right|$$

$$+ \left|\sigma_{n1}^{-1}\sum_{i=1}^{n} \left(\sum_{l=1}^{n} u_l \int_{A_l} E_m(t_i, s)ds\right)\left(\sum_{j=1}^{n} \varepsilon_j \int_{A_j} E_m(t_i, s)ds\right)\right|$$

$$=: S_{n21} + S_{n22} + S_{n23}. \tag{8.4.6}$$

对于 S_{n11} 可写为

$$S_{n11} = \sigma_{n1}^{-1} \sum_{i=1}^{n} u_i \sum_{j=-n}^{n} a_j e_{i-j} + \sigma_{n1}^{-1} \sum_{i=1}^{n} u_i \sum_{|j|>n} a_j e_{i-j} := S_{n111} + S_{n112}. \quad (8.4.7)$$

而

$$S_{n111} = \sum_{l=1-n}^{2n} \sigma_{n1}^{-1} \left(\sum_{i=\max\{1,l-n\}}^{\min\{n,l+n\}} u_i a_{i-l} \right) e_l \triangleq \sum_{l=1-n}^{2n} Z_{nl}.$$

令 $k = [3n/(p+q)]$, 把 S_{n111} 分解为

$$S_{n111} = S'_{n111} + S''_{n111} + S'''_{n111}, \quad (8.4.8)$$

其中

$$S'_{n111} = \sum_{\substack{w=1}}^{k} y_{1nw}, \quad S''_{n111} = \sum_{\substack{w=1}}^{k} y'_{1nw}, \quad S'''_{n111} = y'_{1nk+1},$$

$$y_{1nw} = \sum_{i=k_w}^{k_w+p-1} Z_{ni}, \quad y'_{1nw} = \sum_{i=l_w}^{l_w+q-1} Z_{ni}, \quad y'_{1nk+1} = \sum_{i=k(p+q)-n+1}^{2n} Z_{ni},$$

$$k_w = (w-1)(p+q) + 1 - n, \quad l_w = (w-1)(p+q) + p + 1 - n,$$

$$w = 1, \cdots, k.$$

结合 (8.4.4)—(8.4.8) 式, 得

$$S_{n\beta} = S'_{n111} + S''_{n111} + S'''_{n111} + S_{n112} + S_{n12} + S_{n13} + S_{n2} + S_{n3}. \quad (8.4.9)$$

引理 8.4.5　在条件 (A1), (A2)(i) 和 (A3) 下, 有

$$c_1 \pi n \leqslant \sigma_{n1}^2 \leqslant c_2 \pi n, \quad c_3 n^{-1} 2^m \leqslant \sigma_{n2}^2 \leqslant c_4 n^{-1} 2^m.$$

证明　类似于文献 (You et al., 2004) 中 (3.4) 的证明, 对任意序列 $\{\gamma_l\}_{l\in\mathbb{N}}$, 有

$$2c_1 \pi \sum_{l=1}^{n} \gamma_l^2 \leqslant E \left(\sum_{l=1}^{n} \gamma_l \varepsilon_l \right)^2 \leqslant 2c_2 \pi \sum_{l=1}^{n} \gamma_l^2.$$

从而, 利用引理 8.4.1 和条件 (A2)(i) 即得引理结论. 证毕.

引理 8.4.6　在条件 (A1)—(A3), (A5) 和 (A6) 下, 有

$$E(S''_{n111})^2 \leqslant C\gamma_{1n}, \quad E(S'''_{n111})^2 \leqslant C\gamma_{2n}, \quad E(S_{n112})^2 \leqslant C\gamma_{3n}; \quad (8.4.10)$$

$$P(|S''_{n111}| \geqslant \gamma_{1n}^{1/3}) \leqslant C\gamma_{1n}^{1/3}, \quad P(|S'''_{n111}| \geqslant \gamma_{2n}^{1/3}) \leqslant C\gamma_{2n}^{1/3},$$

$$P(|S_{n112}| \geqslant \gamma_{3n}^{1/3}) \leqslant C\gamma_{3n}^{1/3}. \quad (8.4.11)$$

证明 由引理 8.4.5和引理 8.4.3, 条件 (A1)(i) 和 (A2)(i), 可得

$$
\begin{aligned}
E(S_{n111}'')^2 &\leqslant C \sum_{w=1}^{k} \sum_{i=l_w}^{l_w+q-1} \sigma_{n1}^{-2} \left(\sum_{j=\max\{1,i-n\}}^{\min\{n,i+n\}} u_i a_{j-i} \right)^2 \|e_i\|_{2+\delta}^2 \\
&\leqslant C \sum_{w=1}^{k} \sum_{i=l_w}^{l_w+q-1} n^{-1} \left(\max_{1\leqslant i\leqslant n} |u_i| \right)^2 \left(\sum_{j=\max\{1,i-n\}}^{\min\{n,i+n\}} |a_{j-i}| \right)^2 \\
&\leqslant Ckqn^{-1} \left(\sum_{j=-\infty}^{\infty} |a_j| \right)^2 \leqslant Cqp^{-1} = C\gamma_{1n}
\end{aligned}
\tag{8.4.12}
$$

和

$$
\begin{aligned}
E(S_{n111}''')^2 &\leqslant C \sum_{i=k(p+q)-n+1}^{2n} \sigma_{n1}^{-2} \left(\sum_{j=\max\{1,i-n\}}^{\min\{n,i+n\}} u_i a_{j-i} \right)^2 \|e_i\|_{2+\delta}^2 \\
&\leqslant C \sum_{i=k(p+q)-n+1}^{2n} n^{-1} \left(\max_{1\leqslant i\leqslant n} |u_i| \right)^2 \left(\sum_{j=\max\{1,i-n\}}^{\min\{n,i+n\}} |a_{j-i}| \right)^2 \\
&\leqslant C[3n-k(p+q)]n^{-1} \left(\sum_{j=-\infty}^{\infty} |a_j| \right)^2 \leqslant Cpn^{-1} = C\gamma_{2n},
\end{aligned}
\tag{8.4.13}
$$

且由 Cauchy 不等式得

$$
\begin{aligned}
E(S_{n112})^2 &\leqslant C\sigma_{n1}^{-2} \left(\sum_{i=1}^{n} |u_i|^2 \right) E \left(\sum_{i=1}^{n} \left(\sum_{|j|>n} a_j e_{i-j} \right)^2 \right) \\
&\leqslant C\sigma_{n1}^{-2} n \sum_{i=1}^{n} \left(\sum_{|j|>n} |a_j| \right)^2 \|e_i\|_{2+\delta}^2 \\
&\leqslant Cn \left(\sum_{|j|>n} |a_j| \right)^2 = C\gamma_{3n}.
\end{aligned}
\tag{8.4.14}
$$

所以, 由 (8.4.12)—(8.4.14) 得 (8.4.10), 由此再利用 Markov 不等式, 得 (8.4.11).
证毕.

引理 8.4.7 在条件 (A1)—(A7) 下, 有

(a)　$P\{|S_{n12}| \geqslant C(n^{-1} + 2^{-m})^{2/3}\} \leqslant C(n^{-1} + 2^{-m})^{2/3};$

(b)　$P\{|S_{n13}| \geqslant C(2^m n^{-1} \log^2 n)^{1/3}\} \leqslant C(2^m n^{-1} \log^2 n)^{1/3};$

(c)　$P\{|S_{n21}| \geqslant C(2^m n^{-1} \log^2 n)^{1/3}\} \leqslant C(2^m n^{-1} \log^2 n)^{1/3};$

(d)　$P\{|S_{n22}| \geqslant C(n^{-1} + 2^{-m})^{2/3}\} \leqslant C(n^{-1} + 2^{-m})^{2/3};$

(e)　$P\{|S_{n23}| \geqslant C(2^m n^{-1} \log^2 n)^{1/3}\} \leqslant C(2^m n^{-1} \log^2 n)^{1/3};$

(f)　$S_{n3} \leqslant C(2^{-m} \log n + n^{1/2} 2^{-2m}).$

证明　(a) 由条件 (A2), 注 8.4.1 和引理 8.4.5, 我们有

$$E(S_{n12}^2) \leqslant c_2 \pi \sigma_{n1}^{-2} \sum_{i=1}^{n} (\tilde{h}_i)^2 \leqslant C(n^{-1} + 2^{-m})^2, \tag{8.4.15}$$

从而

$$P\left\{|S_{n12}| \geqslant C(n^{-1} + 2^{-m})^{2/3}\right\} \leqslant C(n^{-1} + 2^{-m})^{2/3}. \tag{8.4.16}$$

(b) 利用引理 8.4.5, 引理 8.4.1 和引理 8.4.2, 我们有

$$ES_{n13}^2 \leqslant c_2 \sigma_{n1}^{-2} \sum_{i=1}^{n} \left(\sum_{j=1}^{n} u_j \int_{A_j} E_m(t_i, s) ds \right)^2$$

$$\leqslant c_2 \sigma_{n1}^{-2} \max_{1 \leqslant i,j \leqslant n} \left| \int_{A_j} E_m(t_i, s) ds \right|$$

$$\times \max_{1 \leqslant j \leqslant n} \sum_{i=1}^{n} \left| \int_{A_j} E_m(t_i, s) ds \right| \left(\max_{1 \leqslant m \leqslant n} \left| \sum_{i=1}^{m} u_{ji} \right| \right)^2$$

$$\leqslant C 2^m n^{-1} \log^2 n.$$

由此得

$$P\left\{|S_{n13}| \geqslant C(2^m n^{-1} \log^2 n)^{1/3}\right\} \leqslant C(2^m n^{-1} \log^2 n)^{1/3}. \tag{8.4.17}$$

(c) 交换 $\{S_{n21}\}$ 求和的顺序, 类似于 ES_{n13}^2 的计算, 我们得

$$ES_{n21}^2 \leqslant c_2 \sigma_{n1}^{-2} \sum_{j=1}^{n} \left(\sum_{i=1}^{n} u_i \int_{A_j} E_m(t_i, s) ds \right)^2$$

$$\leqslant c_2 \sigma_{n1}^{-2} \max_{1 \leqslant i,j \leqslant n} \left| \int_{A_j} E_m(t_i, s) ds \right|$$

$$
\times \max_{1 \leqslant i \leqslant n} \sum_{j=1}^{n} \left| \int_{A_j} E_m(t_i, s) ds \right| \left(\max_{1 \leqslant m \leqslant n} \left| \sum_{i=1}^{m} u_{ji} \right| \right)^2
$$

$$
\leqslant C 2^m n^{-1} \log^2 n.
$$

由此得

$$
P\left\{ |S_{n21}| \geqslant C(2^m n^{-1} \log^2 n)^{1/3} \right\} \leqslant C(2^m n^{-1} \log^2 n)^{1/3}. \tag{8.4.18}
$$

(d) 类似地, 由引理 8.4.5, 引理 8.4.1 和引理 8.4.2, 注 8.4.1, 我们得

$$
ES_{n22}^2 \leqslant c_2 \sigma_{n1}^{-2} \cdot \sum_{i=1}^{n} \left(\sum_{j=1}^{n} \tilde{h}_j \int_{A_i} E_m(t_j, s) ds \right)^2
$$

$$
\leqslant c_2 \sigma_{n1}^{-2} \left(\sup_{t_j} |\tilde{h}_j| \right)^2 \sum_{i=1}^{n} \left(\sum_{j=1}^{n} \left| \int_{A_i} E_m(t_j, s) ds \right| \right) \left(\sum_{j=1}^{n} \left| \int_{A_i} E_m(t_j, s) ds \right| \right)
$$

$$
\leqslant c_2 \sigma_{n1}^{-2} \left(\sup_{t_j} |\tilde{h}_j| \right)^2 \cdot n \leqslant C(n^{-1} + 2^{-m})^2.
$$

由此得

$$
P\left\{ |S_{n22}| \geqslant C(n^{-1} + 2^{-m})^{2/3} \right\} \leqslant C(n^{-1} + 2^{-m})^{2/3}. \tag{8.4.19}
$$

(e) 由于

$$
S_{n23} = \sigma_{n1}^{-1} \sum_{j=1}^{n} \left\{ \sum_{i=1}^{n} \int_{A_j} E_m(t_i, s) ds \left(\sum_{l=1}^{n} \int_{A_l} E_m(t_i, s) u_l ds \right) \right\} \varepsilon_j.
$$

类似于 ES_{n13}^2 的推导, 由 (8.4.16), 引理 8.4.5, 引理 8.4.1 和引理 8.4.2, 我们得

$$
ES_{n23}^2 \leqslant c_2 \pi \sigma_{n1}^{-2} \sum_{j=1}^{n} \left[\sum_{i=1}^{n} \int_{A_j} E_m(t_i, s) ds \left(\sum_{l=1}^{n} \int_{A_l} E_m(t_i, s) u_l ds \right) \right]^2
$$

$$
\leqslant c_2 \pi \sigma_{n1}^{-2} \max_{1 \leqslant i, j \leqslant n} \int_{A_i} E_m(t_j, s) ds \max_{1 \leqslant j \leqslant n} \sum_{i=1}^{n} \int_{A_i} E_m(t_j, s) ds
$$

$$
\cdot \left(\max_{1 \leqslant l \leqslant n} \sum_{j=1}^{n} \int_{A_l} E_m(t_j, s) ds \max_{1 \leqslant m \leqslant n} \left| \sum_{i=1}^{m} u_{ji} \right| \right)^2
$$

$$
\leqslant C \cdot 2^m n^{-1} \log^2 n.
$$

从而得

$$P\left\{|S_{n23}| \geqslant C(2^m n^{-1} \log^2 n)^{1/3}\right\} \leqslant C(2^m n^{-1} \log^2 n)^{1/3}. \tag{8.4.20}$$

(f) 由条件 (A2), 注 8.4.1, 引理 8.4.2, 利用 Abel 不等式, 我们有

$$\sigma_{n1} S_{n3} \leqslant \left|\sum_{i=1}^n u_i \tilde{g}_i\right| + \left|\sum_{i=1}^n \tilde{h}_i \tilde{g}_i\right| + \left|\sum_{i=1}^n \left(\sum_{j=1}^n u_j \int_{A_j} E_m(t_i,s)ds\right) \tilde{g}_i\right|$$

$$\leqslant c\left\{\max_{1\leqslant i\leqslant n}|\tilde{g}_i| \max_{1\leqslant k\leqslant n}\left|\sum_{i=1}^k u_{ji}\right| + n \max_{1\leqslant i\leqslant n}|\tilde{h}_i| \max_{1\leqslant i\leqslant n}|\tilde{g}_i|\right.$$

$$\left. + \max_{1\leqslant i\leqslant n}|\tilde{g}_i| \max_{1\leqslant j\leqslant n}\sum_{i=1}^n \int_{A_j} E_m(t_i,s)ds \max_{1\leqslant k\leqslant n}\sum_{i=1}^k |u_{ji}|\right\}$$

$$= C_1(n^{-1}+2^{-m})\sqrt{n}\log n + C_2 n(n^{-1}+2^{-m})^2.$$

由此, 再根据引理 8.4.5, 得

$$S_{n3} \leqslant C_1(n^{-1}+2^{-m})\log n + C_2\sqrt{n}(n^{-1}+2^{-m})^2$$

$$\leqslant C(2^{-m}\log n + n^{1/2}2^{-2m}). \tag{8.4.21}$$

证毕.

引理 8.4.8 在条件 (A1)—(A3) 和 (A5)—(A6) 下, 令 $s_n^2 \overset{\triangle}{=} \sum_{w=1}^k \mathrm{Var}(y_{1nw})$, 则有

$$|s_n^2 - 1| \leqslant C(\gamma_{1n}^{1/2} + \gamma_{2n}^{1/2} + \gamma_{3n}^{1/2} + u(q)).$$

证明 令 $\Gamma_n = \sum_{1\leqslant i<j\leqslant k} \mathrm{Cov}(y_{1ni}, y_{1nj})$, 则 $s_n^2 = E(S'_{n111})^2 - 2\Gamma_n$. 由 (8.4.8) 和 (8.4.9) 知 $E(S_{n11})^2 = 1$ 且

$$E(S'_{n111})^2 = 1 + E(S''_{n111} + S'''_{n111} + S_{n112})^2 - 2E[S_{n11}(S''_{n111} + S'''_{n111} + S_{n112})].$$

利用引理 8.4.6, C_r 不等式和 Cauchy-Schwarz 不等式, 得

$$E(S''_{n111} + S'''_{n111} + S_{n112})^2 \leqslant C(\gamma_{1n} + \gamma_{2n} + \gamma_{3n})$$

和

$$|E[S_{n11}(S''_{n111} + S'''_{n111} + S_{n112})]| \leqslant C(\gamma_{1n}^{1/2} + \gamma_{2n}^{1/2} + \gamma_{3n}^{1/2}).$$

由此有

$$|E(S'_{n111})^2 - 1| \leqslant C(\gamma_{1n}^{1/2} + \gamma_{2n}^{1/2} + \gamma_{3n}^{1/2}). \tag{8.4.22}$$

另一方面, 由文献 (Lin and Lu, 1996) 中引理 1.2.4, 引理 8.4.5 和引理 8.4.1(iv), 我们有

$$
\begin{aligned}
|\Gamma_n| &\leqslant \sum_{1\leqslant i<j\leqslant k} \sum_{s_1=k_i}^{k_i+p-1} \sum_{t_1=k_j}^{k_j+p-1} |\mathrm{Cov}(Z_{ns_1}, Z_{nt_1})| \\
&\leqslant \frac{C}{n} \sum_{1\leqslant i<j\leqslant k} \sum_{s_1=k_i}^{k_i+p-1} \sum_{t_1=k_j}^{k_j+p-1} \sum_{u=\max\{1,s_1-n\}}^{\min\{n,s_1+n\}} \sum_{v=\max\{1,t_1-n\}}^{\min\{n,t_1+n\}} |u_{u-s_1} u_{v-t_1}| \\
&\qquad \cdot |a_{u-s_1} a_{v-t_1}| |\mathrm{Cov}(e_{s_1}, e_{t_1})| \\
&\leqslant \frac{C}{n} \sum_{1\leqslant i<j\leqslant k} \sum_{s_1=k_i}^{k_i+p-1} \sum_{t_1=k_j}^{k_j+p-1} \sum_{u=\max\{1,s_1-n\}}^{\min\{n,s_1+n\}} \sum_{v=\max\{1,t_1-n\}}^{\min\{n,t_1+n\}} |a_{u-s_1} a_{v-t_1}| \\
&\qquad \cdot \alpha^{\delta/(2+\delta)}(t_1-s_1) \cdot \|e_{t_1}\|_{2+\delta} \cdot \|e_{s_1}\|_{2+\delta} \\
&\leqslant \frac{C}{n} \sum_{i=1}^{k-1} \sum_{s_1=k_i}^{k_i+p-1} \sum_{u=\max\{1,s_1-n\}}^{\min\{n,s_1+n\}} \sum_{j=i+1}^{k} \sum_{t_1=k_j}^{k_j+p-1} \sum_{v=\max\{1,t_1-n\}}^{\min\{n,t_1+n\}} \alpha^{\delta/(2+\delta)}(t_1-s_1) \\
&\qquad \cdot |a_{u-s_1} a_{v-t_1}| \\
&\leqslant \frac{C}{n} \sum_{i=1}^{k-1} \sum_{s_1=k_i}^{k_i+p-1} \sum_{j=i+1}^{k} \sum_{t_1=k_j}^{k_j+p-1} \alpha^{\delta/(2+\delta)}(t_1-s_1) \\
&\leqslant \frac{C}{n} \sum_{i=1}^{k-1} \sum_{s_1=k_i}^{k_i+p-1} \sum_{t_1:|t_1-s_1|\geqslant q} \alpha^{\delta/(2+\delta)}(t_1-s_1) \leqslant Ckpn^{-1}u(q) \leqslant Cu(q).
\end{aligned}
\tag{8.4.23}
$$

由 (8.4.22) 和 (8.4.23) 得

$$|s_n^2 - 1| \leqslant |E(S'_{1n})^2 - 1| + 2|\Gamma_n| \leqslant C(\gamma_{1n}^{1/2} + \gamma_{2n}^{1/2} + \gamma_{3n}^{1/2} + u(q)).$$

证毕.

假设 $\{\eta_{1nw} : w = 1, \cdots, k\}$ 是独立随机变量且于 $\{y_{1nw}, w = 1, \cdots, k\}$ 同分布. 记 $T_n = \sum_{w=1}^{k} \eta_{1nw}$, $B_{n1}^2 = \sum_{w=1}^{k} \mathrm{Var}(\eta_{1nw})$. 显然 $B_{n1}^2 = s_{n1}^2$. 我们给出下面的引理.

引理 8.4.9　在条件 (A1)—(A3), (A5), (A6) 和 (8.2.1) 下, 有

$$\sup_u |P\left(T_n/B_{n1} \leqslant u\right) - \Phi(u)| \leqslant C\gamma_{2n}^\rho.$$

证明　利用 Berry-Esseen 不等式 (Petrov, 1995, Theorem5.7), 我们有

$$\sup_u |P\left(T_n/B_{n1} \leqslant u\right) - \Phi(u)| \leqslant C\frac{\sum_{w=1}^k E|y_{1nw}|^r}{B_{n1}^r}, \quad 2 < r \leqslant 3. \qquad (8.4.24)$$

由 (8.4.1) 得

$$0 < 2\rho \leqslant 1, \quad 0 < 2\rho < \delta, \quad (2+\delta)/\delta < (1+\rho)(2+\delta)/(\delta - 2\rho) < \lambda.$$

令 $r = 2(1+\rho)$, $\tau = \delta - 2\rho$, 可得

$$r + \tau = 2 + \delta, \quad \frac{r(r+\tau)}{2\tau} = \frac{(1+\rho)(2+\delta)}{\delta - 2\rho} < \lambda.$$

由引理 8.4.5 和定理 3.3.3(Yang, 2007), C_r 不等式, 取 $\varepsilon = \rho$, 我们有

$$\sum_{w=1}^k E|y_{1nw}|^r \leqslant C \sum_{w=1}^k p^\rho \sum_{j=k_w}^{k_w+p-1} \left|\sum_{i=\max\{1,j-n\}}^{\min\{n,j+n\}} \sigma_{n1}^{-1} u_i a_{i-j}\right|^r E|e_j|^r$$

$$+ \left[\sum_{j=k_w}^{k_w+p-1}\left(\sum_{i=\max\{1,j-n\}}^{\min\{n,j+n\}} \sigma_{n1}^{-1} u_i a_{i-j}\right)^2 ||e_i||_{2+\delta}^2\right]^{r/2}$$

$$\leqslant C\sigma_{n1}^{-r} k p^{1+\rho} \leqslant C\gamma_{2n}^\rho. \qquad (8.4.25)$$

因此, 利用引理 8.4.8, 由关系式 (8.4.24) 和 (8.4.25), 引理 8.4.9 得证.

引理 8.4.10　在引理 8.4.9 的条件下, 有

$$\sup_u |P(S_{n111}' \leqslant u) - P(T_n \leqslant u)| \leqslant C\left\{\gamma_{2n}^\rho + \gamma_{4n}^{1/4}\right\}.$$

证明　令 $\phi_1(t)$ 和 $\psi_1(t)$ 分别是 S_{n111}' 和 T_{n1} 的特征函数. 因

$$\psi_1(t) = E(\exp\{itT_{n1}\}) = \prod_{w=1}^k E\exp\{it\eta_{1nw}\} = \prod_{w=1}^k E\exp\{ity_{1nw}\},$$

则由引理 8.4.3, 定理 3.5.1 和引理 8.4.5, 得

$$|\phi_1(t) - \psi_1(t)| \leqslant C|t|\alpha^{1/2}(q)\sum_{w=1}^k ||y_{1nw}||_2$$

$$\leqslant C|t|\alpha^{1/2}(q)\sum_{w=1}^{k}\left\{E\left[\sum_{i=k_w}^{k_w+p-1}\sigma_n^{-1}\left(\sum_{j=\max\{1,i-n\}}^{\min\{n,i+n\}}u_ia_{j-i}\right)e_i\right]^2\right\}^{1/2}$$

$$\leqslant C|t|\alpha^{1/2}(q)\sum_{w=1}^{k}\left[\sum_{i=k_w}^{k_w+p-1}\sigma_n^{-2}\left(\sum_{j=\max\{1,i-n\}}^{\min\{n,i+n\}}|u_ia_{j-i}|\right)^2\left(E|e_i|^{2+\delta}\right)^{2/2+\delta}\right]^{1/2}$$

$$\leqslant C|t|\alpha^{1/2}(q)\left[k\sum_{w=1}^{k}\sum_{i=k_w}^{k_w+p-1}\sigma_n^{-2}\right]^{1/2}\leqslant C|t|\alpha^{1/2}(q)kp^{1/2}n^{-1/2}$$

$$\leqslant C|t|\left(k\alpha(q)\right)^{1/2}=C|t|\gamma_{4n}^{1/2}.$$

从而有

$$\int_{-T}^{T}\left|\frac{\phi_1(t)-\psi_1(t)}{t}\right|dt\leqslant C\gamma_{4n}^{1/2}T. \tag{8.4.26}$$

类似于文献 (Li et al., 2011) 中 (4.7) 的推导, 利用引理 8.4.9, 我们有

$$T\sup_{u}\int_{|y|\leqslant c/T}|P(T_n\leqslant u+y)-P(T_n\leqslant u)|\,dy\leqslant C\{\gamma_{2n}^{\rho}+1/T\}. \tag{8.4.27}$$

联合 (8.4.26) 和 (8.4.27), 取 $T=\gamma_{4n}^{-1/4}$, 利用 Esseen 不等式 (Petrov, 1995, Theorem 5.3), 得

$$\sup_{u}|P(S'_{n111}\leqslant u)-P(T_n\leqslant u)|$$

$$\leqslant\int_{-T}^{T}\left|\frac{\phi_1(t)-\psi_1(t)}{t}\right|dt+T\sup_{u}\int_{|y|\leqslant c/T}\left|\widetilde{G}_n(u+y)-\widetilde{G}_n(u)\right|dy$$

$$=C\{\gamma_{2n}^{\rho}+\gamma_{4n}^{1/4}\}.$$

证毕.

最后, 给出基于 $\hat{g}_n(t)$ 的辅助结论.

记 $S_{ng}=\sigma_{n2}^{-1}(\hat{g}_n(t)-E\hat{g}_n(t))$, 利用 (8.1.5) 中估计量 $\hat{g}_n(t)$, 把 S_{ng} 分解为如下三部分

$$S_{ng}=\sigma_{n2}^{-1}\sum_{i=1}^{n}\varepsilon_i\int_{A_i}E_m(t,s)ds+\sigma_{n2}^{-1}\sum_{i=1}^{n}x_i(\beta-\hat{\beta}_n)\int_{A_i}E_m(t,s)ds$$

$$-\sigma_{n2}^{-1}\sum_{i=1}^{n}x_i(\beta-E\hat{\beta}_n)\int_{A_i}E_m(t,s)ds$$

$$=: H_{1n} + H_{2n} + H_{3n}.$$

而 H_{1n} 可分解为

$$H_{1n} = \sigma_{n2}^{-1} \sum_{i=1}^{n} \int_{A_i} E_m(t,s)ds \left(\sum_{j=-n}^{n} a_j e_{i-j} \right)$$

$$+ \sigma_{n2}^{-1} \sum_{i=1}^{n} \int_{A_i} E_m(t,s)ds \left(\sum_{|j|>n} a_j e_{i-j} \right)$$

$$=: H_{11n} + H_{12n},$$

又

$$H_{11n} = \sigma_{n2}^{-1} \sum_{l=1-n}^{2n} \left(\sum_{i=\max(1,l-n)}^{\min(n,n+l)} a_{i-l} \int_{A_i} E_m(t,s)ds \right) e_l = \sum_{l=1-n}^{2n} M_{nl}.$$

类似于 (8.4.8) 中的 S_{n111}, 可得

$$H_{11n} = H'_{11n} + H''_{11n} + H'''_{11n},$$

此处

$$H'_{11n} = \sum_{w=1}^{k} y_{2nw}, \quad H''_{11n} = \sum_{w=1}^{k} y'_{2nw}, \quad H'''_{11n} = y'_{2nk+1},$$

$$y_{2nw} = \sum_{i=k_w}^{k_w+p-1} M_{ni}, \quad y'_{2nw} = \sum_{i=l_w}^{l_w+q-1} M_{ni}, \quad y'_{2nk+1} = \sum_{i=k(p+q)-n+1}^{2n} M_{ni}. \quad (8.4.28)$$

因此

$$S_{ng} = H'_{11n} + H''_{11n} + H'''_{11n} + H_{12n} + H_{2n} + H_{3n}. \quad (8.4.29)$$

再令 $T_{n2} = \sum_{w=1}^{k} \eta_{2nw}$, $B_{n2}^2 = \sum_{w=1}^{k} \mathrm{Var}(\eta_{2nw})$. 类似引理 8.4.6—引理 8.4.10, 给出如下引理.

引理 8.4.11　在定理 8.4.2 的条件下, 有

$$E(H''_{11n})^2 \leqslant C\lambda_{1n}, \quad E(H'''_{11n})^2 \leqslant C\lambda_{2n}, \quad EH_{12n}^2 \leqslant C\lambda_{3n};$$

$$P(|H''_{11n}| \geqslant \lambda_{1n}^{1/3}) \leqslant C\lambda_{1n}^{1/3}, \quad P(|H'''_{11n}| \geqslant \lambda_{2n}^{1/3}) \leqslant C\lambda_{2n}^{1/3},$$

$$P(|H_{12n}| \geqslant \lambda_{3n}^{1/3}) \leqslant C\lambda_{3n}^{1/3}.$$

引理 8.4.12 在条件 (A1)—(A7) 下, 有

$$E|H_{2n}|^{2+\delta} \leqslant c\lambda_{5n}^{2+\delta}, \quad P(|H_{2n}| > \lambda_{5n}^{(2+\delta)/(3+\delta)}) \leqslant \lambda_{5n}^{(2+\delta)/(3+\delta)}, \quad |H_{3n}| \leqslant c\lambda_{5n}.$$

引理 8.4.13 在定理 8.4.2 的条件下, 记 $s_{n2}^2 = \sum_{w=1}^k \text{Var}(y_{2nw})$, 则有

$$|s_{n2}^2 - 1| \leqslant C(\lambda_{1n}^{1/2} + \lambda_{2n}^{1/2} + \lambda_{3n}^{1/2} + u(q)).$$

引理 8.4.14 在定理 8.4.2 的条件下, 有

$$\sup_u |P(T_{n2}/B_{n2} \leqslant u) - \Phi(u)| \leqslant c\lambda_{2n}^\rho.$$

引理 8.4.15 在定理 8.4.2 的条件下, 有

$$\sup_u |P(H_{11n}' \leqslant u) - P(T_{n2} \leqslant u)| \leqslant C\left\{\lambda_{2n}^\rho + \gamma_{4n}^{1/4}\right\}.$$

下面只给出引理 8.4.12 的证明.

引理 8.4.12 的证明 类似于文献 Liang 和 Fan(2009) 中 (A.8) 的证明, 我们需先证明

$$\lim_{n\to\infty} S_n/n = \lim_{n\to\infty} \frac{1}{n}\sum_{i=1}^n \widetilde{x_i}^2 = \Sigma, \quad 0 < \Sigma < \infty. \tag{8.4.30}$$

由 (8.1.2) 可得

$$\frac{1}{n}\sum_{i=1}^n \widetilde{x_i}^2 = \frac{1}{n}\sum_{i=1}^n u_i^2 + \frac{1}{n}\sum_{i=1}^n \widetilde{h_i}^2 + \frac{1}{n}\sum_{i=1}^n \left(\sum_{j=1}^n u_j \int_{A_j} E_m(t_i,s)ds\right)^2 + \frac{2}{n}\sum_{i=1}^n u_i\widetilde{h_i}$$

$$- \frac{2}{n}\sum_{i=1}^n u_i\left(\sum_{j=1}^n u_j \int_{A_j} E_m(t_i,s)ds\right)$$

$$- \frac{2}{n}\sum_{i=1}^n \widetilde{h_i}\left(\sum_{j=1}^n u_j \int_{A_j} E_m(t_i,s)ds\right)$$

$$= L_{1n} + L_{2n} + L_{3n} + 2L_{4n} - 2L_{5n} - 2L_{6n}. \tag{8.4.31}$$

根据条件 (A2)(i) 和注 8.4.1, 得

$$L_{1n} \to \Sigma, \quad L_{2n} \leqslant \max_{1\leqslant i\leqslant n} \widetilde{h_i}^2 = O(n^{-1} + 2^{-m}) \to 0. \tag{8.4.32}$$

再由条件 (A2)(iii), 引理 8.4.1 和引理 8.4.2, 我们有

$$L_{3n} \leqslant \frac{c}{n} \max_{1 \leqslant i,j \leqslant n} \int_{A_j} |E_m(t_i,s)| ds \max_{1 \leqslant j \leqslant n} \sum_{i=1}^{n} \left| \int_{A_j} E_m(t_i,s) \right| ds \left(\max_{1 \leqslant l \leqslant n} \left| \sum_{i=1}^{l} u_{j_i} \right| \right)^2$$

$$= O\left(\frac{2^m \log^2 n}{n} \right) \to 0,$$

$$|L_{4n}| \leqslant \frac{c}{n} \max_{1 \leqslant i \leqslant n} |\widetilde{h}_i| \cdot \max_{1 \leqslant l \leqslant n} \left| \sum_{i=1}^{l} u_{j_i} \right| = O\left(\frac{\log n}{2^m \sqrt{n}} \right) \to 0,$$

$$|L_{5n}| \leqslant \frac{c}{n} \max_{1 \leqslant i,j \leqslant n} \int_{A_j} |E_m(t_i,s)| ds \cdot \max_{1 \leqslant l \leqslant n} \left| \sum_{i'=1}^{l} u_{j_{i'}} \right| \cdot \max_{1 \leqslant \iota \leqslant n} \left| \sum_{i=1}^{\iota} u_{j_i} \right|$$

$$= O\left(\frac{2^m \log^2 n}{n} \right) \to 0,$$

$$|L_{6n}| \leqslant \frac{c}{n} \max_{1 \leqslant i \leqslant n} |\widetilde{h}_i| \cdot \max_{1 \leqslant j \leqslant n} \sum_{i=1}^{n} \int_{A_j} |E_m(t_i,s)| ds \cdot \max_{1 \leqslant l \leqslant n} \left| \sum_{i=1}^{l} u_{j_i} \right|$$

$$= O\left(\frac{\log n}{2^m \sqrt{n}} \right) \to 0. \tag{8.4.33}$$

结合 (8.4.31)—(8.4.33), 我们证得 (8.4.30).

注意到如果 $\xi_n \Rightarrow \xi \sim N(0,1)$, 则有

$$E|\xi_n| \to E|\xi| = \sqrt{2/\pi}, \quad E|\xi_n|^{2+\delta} \to E|\xi|^{2+\delta} < \infty.$$

由定理 8.4.1, 引理 8.4.5 和关系式 (8.4.30), 我们有

$$|\beta - E\hat{\beta}_n| \leqslant E|\beta - \hat{\beta}_n| \leqslant O(\sigma_{n1}/S_n^2) = O(n^{-1/2})$$

和

$$E|\hat{\beta}_n - \beta|^{2+\delta} \leqslant O((\sigma_{n1}/S_n^2)^{2+\delta}) = O(n^{-(1+\delta/2)}).$$

因此, 利用 Abel 不等式, 由条件 (A2)(iii) 和 (A4), 得

$$|H_{3n}| = \sigma_{n2}^{-1} |\beta - E\hat{\beta}_n| \cdot \left| \sum_{i=1}^{n} x_i \int_{A_i} E_m(t,s) ds \right|$$

$$\leqslant \sigma_{n2}^{-1} n^{-1/2} \left(\sup_{0 \leqslant t \leqslant 1} |h(t)| + \max_{1 \leqslant i \leqslant n} \int_{A_i} |E_m(t,s)| ds \cdot \max_{1 \leqslant l \leqslant n} \left| \sum_{i=1}^{l} u_{j_i} \right| \right)$$

$$\leqslant c(2^{-m/2} + \sqrt{2^m/n}\log n) = c\lambda_{5n} \tag{8.4.34}$$

和

$$E|H_{2n}|^{2+\delta} = \sigma_{n2}^{-(2+\delta)} E|\beta - \hat{\beta}_n|^{2+\delta} \cdot \left| \sum_{i=1}^n x_i \int_{A_i} E_m(t,s) ds \right|^{2+\delta}$$

$$\leqslant c\sigma_{n2}^{-(2+\delta)} n^{-(2+\delta)/2}$$

$$\cdot \left(\left| \sup_{0\leqslant t\leqslant 1} \widetilde{h}(t) \right| + \max_{1\leqslant i\leqslant n} \int_{A_i} |E_m(t,s)| ds \cdot \max_{1\leqslant l\leqslant n} \left| \sum_{i=1}^l u_{j_i} \right| \right)^{2+\delta}$$

$$\leqslant c\lambda_{5n}^{2+\delta}. \tag{8.4.35}$$

再由 (8.4.35) 得

$$P\left(|H_{2n}| > \lambda_{5n}^{(2+\delta)/(3+\delta)} \right) \leqslant \lambda_{5n}^{(2+\delta)/(3+\delta)}. \tag{8.4.36}$$

联合 (8.4.34)—(8.4.36), 引理得证. 证毕.

8.4.3 主要结论的证明

定理 8.4.1 的证明　注意到

$$\sup_u |P(S'_{n111} \leqslant u) - \Phi(u)|$$

$$\leqslant \sup_u |P(S'_{n111} \leqslant u) - P(T_n \leqslant u)| + \sup_u |P(T_n \leqslant u) - \Phi(u/s_n)|$$

$$+ \sup_u |\Phi(u/s_n) - \Phi(u)|$$

$$=: J_{1n} + J_{2n} + J_{3n}. \tag{8.4.37}$$

利用引理 8.4.10, 引理 8.4.9 和引理 8.4.8, 我们分别有

$$J_{1n} \leqslant C\left\{ \gamma_{2n}^{\rho} + \gamma_{4n}^{1/4} \right\}, \tag{8.4.38}$$

$$J_{2n} = \sup_u \left| P\left(\frac{T_n}{s_n} \leqslant \frac{u}{s_n} \right) - \Phi\left(\frac{u}{s_n} \right) \right| = \sup_u \left| P\left(\frac{T_n}{s_n} \leqslant u \right) - \Phi(u) \right| \leqslant C\gamma_{4n}^{\rho}, \tag{8.4.39}$$

$$J_{3n} \leqslant C|s_n^2 - 1| \leqslant C(\gamma_{1n}^{1/2} + \gamma_{2n}^{1/2} + \gamma_{3n}^{1/2} + u(q)). \tag{8.4.40}$$

联合 (8.4.37)—(8.4.40) 得

$$\sup_u |P(S'_{n111} \leqslant u) - \Phi(u)| \leqslant C \left\{ \sum_{i=1}^3 \gamma_{in}^{1/2} + u(q) + \gamma_{2n}^\rho + \gamma_{4n}^{1/4} \right\}. \qquad (8.4.41)$$

根据引理 8.4.4, 关系式 (8.4.11), (8.4.15) 和 (8.4.41), 我们有

$$\sup_u |P(S_{n\beta} \leqslant u) - \Phi(u)|$$

$$= \sup_u |P(S'_{n111} + S''_{n111} + S'''_{n111} + S_{n112} + S_{n12} + S_{n13} + S_{n2} + S_{n3} \leqslant u) - \Phi(u)|$$

$$\leqslant C \left\{ \sup_u |P(S'_{n111} \leqslant u) - \Phi(u)| + \sum_{i=1}^3 \gamma_{in}^{1/3} \right.$$

$$\left. + P\left(|S''_{n111}| \geqslant \gamma_{1n}^{1/3}\right) + P\left(|S'''_{n111}| \geqslant \gamma_{2n}^{1/3}\right) + P\left(|S_{n112}| \geqslant \gamma_{3n}^{1/3}\right) \right\}$$

$$+ (n^{-1} + 2^{-m})^{2/3} + (2^m n^{-1} \log^2 n)^{1/3} + 2^{-m} \log n + n^{1/2} 2^{-2m}$$

$$+ P\left(|S_{n12}| \geqslant (n^{-1} + 2^{-m})^{2/3}\right) + P\left(|S_{n13}| \geqslant (2^m n^{-1} \log^2 n)^{1/3}\right)$$

$$+ P\left(|S_{n21}| \geqslant (2^m n^{-1} \log^2 n)^{1/3}\right) + P\left(|S_{n22}| \geqslant (n^{-1} + 2^{-m})^{2/3}\right)$$

$$+ P\left(|S_{n23}| \geqslant (2^m n^{-1} \log^2 n)^{1/3}\right)$$

$$\leqslant C \left(\gamma_{1n}^{1/2} + \gamma_{2n}^{1/2} + \gamma_{3n}^{1/2} + u(q) + \gamma_{2n}^\rho + \gamma_{4n}^{1/4} + \sum_{i=1}^3 \gamma_{in}^{1/3} \right)$$

$$+ C \left(2^{-\frac{2m}{3}} + (2^m n^{-1} \log^2 n)^{1/3} + 2^{-m} \log n + n^{1/2} 2^{-2m} \right)$$

$$\leqslant C \left(\sum_{i=1}^3 \gamma_{in}^{1/3} + u(q) + \gamma_{2n}^\rho + \gamma_{4n}^{1/4} \right)$$

$$+ C \left(2^{-2m/3} + (2^m n^{-1} \log^2 n)^{1/3} + 2^{-m} \log n + n^{1/2} 2^{-2m} \right)$$

$$= O(\mu_n(\rho, p)) + O(\upsilon_n(m)).$$

定理结论成立. 证毕.

推论 8.4.2 的证明　令 $p = [n^\tau], q = [n^{2\tau-1}], \tau = \dfrac{3\lambda+7}{6\lambda+7}$. 则有

$$\gamma_{1n}^{1/3} = \gamma_{2n}^{1/3} = O(n^{(\tau-1)/3}) = O\left(n^{-\frac{\lambda}{6\lambda+7}}\right), \quad \gamma_{4n}^{1/4} = O\left(n^{-\frac{\lambda}{6\lambda+7}}\right),$$

$$\lambda_{3n}^{1/3} = n^{-1/4}(\log n)^{3/4}\left(\sup_{n\geqslant 1} n^{7/8}(\log n)^{-9/8}\sum_{|j|>n}|a_j|\right)^{2/3} = O\big(n^{-1/4}(\log n)^{3/4}\big).$$

当 $\delta > 1/3$, $\lambda \geqslant \max\left\{\dfrac{2+\delta}{\delta},\ \dfrac{7\delta+14}{6\delta-2}\right\}$ 时, 我们有

$$u(q) = O\big(q^{-\lambda\delta/(2+\delta)+1}\big) = O\big(n^{-\frac{7}{6\lambda+7}\left(\frac{\lambda\delta}{2+\delta}-1\right)}\big) \leqslant O\big(n^{-\frac{\lambda}{6\lambda+7}}\big).$$

由此得

$$\mu_n(\rho,p) = O\big(n^{-\frac{\lambda}{6\lambda+7}}\big), \quad v_n(m) = O\big(n^{-\frac{1}{5}}\big).$$

由定理 8.4.1, 推论成立. 证毕.

定理 8.4.2 的证明 类似于定理 8.4.1 的证明, 我们有

$$\sup_u |P(H'_{11n} \leqslant u) - \Phi(u)|$$

$$\leqslant \sup_u |P(H'_{11n} \leqslant u) - P(T_{n2} \leqslant u)| + \sup_u |P(T_{n2} \leqslant u) - \Phi(u/s_{n2})|$$

$$+ \sup_u |\Phi(u/s_{n2}) - \Phi(u)|$$

$$=: J'_{1n} + J'_{2n} + J'_{3n}. \tag{8.4.42}$$

利用引理 8.4.15, 引理 8.4.14 和引理 8.4.13, 分别可得

$$J'_{1n} \leqslant C\{\lambda_{2n}^{\rho} + \gamma_{4n}^{1/4}\}, \quad J'_{2n} = \sup_u |P(T_{n2}/s_{n2} \leqslant u) - \Phi(u)| \leqslant C\lambda_{2n}^{\rho}, \tag{8.4.43}$$

$$J'_{3n} \leqslant C|s_{n2}^2 - 1| \leqslant C\big(\lambda_{1n}^{1/2} + \lambda_{2n}^{1/2} + \lambda_{3n}^{1/2} + u(q)\big). \tag{8.4.44}$$

由 (8.4.42)—(8.4.44) 知

$$\sup_u \big|P(H'_{11n} \leqslant u) - \Phi(u)\big| \leqslant C\left\{\sum_{i=1}^3 \lambda_{in}^{1/2} + u(q) + \lambda_{2n}^{\rho} + \lambda_{4n}^{1/4}\right\}.$$

由此, 利用引理 8.4.4, 引理 8.4.11 和引理 8.4.12, 我们有

$$\sup_u |P(S_{ng} \leqslant u) - \Phi(u)|$$

$$= \sup_u |P(H'_{11n} + H''_{11n} + H'''_{11n} + H_{12n} + H_{n2} + H_{n3} \leqslant u) - \Phi(u)|$$

$$\leqslant C \left\{ \sup_u |P(H'_{11n} \leqslant u) - \Phi(u)| + \sum_{i=1}^{3} \lambda_{in}^{1/3} + P\left(|H''_{11n}| \geqslant \lambda_{1n}^{1/3}\right) \right.$$

$$+ P\left(|H'''_{11n}| \geqslant \lambda_{2n}^{1/3}\right) + P\left(|H_{12n}| \geqslant \lambda_{3n}^{1/3}\right) + \lambda_{5n}$$

$$\left. + \lambda_{5n}^{(2+\delta)/(3+\delta)} + P\left(|H_{2n}| > \lambda_{5n}^{(2+\delta)/(3+\delta)}\right) \right\}$$

$$\leqslant C \left(\sum_{i=1}^{3} \lambda_{in}^{1/2} + u(q) + \lambda_{2n}^{\rho} + \lambda_{4n}^{1/4} + \sum_{i=1}^{3} \lambda_{in}^{1/3} + \lambda_{5n}^{(2+\delta)/(3+\delta)} \right)$$

$$\leqslant C \left(\sum_{i=1}^{3} \lambda_{in}^{1/3} + u(q) + \lambda_{2n}^{\rho} + \lambda_{4n}^{1/4} + \lambda_{5n}^{(2+\delta)/(3+\delta)} \right).$$

因此, 定理结论成立. 证毕.

推论 8.4.4 的证明　令 $p = [n^\tau], q = [n^{2\tau-1}], \tau = \dfrac{1}{2} + \dfrac{8\theta - 1}{2(6\lambda + 7)}$. 由 $\dfrac{\lambda + 1}{2\lambda + 1} <$ θ 知 $\tau < \theta$. 从而

$$\lambda_{1n}^{1/3} = \lambda_{2n}^{1/3} = O\left(n^{-(\theta-\tau)/3}\right) = O\left(n^{-\left(\frac{\lambda(2\theta-1)+(\theta-1)}{6\lambda+7}\right)}\right),$$

$$\lambda_{3n}^{1/3} = n^{-1/4}(\log n)^{3/4} \left(\sup_{n \geqslant 1} n^{7/8}(\log n)^{-9/8} \sum_{|j|>n} |a_j| \right)^{2/3} = O\left(n^{-1/4}(\log n)^{3/4}\right)$$

和

$$\lambda_{4n}^{1/4} = o\left(n^{-\left(\frac{\lambda(2\theta-1)+(\theta-1)}{6\lambda+7}\right)}\right).$$

由 $\delta > 2/3, \theta \leqslant 3/4$ 得

$$\lambda_{5n}^{(2+\delta)/(3+\delta)} = O\left(n^{-\frac{\theta}{2} \cdot \frac{2+\delta}{3+\delta}}\right) \leqslant O\left(n^{-\frac{4}{11}\theta}\right) \leqslant O\left(n^{-\frac{4\lambda+4}{22\lambda+11}}\right).$$

由 $\lambda > \dfrac{(2+\delta)(9\theta-2)}{2\theta(3\delta-2)+2}$ 得 $\dfrac{(8\theta-1)(\lambda\delta-\delta-2)}{(7+6\lambda)(2+\delta)} > \dfrac{\lambda(2\theta-1)+(\theta-1)}{6\lambda+7}$. 从而

$$u(q) = O\left(q^{-\lambda\delta/(2+\delta)+1}\right) = O\left(n^{-\frac{(8\theta-1)(\lambda\delta-\delta-2)}{(7+6\lambda)(2+\delta)}}\right) = O\left(n^{-\frac{\lambda(2\theta-1)+(\theta-1)}{6\lambda+7}}\right).$$

因此由定理 8.4.2, 推论得证.

参 考 文 献

胡舒合. 1992. φ-混合、α-混合序列和的强大数律. 工程数学学报, 9(3): 57-63.

胡舒合, 潘光明, 高启兵. 2003. 误差为线性过程时回归模型的估计问题. 高校应用数学学报 (A), 18(1): 81-90.

李永明, 韦程东. 2009. 强混合误差回归函数小波估计的 Berry-Esseen 界. 数学物理学报, 29A(5): 1453-1463.

李永明, 尹长明, 韦程东. 2008. φ 混合误差回归函数小波估计渐近正态性. 应用数学学报, 31(6): 1046-1055.

钱伟民, 柴根象. 1999. 半参数回归模型小波估计的强逼近. 中国科学 (A 辑), 29(3): 233-240.

钱伟民, 柴根象, 蒋凤瑛. 2000. 半参数回归模型的误差方差的小波估计. 数学年刊, 21A: 341-350.

邵启满. 1988. 矩不等式及其应用. 数学学报, 31(6): 736-747.

邵启满. 1989. 关于 ρ-混合序列的完全收敛性. 数学学报, 32(3): 377-393.

苏淳, 赵林城, 王岳宝. 1996. NA 序列的矩不等式与弱收敛. 中国科学 (A 辑), 26(12): 1091-1099.

孙燕, 柴根象. 2004. 固定设计下回归函数的小波估计. 数学物理学报, 24A(5): 597-606.

汪书润, 凌能祥. 2009. 半参数回归模型小波估计的强相合性. 合肥工业大学学报 (自然科学版), 32(1): 136-138.

薛留根. 2002. 混合误差下回归函数小波估计的一致收敛速度. 数学物理学报, 22A(4): 528-535.

薛留根. 2003. 半参数回归模型中小波估计的随机加权逼近速度. 应用数学学报, 26(1): 11-25.

杨善朝. 1997. 混合序列矩不等式和非参数估计. 数学学报, 40(2): 271-279.

杨善朝. 2000. 随机变量部分和的矩不等式. 中国科学 (A 辑), 30(3): 218-223.

杨善朝. 2001. PA 序列部分和的完全收敛性. 应用概率统计, 17(2): 197-202.

杨善朝, 李永明. 2006. 强混合样本下回归加权估计的一致渐近正态性. 数学学报, 49(5): 1163-1170.

杨善朝, 王岳宝. 1999. NA 样本回归函数估计的强相合性. 应用数学学报, 22(4): 522-530.

叶绪国, 林金官. 2016. 噪音环境下跳-扩散模型中积分波动率的非参数估计. 应用概率统计, 32(6): 581-591.

张立新. 2000. B-值强混合随机场的进一步矩不等式及强大数律. 应用数学学报, 23(4): 518-525.

Agnew R P. 1954. Frullani integrals and variants of the Egoroff theorem on essentially uniform convergence. Publ. Inst. Math. Acad. Serbe Sci., 6: 12-15.

Antoniadis A, Gregoire G, McKeague I W. 1994. Wavelet methods for curve estimation. J. Am. Statist. Ass., 89: 1340-1352.

Ait-Sahalia Y, Mykland P A, Zhang L. 2005. How often to sample a continuous-time process in the presence of market microstructure noise. Review of Financial Studies, 18(2): 351-416.

Andersen T G, Bollerslev T. 1998. Answering the skeptics: yes, standard volatility models do provide accurate forecasts. International Economic Review, 39(4): 885-905.

Asghari P, Fakoor V. 2017. A Berry-Esseen type bound for the kernel density estimator based on a weakly dependent and randomly left truncated data. Journal of Inequalities and Applications, DOI 10.1186/s13660-016-1272-0.

Bandi F M, Russell J R. 2008. Microstructure noise, realized variance, and optimal sampling. Review of Economic Studies, 75(2): 339-369.

Barlow R E, Proschan F. 1975. Statistical Theory of Reliability and Life Testing. New York: Holt Rinehart and Winston.

Barndorff-Nielsen O E, Shephard N. 2002a. Econometric analysis of realized volatility and its use in estimating stochastic volatility models. Journal of the Royal Statistical Society, 64(2): 253-280.

Barndorff-Nielsen O E, Shephard N. 2002b. Estimating quadratic variation using realized variance. Journal of Applied Econometrics, 17: 457-477.

Barndorff-Nielsen O E, Shephard N. 2006a. Econometrics of testing for jumps in financial economics using bipower variation. Journal of Financial Econometrics, 4(1): 1-30.

Barndorff-Nielsen O E, Shephard N. 2006b. Power variation and time change. Theory of Probability and Its Applications, 50(1): 1-15.

Bezandry P H, Bonney G E, Gannoun A. 2005. Consistent estimation of the density and hazard rate functions for censored data via the wavelet method. Statist. Probab. Lett., 74(4): 366-372.

Billingsley P. 1968. Convergence of Probability Measures. New York: Wiley.

Birkel T. 1988. Moment bounds for associated sequences. Ann. Probab., 16: 1184-1193.

Bojanic R, Seneta E. 1971. Slowly varying functions and asymptotic relations. Journal of Mathematical Analysis and Applications, 34: 302-315.

Boussama F, Fuchs F, Stelzer R. 2011. Stationarity and geometric ergodicity of BEKK multivariate GARCH models. Stochastic Process. Appl., 121: 2331-2360.

Bradley R C. 2005. Basic properties of strong mixing conditions. A survey and some open questions. Probability Surveys, 2: 107-144.

Bradley R, Bryc W. 1985. Multilinear forms and measures of dependence between random variables. J. Multivariate Analysis, 16: 335-367.

Brockwell P J, Ferrazzano V, Klüppelberg C. 2013. High-frequency sampling and kernel estimation for continuous-time moving average processes. J. Time Ser. Anal., 34: 385-404.

Bruijn N G. 1959. Pairs of slowly oscillating functions occuring in asymptotic problems concerning the Laplace transform. Nieuw Arch. Wisk., 7: 20-26.

Bulinski A. 1996. On the convergence rates in the CLT for positively and negatively dependent random fields // Ibragimov I, Zaitov Y. Probability Theory and Mathematical Statistics. Amsterdam: Gordon & Breach: 3-14.

Carrasco M, Chen X. 2002. Mixing and moment properties of various GARCH and stochastic volatility models. Econom. Theory, 18: 17-39.

Chan K C, Karolyi A G, Longstaff F A, Sanders A B. 1992. An empirical comparison of alternative models of the short-term interest rate. J. Finance, 47: 1209-1227.

Chang J Y, Hu Q, Liu C, Tang C Y. 2022. Optimal covariance matrix estimation for high-dimensional noise in high-frequency data. Journal of Econometrics. https://doi.org/10.1016/j.jeconom.2022.06.010.

Chen X, Hansen P, Carrasco M. 2010. Nonlinearity and temporal dependence. Journal of Econometrics, 155(2): 155-169.

Christensen K, Podolskij M. 2005. Asymptotic theory for range-based estimation of integrated variance of a continuous semi-martingale. Technical Reports.

Cogburn R. 1960. Asymptotic properties of stationary sequences. Univ. Calif. Publ. Statist., 3: 99-146.

Corsi F, Pirino D, Reno R. 2010. Threshold bipower variation and the impact of jumps on volatility forecasting. Journal of Econometrics, 159(2): 276-288.

Cox J C, Ingersoll J E, Ross S A. 1980. An analysis of variable rate loan contracts. J. Finance, 35: 389-403.

Cox J C, Ingersoll J E, Ross S A. 1985. A theory of the term structure of interest rates. Econometrica, 53: 385-467.

Cramer H. 1946. Mathematical Methods of Statistics. Princeton: Princeton University Press.

Csiszar I, Erdös P. 1965. On the function $f(t) = \lim\sup_{x \to \infty}(f(x+t) - f(x))$. Magyar Tud. Akad., Mat. Kut. Int. Közl., 9: 603-606.

Davydov Y A. 1968. Convergence of distributions generated by stationary stochastic processes. Theory of Probability and Its Applications, 13(4): 691-696.

Delange H. 1955. Sur un théorème de Karamata. Bull. Sci. Math., 79: 9-12.

Denker M, Keller G. 1983. On U-statistics and v. Mises' statistics for weakly dependent processes. Z. Wahrsch. Verw. Gebiete, 64: 505-522.

Ding L W, Chen P. 2021. Wavelet estimation in heteroscedastic regression models with α-mixing random errors. Lithuanian Mathematical Journal, 61(1): 13-36.

Ding L W, Chen P Y, Li Y M. 2020. Consistency for wavelet estimator in nonparametric regression model with extended negatively dependent samples. Stat. Pap., 61(6): 2331-2349.

Donoho D L, Johnstone I M. 1995. Adapting to unknown smoothness via wavelet shrinkage. J. Am. Statist. Ass., 90: 1200-1224.

Esary J, Proschan F, Walkup D. 1967. Association of random variables with applications. Ann. Math. Statist., 38: 1466-1474.

Evarist G, Richard N. 2009. Uniform limit theorems for wavelet density estimators. Ann. Probab., 37(4): 1605-1646.

Fan J, Li Y, Yu K. 2012. Vast volatility matrix estimation using high-frequency data for portfolio selection. J. Amer. Statist. Assoc., 107: 412-428.

Fan J, Wang Y. 2007. Multi-scale jump and volatility analysis for high-frequency financial data. Journal of the American Statistical Association, 102: 1349-1362.

Fan J, Yao Q. 2003. Nonlinear Time Series: Nonparametric and Parametric Methods. New York: Springer-Verlag.

Fasen V, Fuchs F. 2013. On the limit behavior of the periodogram of high-frequency sampled stable CARMA processes. Stochastic Processes and Their Applications, 123: 229-273.

Fasen V, Zürich E. 2014. Limit theory for high frequency sampled MCARMA models. Advances in Applied Probability, 46: 846-877.

Fazekas I, Klesov O. 2001. A general approach to the strong law of large numbers. Theory Probab. Appl., 45(3): 436-449.

Georgiev A A. 1988. Consistent nonparametric multilpe regression: the fixed design case. J. Multivariate Anal., 25: 100-110.

Gnedenko B V, Kolmogorov A N. 1954. Limit distributions for sums of independent random variables (Revised Edition). Cambridge: Addison-Wesley Publishing Co., Inc.

Gorodetskii V V. 1977. On the strong mixing property for linear sequences. Theory Probability Applications, 22: 411-413.

Hafner C M, Preminger A. 2009. On asymptotic theory for multivariate GARCH models. J. Multivariate Anal., 100: 2044-2054.

Hardy G H, Rogosinski W W. 1945. Notes on Fourier series (III): asymptotic formulae for the sums of certain trigonometrical series. Quart. J. Math. Oxford Ser., 16: 49-58.

Ibragimov I A. 1959. Some limit theorems for strictly stationary stochastic processes. Dokl. Akad. Nauk SSSR, 125: 711-714. (in Russian)

Ibragimov I A. 1962. Some limit theorems for stationary processes. Theory of Probability and Its Applications, 7(4): 349-382.

Ibragimov I A. 1975. A note on the central limit theorem for dependent random variables. Theory Probab. Appl., 20: 135-140.

Ibragimov I A, Linnik Yu V. 1965. Independent and Stationarily Related Random Variables. Moscow: Iz-vo "Nauka". 1965. (in Russian)

Ioannides D A, Roussas G G. 1999. Exponential inequality for associated random variables. Statist. Probab. Lett., 42: 423-431.

Jacod J, Li Y, Mykland P A, Podolskij M, Vetter M. 2009. Microstructure noise in the continuous case: the pre-averaging approach. Stochastic Processes and Their Applications, 119: 2249-2276.

Joag-Dev K, Proschan F. 1983. Negative association of random variables with applications. Ann. Statist., 11: 286-295.

Joag-Dev K, Perlman M D, Pitt L D. 1983. Association of normal random variables and Slepian's inequality. Annals of Probability, 11(2): 451-455.

Karamata J. 1930. Sur un mode de croissance régulière des fonctions. Mathematica, 4: 38-53.

Karamata J. 1933. Sur un mode de croissance régulière, Théorèmes fondamentaux. Bull. Sot. Math. France, 61: 55-62.

Kemperman J. 1977. On the FKG-inequality for measures on a partially ordered space. Indagationes Mathematicae (Proceedings), 80(4): 313-331.

Klebaner F C. 2012. Introduction to Stochastic Calculus with Applications. London: Imperial College Press.

Kolmogorov A N, Rozanov Y A. 1960. On strong mixing conditions for stationary Gaussian processes. Theory. Probab. Appl., 5: 204-208.

Kuczmaszewska A. 2005. The strong law of large numbers for dependent random variables. Statist. Probab. Lett., 73: 305-314.

Lancaster H O. 1957. Some properties of the bivariate normal distribution considered in the form of a contingency table. Biometrika, 44(1/2): 289-292.

Lehmann E L. 1966. Some concepts of dependence. Ann. Math. Statist., 43: 1137-1153.

Li C, Guo E. 2018. Estimation of the integrated volatility using noisy high-frequency data with jumps and endogeneity. Communications in Statistics - Theory and Methods, 47(3): 521-531.

Li Y M, Guo J H. 2009. Asymptotic normality of wavelet estimator for strong mixing errors. J. Korean Statist Soc., 38: 383-390.

Li Y M, Wei C D, Xing G D. 2011. Berry-Esseen bounds for wavelet estimator in a regression model with linear process errors. Statist. Probab. Let., 81(1): 103-110.

Li Y, Xie S, Zheng X. 2016. Efficient estimation of integrated volatility incorporating trading information. Journal of Econometrics, 195: 33-50.

Liang H Y, Fan G L. 2009. Berry-Esseen type bounds of estimators in a semiparametric model with linear process errors. J. Multivariate. Anal., 100(1): 1-15.

Liang H Y, Peng L. 2010. Asymptotic normality and Berry-Esseen results for conditional density estimator with censored and dependent data. Journal of Multivariate Analysis, 101: 1043-1054.

Liang H Y, de Uña-Álvarez J. 2009. A Berry-Esseen type bound in kernel density estimation for strong mixing censored samples. Journal of Multivariate Analysis, 100: 1219-1231.

Lin L, Fan Y Z, Tan L. 2008. Blockwise bootstrap wavelet in nonparametric regression model with weakly dependent processes. Metrika, 67: 31-48.

Lin Z Y, Lu C R. 1996. Limit Theory for Mixing Dependent Random Variables. Beijing: Science Press and K.A.P.

Liu C, Tang C Y. 2014. A quasi-maximum likelihood approach for integrated covariance matrix estimation with high frequency data. J. Econometrics, 180: 217-232.

Mancini C. 2009. Non-parametric threshold estimation for models with stochastic diffusion coefficient and jumps. Scandinavian Journal of Statistics, 36(2): 270-296.

Matula P. 1992. A note on the almost sure convergence of sums of negatively dependence random variables. Statist. Probab. Lett., 15(3): 209-213.

Matuszewska W. 1962. Regularly increasing functions in connection with the theory of $L^{*\varphi}$ spaces. Studia Math., 21: 317-344.

Matuszewska W. 1965. A remark on my paper: regularly increasing functions in connection with the theory of $L^{*\varphi}$ spaces. Studia Math., 25: 265-269.

Merton R C. 1973. Theory of rational option pricing. Bell Journal of Economics, 4(1): 141-183.

Newman C M. 1980. Normal fluctuations and the FKG inequalities. Comm. Math. Phys., 74: 119-128.

Newman C M, Wright A L. 1981. An invariance principle for certain dependent sequences. Ann. Probab., 9: 671-675.

Oliveira P E. 2012. Asymptotics for Associated Random Variables. Berlin, Heidelberg: Springer-Verlag.

Oliveira P E. 2005. An exponential inequality for associated variables. Statist. Probab. Lett., 73: 189-197.

Peligrad M. 1982. Invariance principles for mixing sequences of random variables. Ann. Probab., 10: 968-981.

Peligrad M. 1983. A note on two measures of dependence and mixing sequences. Advances in Applied Probability, 15(2): 461-464.

Peligrad M. 1985. Convergence rates of the strong law for stationary mixing sequences. Z. Wahrsch. Verw. Gebirte, 70: 307-314.

Peligrad M. 1987. On the central limit theorem for ρ-mixing sequences of random variables. Ann. Probab., 15: 1387-1394.

Petrov V V. 1995. Limit Theory for Probability Theory. New York: Oxford University Press.

Pitt L D. 1982. Positively correlated normal variables are associated. Ann. Prob., 10(2): 496-499.

Plackett R L. 1954. A reduction formula for normal multivariate integrals. Biometrika, 41: 351-360.

Podolskij M, Vetter M. 2009a. Bipower-type estimation in a noisy diffusion setting. Stochastic Processes and Their Applications, 119: 2803-2831.

Podolskij M, Vetter M. 2009b. Estimation of volatility functionals in the simultaneous presence of microstructure noise and jumps. Bernoulli, 15(3): 634-658.

Rio E. 1995. The functional law of the iterated logarithm for stationary strongly mixing sequences. Annals of Probability, 23: 1188-1203.

Rosenblatt M. 1956. A central limit theorem and a strong mixing condition. Proc. Nat. Acad. Sci. U.S.A., 42: 43-47.

Roussas G G, Ioannides D. 1987. Moment inequalities for mixing sequences of random variables. Stochastic Analysis and Applications, 5(1): 60-120.

Skorokhod A. 1989. Asymptotic Methods in the Theory of Stochastic Differential Equations. Translation of Mathematical Monographs 78. Providence, RI: American Mathematical Society.

Shao Q M. 1993. Complete convergence for α-mixing sequences. Statistics and Probability Letters, 16(4): 279-287.

Shao Q M. 1995. Maximal inequalities for partial sums of ρ-mixing sequences. Ann. Probab., 23: 948-965.

Shao Q M. 2000. A comparison theorem on maximal inequalities between negatively associated and independent random variables. J. Theor. Probab., 13(2): 343-356.

Shao Q M, Su C. 1999. The law of the iterated logarithm for negatively associated random variables. Stochastic Process Appl, 83: 139-148.

Shao Q M, Yu H. 1996. Weak convergence for weighed emprical processes of dependent sequences. Ann. Probab., 24: 2098-2127.

Su C, Zhao L C, Wang Y B. 1997. The moment inequality and weak convergence for negatively associated sequence. Science in China(series A), 40(2): 172-182.

van Aardenne-Ehrenfest T, de Bruijn N G, Korevaar J. 1949. A note on slowly oscillating functions, Nieuw Arch. Wisk., 23: 77-86.

Varron D. 2008. Some asymptotic results on density estimators by wavelet projections. Statist. Probab. Lett., 78(15): 2517-2521.

Vasicek O. 1977. An equilibrium characterization of the term structure. J. Finan. Econom., 5: 177-188.

Volkonskii V A, Rozanov Y A. 1959. Some limit theorems for random functions I. Theory Probab. Appl., 4: 178-197.

Walter G G. Wavelet and Other Orthogonal Systems with Applications. Boca Raton: Chapman & Hall CRC Press, Inc, 1994.

Wang Y, Zou J. 2010. Vast volatility matrix estimation for high-frequency financial data. The Annals of Statistics, 38: 943-978.

Wei C D, Li Y M. 2012. Berry-Esseen bounds for wavelet estimator in semiparametric regression model with linear process errors. J. Inequal. Appl., 2012: 44.

Wei X, Yang S, Yu K, Yang X, Xing G. 2010. Bahadur representation of linear kernel quantile estimator of VaR under α-mixing assumptions. Journal of Statistical Planning and Inference, 140: 1620-1634.

Wieczorek B, Ziegler K. 2010. On optimal estimation of a non-smooth mode in a nonparametric regression model with α-mixing errors. Journal of Statistical Planning and Inference, 140: 406-418.

Withers C S. 1981. Conditions for linear processes to be strong-mixing. Z. Wahrscheinlichkeitstheorie verw. Gebiete, 57: 477-480.

Wong K C, Li Z, Tewari A. 2020. Lasso guarantees for β-mixing heavy-tailed time series. Ann. Statist., 48: 1124-1142.

Xing G D, Kang Q, Yang S, Chen Z. 2021. Maximal moment inequality for partial sums of ρ-mixing sequences and its applications. Journal of Mathematical Inequalities, 15(2): 827-844.

Xiu D. 2010. Quasi-maximum likelihood estimation of volatility with high frequency data. Journal of Econometrics, 159(1): 235-250.

Yang S. 2000. Moment bounds for strong mixing sequences and their application. J. Math. Research and Exposition, 20(3): 349-359.

Yang S. 2001. Moment inequalities for partial sums of random variables. Science in China (series A: Math), 44: 1-6.

Yang S. 2003. Uniformly asymptotic normality of the regression weighted estimator for negatively associated samples. Statistics & Probability Letters, 62(2): 101-110.

Yang S. 2007. Maximal moment inequality for partial sums of strong mixing sequences and application. Acta Mathematica Sinica, English Series, 23(6): 1013-1024.

Yang S, Su C, Yu K. 2008. A general method to the strong law of large numbers and its applications. Statistics & Probability Letters, 78: 794-803.

Yang S, Xie J, Luo S, Li Z, Yang X. 2023. Moment inequalities for mixing long-span high-frequency data and strongly consistent estimation of OU integrated diffusion process. Journal of Inequalities and Applications (to appear).

Yokoyama R. 1980. Moment bounds for stationary mixing sequences. Z. Wahrsch. Verw. Gebiete., 52: 45-57.

You J H, Chen M, Chen G. 2004. Asymptotic normality of some estimators in a fixed-design semiparametric regression model with linear time series errors. J. Systems Sci. Complexity, 17(4): 511-522.

Zhang L. 2006. Efficient estimation of stochastic volatility using noisy observations: a multi-scale approach. Bernoulli, 12(6): 1019-1043.

Zhang L, Mykland P, Ait-Sahalia Y. 2005. A tale of two time scales: Determining integrated volatility with noisy high-frequency data. Journal of the American Statistical Association, 100: 1394-1411.

Zhang L X. 1998. Rosenthal type inequalities for B-valued strong mixing random fields and their applications. Science in China (series A), 41(7): 736-745.

Zhang L X, Wen J W. 2001. A weak convergence for negatively associated fields. Statist. Prouab. Lett., 53: 259-267.

Zheng X, Li Y. 2011. On the estimation of integrated covariance matrices of high dimensional diffusion processes. The Annals of Statistics, 39(6): 3121-3151.